董　君◎著

城市语义网络

——城市设计策划新方法

中国建筑工业出版社

图书在版编目(CIP)数据

城市语义网络——城市设计策划新方法/董君著. —北京：中国建筑工业出版社，2017.6
ISBN 978-7-112-20660-5

Ⅰ.①城… Ⅱ.①董… Ⅲ.①城市规划—建筑设计—研究 Ⅳ.①TU984

中国版本图书馆CIP数据核字(2017)第080086号

责任编辑：黄 翊 张 建
责任校对：王宇枢 李欣慰

城市语义网络——城市设计策划新方法
董 君 著
*
中国建筑工业出版社出版、发行（北京海淀三里河路9号）
各地新华书店、建筑书店经销
北 京 嘉 泰 利 德 公 司 制 版
北京中科印刷有限公司印刷
*
开本：787×1092毫米 1/16 印张：11¾ 字数：283千字
2017年9月第一版 2017年9月第一次印刷
定价：**48.00**元
ISBN 978-7-112-20660-5
(30318)

序

——城市设计策划与现代科学技术的结合

董君老师请我为即将由中国建筑工业出版社出版的、以其博士学位论文为基础的专著写一篇序言。作为他的导师，我既为他感到高兴，又感到为难。高兴的原因不用多说，为难的原因主要在于：我不想对付、不想凑合着写一篇序言应付了事，但当时确实找不出一大块时间去写。放寒假了，又是鸡年、猴年交接之际的春节期间，终于可以静静地坐下来写这篇序言了。

我主持的哈尔滨工业大学建筑计划与设计研究所，自1998年成立以来，一直在进行建筑计划学基础理论方面的研究(包括环境行为心理学、养老设施环境策划与设计、景观策划与设计等方面的研究)，培养该方面的人才。2002年以来，我们拓展了基于可拓学的建筑策划与设计研究，完成了“可拓建筑策划与设计的基本理论及其应用方法研究”(国家自然科学基金资助项目，50678043，2007-2009)、“面向可拓建筑策划与设计的可拓数据挖掘理论及其方法研究”(国家自然科学基金资助项目，51178132，2012-2015)这两个国家自然科学基金资助的面上项目，取得了国内外领先的成果。拓展了基于可拓学的城市规划与设计研究——可拓城市规划与设计理论与方法的研究，指导多名博士研究生完成了基于可拓学的城市总体规划、生态规划、城市规划决策、城市防灾规划等博士学位论文。拓展了基于创新学的建筑设计创新理论与方法的研究，完成了“建筑设计创新理论与方法研究”(哈尔滨工业大学跨学科交叉性研究基金资助项目，HIT. MD 2003. 13，2006-2008)。近年来，又尝试着指导研究生开展了基于互联网+、大数据、云计算、人工智能的建筑策划新理论、新方法研究，开展了关于嵌入式养老设施的研究。由上可知，在上述研究中虽然并没有涉及语义网络、城市设计策划的研究领域，但却与其有着密切的关联，即计算机辅助策划与设计的方法、人工智能、专业知识的形式化。

董君老师本科就读于哈尔滨建筑大学建筑学专业，毕业后曾经在哈尔滨工业大学建筑设计研究院工作。硕士研究生阶段，他在哈尔滨工业大学深圳研究生院师从著名城市设计专家金广君教授，从事城市设计研究，毕业后在东北林业大学任教。他2010年开始在我的指导下攻读博士学位，面临的第一个关口自然是博士学位论文的选题。依我培养研究生的经验和习惯，只有在承担纵向科研课题时直接选择适合的硕士生、博士生分配任务、确定题目，这实乃不得已而为之。除此之外，学生们都必须结合研究所和导师的研究方向、社会和科学研究的需求、学生自己的研究基础和兴趣来进行学位论文题目的选择，在经过多次商讨后加以确定。董君老师也是这样，他结合自己以往的研究基础、我研究所大的研究方向以及他自己的研究兴趣，把选题确定为基于语义网络的城市设计策划方法研究。

城市设计及其理论，无论中外，自古有之。但现代的城市设计及其理论，确实是起源于欧美。当年在哈尔滨建筑工程学院任教的郭恩章先生、金广君先生等都曾经赴美国学习城市设计的理论和方法。国内外学者在对于城市设计的理解方面，有许多不同的观点，有的强调城市空间，有的强调城市意象，有的强调城市特色，有的强调多方面的整合。但不管强调什么，就如同建筑设计之前的建筑策划一样，城市设计之前的城市设计策划是很有必要的。很多年前，我曾经和金广君教授一起在燕山大学讲学：我讲包括建筑设计方法论、建筑策划学、环境心理学、建筑人类工程学等学术领域的建筑计划学；他讲城市设计。在讲学期间的交流中，金广君教授就和我谈到，受建筑策划的启发，应该在城市设计领域中加入城市设计策划的环节，就是说应该有人研究和从事城市设计策划。这一想法在他后来指导的几位硕士生、博士生的学位论文写作中得以实现。除此之外，以下三个方面也值得一提，因为这些方面对于董君老师的博士学位论文选题产生了很大的影响：

首先，计算机科学与技术的发展深刻地影响着人们的生产、生活的方方面面，已经彻底改变了人类的生存方式和状态。无论是建筑策划和设计还是城市设计策划与城市设计，都已经离不开计算机技术的辅助。

其次，“语义网络是一种采用网络形式表示人类知识的方法。”诞生于20世纪60～70年代的语义网络的理论和方法虽然是源于“自然语言理解及认知科学领域”，但由于其具有方法论层面的意义和作用而被人们移植、应用到了其他许多领域来表达各自领域的知识。某个领域的知识只有用计算机可以处理的形式表达出来，才能应用于计算机。因此，采用某种可以将专业知识加以形式化的工具，乃是将一个专业的知识与计算机相结合的必由之路。董君老师选择的是“语义网络”这一将城市设计策划知识加以形式化的工具。

第三，以下棋机器人、无人机、无人驾驶汽车等为代表的人工智能科学与技术以令人惊异的速度在迅猛发展。提出一种基于语义网络的、面向人工智能的计算机辅助城市设计策划方法是董君老师研究的主要目的之一。

董君老师在博士研究生学习期间，完成了学位论文《基于语义网络的城市设计策划方法研究》，将语义网络应用到了城市设计策划领域。在梳理了大量的国内外研究文献、对国内外城市设计策划实务及其存在的问题进行调研的基础上，构建了基于语义网络的城市设计策划方法论框架；提出了基于语义网络的城市设计策划方法的原理和技术；提出了基于语义网络的城市设计策划的组织模式、策划程序和策划方略。由于研究课题接触学科前沿，其研究难度和撰写难度之大可想而知。实际上，董君老师研究的对象是城市设计策划与现代科学技术的结合。

在撰写博士论文的过程中，董君老师执笔写作、与我共同发表了 6 篇学术论文，其中包括《基因的重组与更新——中华巴洛克街区的语义网络分析及策划》(《建筑师》，总 172 期，2014 年 12 月)、《城市触媒的城市设计语义网络策划分析》(《城市设计》，2014 年，预刊号)等期刊论文及 3 篇国际学术会议论文。在学位论文和围绕学位论文的其他论文的研究和写作过程中，他表现出了很强的独立发现问题、解决问题、实现创新的能力。而这些能力的培养正是学位教育与研究生培养的主要目标。

在攻读博士学位期间，董君老师一边执教，一边走上了东北林业大学工程咨询设计研究院有限公司的领导岗位，显得更加繁忙。但他并没有为此而降低对学位论文质量的要求，坚持几易其稿，完成了博士学位论文的研究工作。他执着于研究的学术情怀和学术精神也常常使我感动。相信该书出版后，会有助于今后对该学术领域的进一步研究。尽管已经取得的成果可能还存在着一些不足，但迈开的这第一步令人欣喜。不足则有待于在今后的进一步研究中加以弥补。期待董君老师今后在教学、学术研究、城乡规划与设计等方面取得更丰硕的成果。

是以为序。

2017 年 1 月 24 日(农历丙申年腊月廿七)至 1 月 31 日(农历丁酉年正月初四)

于哈尔滨工业大学

邹广天，哈尔滨工业大学建筑学院教授、博士生导师、原副院长，哈尔滨工业大学建筑计划与设计研究所所长，哈尔滨工业大学城市规划设计研究院设计六所所长，全国高校建筑学专业教育评估委员会委员(第五届)，中国建筑学会咨询工作委员会委员(第十届、第十一届)，中国建筑学会城市设计分会理事，中国建筑学会建筑师分会建筑策划专业委员会副主任，中国环境行为学会副会长，中国人工智能学会理事，中国人工智能学会可拓学专业委员会副主任，《哈尔滨工业大学学报》编委会编委，《城市设计》编委会编委，《可拓学丛书》编委会编委。

目录

第1章 绪论

1.1 研究的背景、目的与意义

1.1.1 研究的背景

伴随着城市在新时期的“发展态势与规划新方向”[1]，城市设计在城市的发展中起到了不可缺少的作用。城市设计相关的内容与策划方法需要符合城市发展的新规律，与城市转型的常态相适应[2]。另外，经济、技术、社会、文化乃至心理方面均对城市设计产生影响，“学科、交叉、关联”[3]等关键词说明了当今的城市设计要面临相当多的复杂问题，其研究内容、范围和方法已不再局限于现有模式。

城市设计是一项公认的复杂工作，事先必须做好前期准备，进行必要的策划。对于城市设计策划的理解并不复杂，国内有研究提出，城市设计策划就是针对城市设计进行的“前期策划研究”[4]。

“工欲善其事，必先利其器。”(《论语·卫灵公》)为了做好城市设计策划，必须具备相应的方法与工具。实际上自从有了城市设计，策划工作就已经存在于具体的设计过程中了[5]。城市设计策划的方法研究，就是在这种背景下提出来的。并且，城市设计策划同其他策划科学一样，同思维、管理、决策等科学密切相关，在方法上存在重叠与互用[6]。

在其他学科的迅速发展中，有许多经验和成果可供借鉴，比如，本书所提及的“语义网络”已经在循证医学、计算机网络与人工智能方面得到广泛的应用。作为一种实践性、交叉性很强的学科，城市设计策划有必要在理论和方法上与其他学科看齐，有必要在策划工具和方法上与其他学科同步。正是在这种背景的敦促下，根据城市设计策划的复杂性特点和综合性特点，本书提出把语义网络应用于城市设计策划，以便使城市设计策划工作变得更加科学、理性和系统。

1.1.1.1 城市设计策划的研究现状

“设计师需要有全过程的城市设计服务思想，从而使设计思想与理念能够得到贯彻和实施。”[7]近几十年来，随着计划经济向市场经济的转型，城市设计的发展在我国经历了从概念、理论的引入到城市设计实践和本土化的探索，逐渐形成了比较完善的城市设计学科框架。与建筑策划的重要性一样，城市设计的前期策划环节也很重要。但是城市设计策划概念的提出时间尚短，人们对城市设计策划的认识明显不足，至于对城市设计策划方法的研究，则更鲜有问津。在城市设计的实际工作中，设计师之外的群体有时更注重对前期的研究，如政府和开发商，这就促使作为“专家”的设计师们必须接受这种现实。这种情况一方面来自于对城市设计成果合理性与科学性的追求，一方面来自于对很多城市设计失败教训的反思，但仅仅认识到这一点还是不够的。总体来讲，目前我们对城市设计策划的认识程度很薄弱，急需夯实城市设计策划理论，急需策划方法研究的跟进，走出困境，以适应城市发展和研究的转型[8]。

1.1.1.2 主要存在的现实问题

目前我国城市化进程正处于高歌猛进的阶段，在现实中存在诸多问题，例如人口调控问题、产业发展问题、土地利用问题、公共服务问题、生态环境问题等[9]。从政府、开发商到设计机构、设计师，在政绩和经济效益的驱使下，很少有人冷静思考城市设计策划的必要性，更不用提策划方法了。就像近几年我国的建筑设计市场一样，即便是对开发效益最为关心的房地产开发企业，有时对于形象效果的追求也远大于对策划过程的重视，城市设计似乎变为了“形象符号的广告”[10]。“火爆”的市场掩盖了潜在的弊端，消费者什么样的产品都可能被动接受，城市设计策划不免会被认为拖了“效率、效益”的后腿。如果这个时候去进行城市设计策划及其方法的研究，拿出时间和精力去做与经济效益不直接相关的工作，困难之大，不难想象。

1.1.1.3 主要存在的行业问题

鉴于我国城乡建设的现状，面对城市设计问题所采取的对策，经常是头痛医头、脚痛医脚。虽然很多人提出各种想法要解决这一问题，但因种种原因效果并不明显。其主要原因在于策划操作主体的主观意识落后，没有形成一套好的策划方法。习惯于传统城市设计方法的设计师一般会乐于使用其熟悉的方法和手段，未必会情愿接受其他学科的方式、方法。并且，有些软学科(如艺术、设计类)的群体，很可能视量化、数理手段为创作灵感的羁绊，有的设计师就存在这样一种抱残守缺的心理。如果城市设计陷于自我感觉良好的学科窠臼中，那么其科学之路将会走到尽头，甚至成为“伪科学”。所以，解决主观认识上的问题是非常必要的。

1.1.2 研究的目的

1.1.2.1 科学目的

当代的城市设计，必须运用科学的方法[11]，才能保障相应策划过程的科学性。科学性是许多学科发展的基石，也是本研究的科学目的，并体现在以下三个方面。

首先，本研究的科学目的在于以语义网络作为形式化方法的平台，提高城市设计策划过程中的准确性和可靠性；根据语义网络结构的灵活性与动态性特点，描述和记录城市设计策划的动态过程，以一种科学的形式化方法体现城市设计过程论的思想，适应城市设计及其策划的特点。

其次，利用语义网络在数理、逻辑表达方面的优势，帮助策划主体进行形式逻辑思考，提高策划的准确性和效率，使城市设计策划的推理与数理运算的能力得到充分发挥。

再次，利用语义网络在计算机和互联网方面的优势，为计算机辅助城市设计策划、大数据的处理，甚至“人机结合互动”[12]的城市设计策划，做方法与工具上的准备。

1.1.2.2 价值目的

就像科学的存在一样，城市设计策划的产生与存在也是有原因的。它的具体形式是与它所要实现的价值目的紧密相连的。一个好的策划方法和理论，不仅可以提高城市设计策划的效率，还可以体现全方位的价值，从而使城市建设高效、准确地运行，完成城市设计策划从“拍脑袋”式的粗放型操作向谨慎集约型的策划过渡，这无论从科学价值还是使用价值出发都是有意义的。人类文明的历程告诉我们，科学理论和技术、工具的发展是交错前进的，所以科学的、系统的城市设计策划方法是城市设计理论发展到今天应该解决的重要技术问题。而基于语义网络以及其他科学性思维的策划方法，可以避免个人偏见，超越直观经验来进行城市设计，在实践中体现城市设计策划的使用价值和学科价值。

1.1.2.3 实践目的

随着城市设计策划概念的提出，理应建立起一个方法体系来指导实践。城市设计涉及多方面的技术，如果“它们之间没有接口和兼容性，就形成了技术的壁垒[13]”。例如，ACAD以及各种辅助设计软件的出现，使设计师从大量复杂的空间思考中解放出来，工作效率和工作成果的准确性、科学性显著提高。在城市设计策划概念提出之后，及时填补策划方法的研究，对于城市设计策划实践是极其必要的。本研究哪怕是仅仅做到抛砖引玉，激起不同声音或者带动更多人对城市设计策划探索的热情，那也是善莫大焉。目前城市设计策划实践无论在时间上还是在空间上都存在脱节现象，在间接工具下的策划预期与真实效果之间存在一定的错位[14]，城市设计所强调的多专业、多部门相结合的特点常常流于口头，没有落到实处，归其部分原因在于缺乏一个有效的方法平台。再有，面对当今城市科学的大数据时代、建设项目的全寿命周期的管理，实现“一张图”的综合信息平台，也需要一种能与之相匹配的方法[15]。本研究就是要建立一个方法的技术平台，在实践中充分体现城市设计策划方法的作用，使得设计策划阶段更加明确、高效。

1.1.3 研究的意义

1.1.3.1 完善城市设计策划理论

理论与实践交替前进是科学发展的最佳形式。如果只有理论的提出，而没有具体方法的跟进，那么就没有检验理论的标尺，很可能成为没有根基的空中楼阁。自从20世纪末城市设计作为“崭新”的理论引入我国，经历了将近二十年的城市设计实践的热潮。在不同时间阶段和不同学术观点之间，人们对于什么是城市设计，以及如何做城市设计的看法并不统一，更不用说城市设计策划了。本书将针对这种情况，在前人提出的城市设计策划概念的基础上，提出一种形式化的策划方法，指导城市设计，使得城市设计能够依托于一个具体的策划过程，努力让科学理性支配策划活动。

关于城市设计策划，在本人的博士学位论文《以开发项目为导向的城市设计策划研究》中已经给予了较明确的定位和阐述[5]。在城市设计策划概念提出之后，及时构建相应的策划方法，有利于完善和丰富城市设计策划理论。

1.1.3.2 适应城市设计策划的特点

在实际工作中，城市设计项目的设计人是一个"多元化"的集群，城市设计师一直是这个集群中的一员，是以这个集群中各个学科专业的技术团体的中间人和代理人的身份出现的，他的思想方法、工作技能与工作模式和其他专业的设计人员不同[16]。而本研究就是为了适应城市设计的特点，在几个学科之间建立沟通与联系的"桥"，而这个"桥"的具体方式便是语义网络。在实际的城市设计中，由于专业间思维方式、问题理解、工作方法的差异，以及价值标准的错位，很难做到无缝对接。甚至在相同专业者之间，也会由于时间阶段和水平的差异，造成合作过程的脱节，很难保证面对大量各种各样的复杂问题时，时刻保持每个环节的逻辑性和可靠性。

语义网络的结构特点将弥补这种缺陷，同时也能满足策划的动态化需要。结合现实情况，构建一种科学化的理论，研究一种既适合专业特点又可以延伸和深化的开放性策划方法，是有利于城市设计策划工作的。

1.1.3.3 实现计算机辅助策划

计算机辅助设计或互联网已经成为当今许多领域的必备工具。在智慧城市提出十多年后，通信、虚拟网络等技术逐步得到应用，为解决各种城市问题提供了高效的新方式[7]。作为城市设计前期的策划工作，如果能够借助计算机的运算能力，必将大大提高城市设计策划的工作效率和准确性。语义网络应用于计算机网络的事实，说明其特点是适应计算机的操作和运算的。同时语义网络的组成要素也容易形成数理结构和逻辑命题，在形式上适于推理和运算，所以语义网络将引导城市设计策划体系化、智能化。另外，这种方法的研究绝不是仅仅提供碎片化、孤立的辅助工具，而是要最终建立与行业整体相联系的、符合学科与社会的宏观背景的方法体系和工具系统，具有学科整合的意义。

1.1.3.4 提高学科的循证观与科学性

循证性是本书关于城市设计策划的基本观点之一。目前，我国城市设计前期研究工作主要是依靠调研分析、资料整理和问题分析进行的，这是跟城市设计主体的工作特点相关的。这种方式具有一定程度的实用性和合理性，但面对复杂的策划问题和城市要素时，设计师又不得不依赖有限的经验和直观判断，无法真正做到循证策划，所以要通过某种方法建立城市设计策划的循证观。数理方法与计算机科学可以促进循证策划的实现，这与 Evidence Based Design(EBD)的理念比较相似，将会超越狭义的"经验或感觉"[18]。在城市大数据背景下，"手机信号"也可以成为一种研究城市的数据资源[19]，所以语义网络方法对于提高城市设计策划的科学性，处理设计和策划过程中的各种复杂性问题，也将会提供很大帮助。所以，基于语义网络的城市设计策划方法，将有利于慎重、准确和明智地对待城市设计问题，有利于城市设计策划科学性的形成与循证观的建立。

1.2 国内外相关研究

由于城市设计策划的概念刚刚提出不久，国内外鲜有针对城市设计策划方法的理论研究，此课题研究无疑将是一个广而深的探索过程。目前国内关于城市设计策划方法的研究与实践大体处于起步阶段，同时国内外城市建设的体制又各不相同，国内类似城市设计策划的工作也存在方式上的差异，所以城市设计策划的方法研究需要借鉴国内外相关的理论方法，对国内城市设计案例进行解析，以及对前沿理论的交叉引入和相关学科策划方法适用性的借鉴。

1.2.1 国外相关研究

1.2.1.1 国外相关的实践活动

从城市设计整个过程来看，预先设计(Pre-design)在实施阶段与城市设计策划比较相近。预先设计最早是在1916年美国纽约市的城市分区法中明确提出的，处于城乡规划(城市规划)与城市设计之间的阶段[20]。在我国，预先设计阶段一般由概念设计、可行性研究或项目策划替代，操作主体包含设计机构、高校和政府等部门，是为了适应城市设计需求引发的策划活动。

20世纪70年代，美国提出了城市环境设计(Urban Environment Design，UED)，这是一种从公共管理的角度研究城市建设的决策过程和方法的形式。UED方法要求人们在城市设计研究过程中要重视空间、实体之外的各类相关因素[21]，把相关的各个层面的问题结合起来考虑，可以看作类似城市设计策划的工作[22]。

另外，城市设计框架(Urban Design Framework，UDF)可以看作一种组织化的策划平台[23]，也可以看作一种系统化的策划工具。它能够把城市开发、城市政策与城市设计结合起来，是一种沟通相关利益主体的“媒介”。UDF有利于城市设计的协同工作，并且在特定环境下通过计算机可以实现设计的重用[24]，提高策划效率。最初的UDF是通过五个城市形态要素(凯文·林奇)形成的一个空间结构框架。虽然这在一定程度上属于一种塑造“形体环境”的框架[25]，但其在形式化策划方法研究方面是有启发作用的。本书所采用的语义网络方法，虽然与UDF不同，但其城市元素组织形式对于本研究还是有很大的借鉴意义的。UDF给我们的启示在于，通过某种形式化平台，以此为依托组织各类城市设计要素，可以形成一个层次分明、深浅不一的系统化控制网络，协助策划活动。本研究提出的城市设计的语义网络策划是一种相对独立的形式化方法，是参考UDF和UED提炼出来的特有的策划模式。

在策划动态过程性方面，Vakki George于1997年提出的“二次订单”(Second-order Design)理论，对本书所讨论的策划方法程序也有借鉴作用[26]。如多阶段求解决策过程优化方法对于城市设计的语义网络策划方法技术借鉴，是符合Vakki George的思想的。在实际的城市设计策划过程中，策划主体很难对大量的复杂问题进行整体把控，比较现实的策划方式是把整体策划过程化整为零，逐个击破。这样就使复杂问题变成一系列简单问题，实现一种与“二次订单”甚至多次订单类似的动态策划(Dynamic Programming)程序[27]。这将对本书提及的语义网络法在由繁化简方面有所帮助，同时也将对策划程序的组织方式有所启发。

1.2.1.2 国外相关的理论研究

在类型学方面，西方学者曾归纳出类型化的城市形态元素，并将之用于当时的城市设计实践之中[28]。可以说这是较早的城市形态策划的探索。

在《建筑模式语言》中，亚历山大(Christopher Alexander)提出了一系列250多种城市和建筑的模式化语言，可以被视为一部更为综合的形式化策划的理论[29]。但由于模式之间缺乏关联性，在实践中不可避免会遇到困境，本书所探讨的语义网络将力求弥补这些缺陷。后来，亚历山大在《形式综合论》中，考虑了设计要素的关联性，并示范了具体技术。他提倡在策划中要对理念进行分层，把诸如“需求”、“优劣”等变量划分成各种层级的树状子集，通过人脑所能掌控的分变量的控制，达到对总体问题的控制[30]。亚历山大提出“当代设计面临越来越多的更加复杂的问题，仅凭直觉和心算是很难把握的，有时甚至限制了人的创造力。”为了解决这一问题，亚历山大运用数学关系图和高度抽象、简明的图示，将问题清晰地表达出来[31]。他的这种方法便于设计师以及其他专业人员的准确沟通，非常适合基本问题的关联推导。

在意象性策划方面，凯文·林奇在《城市意象》中从感知学的角度证实了人对城市形态的整体印象是从日常空间经历中获得的。除了形态“五要素”之外，他还指出城市意象构成的三个方面，即结构、可识别性和意义。需要解决的问题是这些元素之间的关联如何表达和度量[32]，而语义网络则能解决这一问题。

路易斯·霍普金斯在《都市发展：制定计划的逻辑》中基于理性的思辨，认为“都市计划的逻辑能对传统方法进行实务方面的改善”，并整理出五种不同计划运作的方式，即“议程、政策、愿景、设计及策略”[33]，这基本上体现了他对待都市计划的科学态度。霍普金斯的睿智不仅表现在科学方面，他在哲学层面也表现出了客观冷静的态度。他把构建都市发展看作复杂系统，并把它比喻成“生态系统”而非“系统工程”。他认为“计划以某种有限的方式影响世界”，“计划可以由集体选择机制来决定，但计划不是决策制定的机制”[28]。计划并非万能，这应该是科学认知的一种常态。在研究时，既要努力构建逻辑性很强的方法和理论，同时也要看到再高明的方法其功效也是有限度的。

1.2.1.3 国外相关的建筑策划类理论

国外比较相近的策划类成熟研究主要集中在建筑策划方面。业界普遍认为建筑策划的首次提出是在美国，以 William M. Pena 和 William Caudill 于1959年在“Architectrual Record”发表的论文“Architectural Analasis—Prelude to Good Design”作为标志，他们提出了“棕色纸技术”和“卡片分析技术”等形式化方法[34]。之后他们又提出了一种系统的具有实效的矩阵表格策划方法，被称为“佩纳矩阵”。它通过五个基本步骤(目标、现状、概念、需要和问题)，根据功能、形式、经济、时间来形成信息矩阵[34]。其中比较显著的一个特点就是提供了建筑师所关注的相关领域信息。虽然早期的策划活动没有计算机的辅助，很难体现信息要素之间的复杂关联作用，但在本书所讨论的语义网络静态策划方法方面将有借鉴作用。

从 AIA (美国)出版的册子“Emerging Techniques of Architectural Practice”开始，逐步出现了具体的建筑类策划工具。之后，北美又有许多人相继做了深入的研究，例如“Alexander 社区医疗中心建筑策划研究”、“建筑策划的工具箱”，以及一些建筑决策与策划方法[35]等。随着对城市设计理解的不断发展，人们逐渐认识到城市的识别性、领域感、意义等方面的重要性，同时创作者的思想与使用者的理解之间需要建立起有效的沟通。如 Wolfgang F. E. Preiser 在1985年就曾提出建筑策划需要在专业工作者与用户之间建立起有效沟通[36]。这也就等于说建筑策划以及城市设计策划的内容，不应仅仅限于专业工作者所关注的空间、功能等方面，还应该有更为广阔的外延。而城市设计策划因其涉及的层面、内容更加复杂巨大，其概念必然要超越以往狭义的认识。再后来，有关策划理论的译本逐渐涌入我国。其中经典的译本除了 William Pena 的《问题搜寻法——建筑策划初步》，还有赫什伯格(Robert G. Hershberger)的《建筑策划与前期管理》，具体论述了策划技巧、测试方法和工作协调等内容[37]。

在日本，初期的建筑策划类研究主要是以“建筑计划”的提法进行的，并在 1889 年后出现了大量的相关研究。特别是 1960 年以后，清水正夫等人结合数理、计算机技术做了进一步探索[38]，并强调建筑计划需要具备合理性和客观性。另外，清水正夫提出建筑设计和建筑计划要涉及生产与使用的全过程。这实际上是在告诉我们，策划工作应包含策划对象的全生命周期，这与巴奈特的“全过程论”不谋而合。另外他的“试错法”对于城市设计策划也有借鉴意义[39]。

除美国、日本以外，其他国家的学者也进行了大量建筑策划类探索，这些研究将对本研究起到不同程度的参考作用。

1.2.1.4 国外相关的方法类研究

在处理复杂策划问题方面，国外专家在各个环节中发明过许多方法，例如棕色纸法、卡片法、矩阵法、句法论、SD 法与 BIM 等。这些方法中，有些应用了数学方法、语言学方法和计算机方法。

基于图论理论，Bill Hillier 教授在 20 世纪 70 年代创立了一种空间句法理论(Space Syntax)[40]，用来分析和预测城市系统中诸如行人流量等基本城市设计要素[41]。作为数学逻辑及形态分析的数学工具，空间句法有一定数理分析的优势。在图论基础之上，空间句法形成了一系列描述构形的形态变量，如接近度(Closeness)、穿行性(Betweenness)、选择度(Choice)等，通过这些变量来定量地分析城市结构特征[42]。基于这种构形理论建立的“关系结构”对于本书所研究的语义网络方法具有直接作用，同时空间句法的操作特点以及计算机的利用，都为此类方法的研究开阔了视野。当然，空间句法与本书所讨论的方法一样，不可避免地具有一定的局限。客观地认识某种策划方法的使用前提和适用范围是必要的，应避免夸张其功效，保持一种谦逊、客观和理性的态度。

C·E·奥斯顾德在 1957 年提出了一种心理测定的方法，简称 SD 法(Semantic Differential)[43]。SD 法采用了语义学的解析方法，是当今一种应用广泛的度量人类感受与评价的方法，适用于各种学科，被称为“永备电池”(Ever Ready Battery)[44]。SD 法通过人类认知的对象语言(自然语言)形成语义学中的语义符号，并以此尺度(类似句法论的构型变量)定量地描述研究对象。SD 法在建筑策划方面运用较早，而且在“语义解析”方面与语义网络方法有相通之处。另外，在语言选择上，如形容词对的选择，SD 法经验性地控制在 20 对左右，这种策略性的简化对于方法的实施比较有利[27]。SD 法的实施策略与程序对于本研究是很有借鉴意义的，本书将建立初步的城市设计语言系统，其中包括形式化符号、谓词和一元、二元连接词等，在主词、谓词数量控制上将参考 SD 法。

BIM(Building Information Modeling)是建筑学、工程学及土木工程的新兴工具，它在建筑生命周期的过程中生成和管理数据[45]。BIM 共享材料性质的数量可以很容易地被标定，其工作范围可以被单独提出和定义。系统、组件和序列可以在一个特定规模或整个体系中操作，也可以结合在一起来支持分析建筑的运营和维护[46]。建筑信息模型可以被借鉴用来描述城市设计策划的操作过程，包括调研、分析、设计、管理等，使各个部分、各个系统在不同阶段表现出来。实际上广义的建筑信息也存在于城市设计过程当中。BIM与城市设计策划有着结构上和程序上的相似性，所以对本研究也有一定借鉴作用。

由于城市比建筑更具复杂性，在城市设计策划的实际工作中，不可避免地要将项目的影响制约因素和其他自然条件因素组织起来进行分析，引导设计策划。除了要考虑政策因素、市场因素、法律法规因素、环境因素等，具体的技术(如GIS等)能够促进策划工作的效率与精确度，会对本书的研究起到直接作用[xlvii]。下面是对国外相关的技术与方法所进行的汇总，如表1-1。

国外相关的技术与方法 **表1-1**

工具、方法	创立者或机构	作用与特点
SD	C. E. Osgood	策划过程中的比较和评价
Space Syntax	Bill Hillier	策划过程中的数理分析，分析城市结构特征
BIM	Autodesk	数据库的建立、信息的处理，以及模型的描述
GIS	——	数据库的建立、信息的处理
佩纳矩阵	William M. Pena	系统构建策划体系，易于寻找因素之间的相关性
棕色纸法、卡片法	William M. Pena	简易直观的形式化分析方法

1.2.2 国内相关研究

1.2.2.1 国内关于城市设计策划的直接研究

目前，国内关于城市设计策划方面的研究主要有期刊论文《预则立，巧预则通——论以开发项目为导向的城市设计策划》(2008年)[4]和博士学位论文《以开发项目为导向的城市设计策划研究》(2008年)[5]。这两篇论文是从开发项目的视角对城市设计策划进行的探讨，属于直接针对城市设计策划的研究，对本书的研究有直接的指导作用。在策划方法组织方面，这些研究与典型的城市设计过程相呼应，在市场经济环境中很容易被接受和实施。但两篇论文仅限于对已知城市设计问题经验性的归纳整理，并没有建立起逻辑性很强的方法体系。

另外，国内学者也对“预先设计”进行了研究[20]。从预先设计的位置和功用来看，具有很强的城市设计策划特点。可以说，预先设计在某种程度上就是城市设计的策划阶段。但在我国城市设计的实践过程中，预先设计一般由概念设计、可行性研究或项目策划替代。就其方法来讲，政府设立的城市设计咨询部门、设计公司、团体以及高校的城市设计研究机构，所采取的方式不尽相同。一般比较有代表性的做法是在城市设计前期调研后进行各种分析，通过文字、图表和图示形式对城市设计进行策划，从数据处理到策划、决策过程并没有标准的统一方法。

1.2.2.2 国内关于城市设计策划的相关研究

国内较早的与城市设计策划或者说城市设计相关的研究可以追溯到20世纪30年

代，也就是郑肇经编著的《城市计划学》。书中共分“旧之改良市”、“新市之计划”和“城市建筑条例”三部分内容。郑肇经在绪论提到“近世计划城市，所持以为目标者，曰经济、曰交通、曰卫生、曰美观……”同时提出地形、土地产权等问题对城市营造的影响[48]，可以说是我国较早的与城市设计策划相关的著作。

在工作过程角度，概念设计也比较接近城市设计策划阶段。顾朝林在《概念规划——理论、方法、实例》中，就概念规划方法提出了利用逻辑思维方法获取客体的抽象概念，以比较明确的观点指出“价值判断重于经验分析”，并指出概念规划方法应当具备唯理和实证特征[49]。虽然该著作没有进行具体的方法研究，但书中提到的“逻辑思维”和“假设推理”对于城市设计策划的方法论研究有很大的启示。

余柏椿在《非常城市设计》的“方法研究”中指出，“以概念城市设计明确作为一种辅助决策型的专项城市设计的基础理论和方法研究很缺乏，需要大力加强。”[50]这无疑指出了城市设计策划方法研究的急迫性。

黄富厢在《我国当前城市设计与实施的若干理性思维》（2000年）中较早提出关于城市设计的“策划研究”。他虽然没有明确城市设计策划方法的概念，但指出了以分析、预测为基础和以定性、定量为主的策划方法是城市设计发展的必然趋势[51]。

刘宛在《城市设计实践论》（2006年）中提出将城市设计划分成四大实践阶段，可以认为这是针对我国特点提出的城市设计策划的基本工作框架。其中的“项目基本策划”可以认为是与本研究相关度较高的阶段。另外，在城市设计综合影响评价的评估方法方面，她提出了判别法、迭置法 、列表法 、矩阵法 、网络法以及权重问题的说明[52]。实际上，这些方法不仅可以用于综合影响评价，对于本书所研究的策划方法也具有方法论层面的价值。

还有其他一些文献也与本书相关，并起到不同程度的间接指导作用。例如《城市设计运行机制》（扈万泰，2002年）、《城市设计运作》（庄宇，2004年）、《城市开发策划》（马文军，2005年）、《城市开发导论》（夏南凯、王耀武，2008年）、《适应性城市设计》（陈纪凯，2004年）、《城市复兴的理论探索》（吴晨，2002年）、《从城市要素到城市设计要素》（王一，2005年）、《论面向管理的城市设计》（王世福，2005年）等。其中，王一提出城市发展已经“超出了个人创造和单个专业操作的阶段”，需要把城市各种要素与空间策略进行关联，并指出城市要素的组织需要“逻辑上的合理性”[53]。这等于说城市设计策划也要建立要素之间的逻辑关联性。

在以复杂系统理论为指导的数字化方法方面，曲国辉在其博士学位论文《基于综合集成的数字城市规划研讨厅》（2007年）中，提出了数字城市规划研讨厅(HWDUP)的设想，以应对开放复杂的城市巨系统。这对于城市设计策划方法中人机结合组织方面具有一定的参考价值。

1.2.2.3 国内建筑策划类的研究

国内比较类似的相关策划理论研究成果也主要体现在建筑策划方面。首先是1999年刘先觉主编的《现代建筑理论》（第一版）第二十章“建筑设计计划理论”[54]，其次是庄惟敏的《建筑策划导论》。这两部著作在一定程度上填补了当时我国在策划方法上的空白。

除了比较经典的策划类著作，还有许多相关的硕博论文。如博士学位论文《对当代建筑策划方法论的研析与思考》（清华大学，2005 年），系统介绍了中外建筑策划方法。《可拓建筑策划的基本理论与应用方法研究》（哈尔滨工业大学，2011 年），探讨了可拓方法在建筑策划过程中的应用，提供了一种全新的跨学科的形式化方法[55]，这一研究对本书起到了较为直接的方法借鉴作用。除此之外，在大量的期刊文献中关于建筑计划、建筑策划的理论成果也十分丰富。

邹广天在《建筑计划学》的分析方法中指出："与其不自觉地、零散地去运用其他分析方法，还不如自觉地、系统地将其引入，运用到建筑计划学当中。"并提出了哲学方法、逻辑学假说方法、策划学方法、数学方法和可拓学等方法的应用[56][57]，这对本研究具有很大的启发。

1.2.3 其他相关学科的研究

城市是一个开放的巨复杂的人居环境系统[58]，不可避免地要与其他众多学科领域结合到一起进行研究。科学发展到今天，任何专业都不可能封闭、独立发展，因此本书将综合运用其他领域的理论和方法。本研究根据城市设计策划的特点，主张以一种形式化的方法来进行研究，其可供参考的相关学科有很多，如语义网络（Semantic Network）、可拓学，以及图论、HNC 和直观易懂的思维导图等理论。

1.2.3.1 语义网络的研究

1909 年，Charles S. Peirce 提出了一个由节点和边的图形符号构成的"存在图"，他称之为"逻辑的未来"[59]，是一种较早的形式化分析方法，可以说是语义网络概念的萌芽。早期的语义网络是一种知识的表示工具，用于对自然语言的理解。对于语义网络概念最早出现的时间，比较公认的看法是 1968 年奎连（M. R. Quilian）在其博士学位论文中正式提出的[60]。在奎连工作的基础上，几年后 Simmon 又进一步深化了语义网络的概念。

语义网络除了作为知识表示的主要方法，也是一种思维认知工具，是人工智能研究领域中的主要内容之一。例如它可以用于 Machine Learning、自然语言处理、Internet 智能搜索、Data Management、Intelligentization Agent 等，另外也应用于专家知识系统、个人信息助理以及商业管理、物流管理、设计研究甚至医学领域等。语义网络的相关研究很多，但目前并没有一个权威的、固定的标准格式，任何专业在应用语义网络的时候，都需要根据语言环境和专业特点进行合理化设计。除此之外，在《可拓逻辑初步》（2003 年）中，蔡文、杨春燕与何斌为了提高语义网络的逻辑化、层次性、简化能力和清晰性，提出了可拓语义网络的概念[61]。

1.2.3.2 其他相关交叉学科的理论研究

本书所讨论的语义网络也是数学图论（Graph Theory）"图"的形式，它以图为研究客体，是"客观世界中某些事物之间的数学抽象"[62]，是语义网络研究的数理基础之一。图论对于研究城市设计策划中的关联问题作用很大，容易梳理策划过程当中的量化问题，如空间句法理论（Space Syntax）就是以图论作为数学基础的。从最基础的图论理论开始研究语义网络方法，有助于挖掘这种新方法的潜力。关于图论的专著和教材有很多，如本书涉及的算法主要参考了殷剑宏与吴开亚的《图论及其算法》（中国科技大学出版社，2006 年），以及王朝瑞的《图论》（北京理工大学出版社，2009 年）和赵宏量、彭太华《图论基础教程》(西南师范大学出版社，1988年)等。另外，在许多离散数学的教材与专著中，也包含图论与命题逻辑、谓词逻辑等内容，这些内容也是本研究的重要组成部分。如王义和的《离散数学引论》(哈尔滨工业大学出版社，2007年)，蔡之华、薛思清、吴杰的《离散数学》(中国地质大学出版社，2008年)等。

诺瓦·斯皮瓦克说过，元语言(相对于对象语言)是语义网络的语义的主要表达形式。也就是说，基于语义网络的城市设计策划也会存在一套元语言系统。元语言的出现可以消除悖论和歧义，其应用范围已不仅仅局限于逻辑学、哲学，而且给语义网络等领域带来一种全新的语言模式[63]。关于元语言，建筑学和城市设计领域也有相关研究，如在《建筑语言的困惑与元语言》(程悦，2006年)中提到建筑逻辑学需要一种“超逻辑元语”[64]；在《复合界面建筑“元语言”推导及应用过程解析》(王凯、魏春雨，2009年)一文中讨论了“建筑元语”模式下的“元设计”[65]。可以看出，从亚历山大的《建筑模式语言》到现在，关于城市科学、建筑科学的元语言问题已经受到重视，所以面对越来越复杂的策划与设计问题，元语言理论的引入是必要的。

以Tony Buzan、Barry Buzan的《思维导图》[66]为代表的形式化思维表达，可以看成语义网络的一种自由变体。它用颜色、连线以及图形形成语义网络，指出线性笔记或图示的局限，从思维角度利用形式化方法激发人的创造力。但对于专业性较强的集体策划活动，还需要提高其标准化、规范化的程度。

1990年，钱学森等人提出了“开放的复杂巨系统”(OCGS)的概念[67]，1992年又提出了综合集成研讨厅体系(HWME)[68]，并启发了数字城市规划研讨厅(HWDUP)的设想。这在以复杂系统理论为指导的数字化方法方面提供了方向上的指引；因为对于城市而言“开放的复杂巨系统”是非常恰当的描述。从城市的复杂性特点入手，提出的一套行之有效的专业化方法，这对语义网络平台下的城市设计策划的人机协作模式有很大的借鉴作用。当然，在进行学科交叉时，也要注意学科范畴在“渗透和借鉴”[69]时要甄别工具和方法的合理性。

1.3 基本概念阐释

1.3.1 策划

“策划”(策画)一词有计划、打算的涵义，在我国最早出现在《后汉书·隗嚣传》中。如今，人们对于策划赋予了更广泛的涵义，如统筹、安排、手段、酝酿、计谋等[70]。关于策划及策划方法的研究有很多，如我国学者陈放先生建立的策划体系，就结合了新、老三论，以及潜三论、超三论等科学方法论。所以，策划研究离不开相应的方法研究。

鉴于从企业管理、行政管理、思维科学等不同角度的理解，人们对策划的定义也不相同。《企业管理百科全书》认为“策划是一种程序，是针对将来预期的情况所做的目前的决策”[71]。如果用中文描述“策划”，其定义或解释会有所不同，对于不同行业、不同背景，在解释上会有差异。另外，在汉语工具书的解释当中，“策划”并没有被列为某种专业术语。

在《建筑计划学》一文中，详尽阐述了其他语言对“策划”的称谓[56]。如在日本，有“设计计划”和“建筑计划”的提法。在英语中，具有“策划”含义的单词有programming、plan、planning、engineer、scheme、plot、machinate等。其中planning作为动名词，一般体现“过程或动作”，而plan更多体现的是“结果或状态”；scheme具有“计划”的涵义，在表示动词时具有策划的涵义；至于engineer、plot、machinate等译法在本领域内应用很少。

Programming在英文中主要体现设计、规划、编制程序的涵义，如建筑策划(Architecture Programming)主要考虑项目立项之后的依据问题，可以理解为制定计划的策划行为。鉴于我国城市设计实践的计划性、动态性特点，本书倾向于用programming来表述城市设计策划的概念，即“Urban Design Programming”。另外，城市设计的整个过程中，同时存在策划、设计、计划和决策的成分，为了明确概念，有必要加以区分，如表1-2。

概念区分 **表1-2**

概念	释义	特点	思维模式
策划	在城市设计之前进行的谋划，提出、选择合理的意见	具备系统性、创新性、可操作性，优化执行方案	逻辑思维、理性思维、系统性思维
设计	是把策划意见通过具体的形式表现出来的活动	以直接、直观的成果落实策划或决策的意图，在其范围内进行创造，以发散思维为主	发散思维、形象思维、直观想象
计划	是具体的实施细则、长远的目标或工作流程	为策划或决策意图落实到一个或多个实施细则以便实施	全局思维、系统性思维
决策	择优或决定，重点在于抉择	以聚合思维为主，决定、优选合理可行的方案，明确策划成果	全局思维、比较与权衡

1.3.2 城市设计

传统的城市设计主要以视觉艺术为主要原则(如建筑论、形体环境论等)，而现代的城市设计则是综合研究城市经济、城市社会、城市生态、城市政治、城市技术和城市美学等，最终建立城市形态(如管理论、全过程论等)。从王建国的《城市设计》到金广君的《图解城市设计》，我国学者从20世纪90年代就已经开始研究城市设计的概念了。虽然说法有所差异，但从总体的内容上看，观点还是比较统一的。最近，随着国家对于城市设计的重视，住房和城乡建设部组织相关机构，对城市设计进行了进一步阐释，即“城市设计是对城市形态和空间环境所作的整体构思和安排，介于建筑设计和城乡规划之间”(《城市设计技术导则》，2016年试行版)。综合各方面意见，城市设计的基本内容一般包括土地使用、建筑形态、公共空间、行为活动、交通组织和历史文化等方面。

1.3.3 城市设计策划

通过对城市设计的最新理解，这里将根据专业要求、实施目的来明确“城市设计策划”的基本概念。参照国内相关研究的定义，本书认为城市设计策划是指导城市设计的前期程序，通过谋划和分析，提出城市设计的目标、建立初步方案构想和设计计划，制定设计策略和实施计划[5]。

城市设计策划的工作定位应介于城乡规划学与城市设计之间，同预先设计的阶段较为相近，间接地引导城市形体环境设计及工程实践活动，如图 1-1。

图 1-1 城市设计策划定位

由于城市设计的概念与内涵伴随时代步伐不断地与时俱进，所以城市设计策划的工作内容、层次也将随之改变。例如在工作层次方面，城市设计策划也将分别与总体、区段、专项城市设计对应；在空间范围方面也会外延至地下、空中等内容，及辅助规划的三维立体管理；在工作内容方面，城市设计策划要在设计之前完成方案优化、选择、决策的任务，需要理性、创新性地选择可行的优选计划，为城市设计工作进行全局谋划。另外，城市设计策划既然称作“策划”，必然要与“设计”的内容有所不同。本书认为城市设计策划间接地作用于城市设计内容，涉及相关的社会、文化、经济因素，向上与城乡规划学直接发生联系。

1.3.4 语义网络

1.3.4.1 语义

语义(Semantic)代表特定的概念，是城市语义网络的“节点”。

语义必须处于一定的领域，具有领域性特征，与上下文相关(Context)。

语义从客观上看，是事实存在的，有其客观性；同时，语义是客观事实的反映，存在人的因素，需要人的解读，所以又有一定的主观性。城市当中充满了各种语义，这些语义必然依存于特定的环境。如城市意象及其结构、可识别性和意义，都存在于特定的物质空间、社会空间和历史空间中，脱离环境、不属于任何领域的语义是不存在的。

语义是人类通过意识对客观世界能动反映的数据记录，最终表现为符号。符号本身是没有任何意义的，但由于人类赋予了符号以各种概念和含义，符号数据才能够被理解和利用，而符号的含义和概念就是本书所理解的语义。结合本书研究的特点，语义在这里存在主观语义和客观语义两种形式。主观语义，指在人的环境认知过程中被赋予了含义的数据，依赖一种与生俱来的逻辑能力形成概念。客观语义，指城市相关要素的事实存在以及要素间的联系，是不依赖人的意志而存在的。

针对城市设计及其策划，或者相关的其他领域，语义系统的建立可以参考其他学科成熟的做法，形成层次性的专业语义概念群。例如在中文一体化医学语义系统(UMLS)中，基元概念语义网络表和基本概念语义网络表分为三层语义概念，其中包含 142 个专业概念、95 个普通概念、37 个基本概念的语义类型[72]。城市设计领域也可以建立相应的层次性专业语义概念群，这将有助于语义网络策划的信息共享、标准统一和协同工作。

1.3.4.2 语义网络

语义网络(Semantic Network)是一种采用网络形式表示思维知识，描述人类对事物认识的方法。语义网络用节点表示概念，用关系链(或弧)表示概念之间的联系，如图 1-2。

图 1-2 语义网络

有人称这类网络为联想网络，是与人类认知特点相符合的。例如，以神经认知语言学家 Sydney Lamb 为代表的观点认为，人类的大脑并不存在所谓的语言物质或语言实体，所有思维都依赖于神经网络的各种连通关系，也就是说人类认知与思考是通过一个网络模式实现的[73]。于是，人类思维、语义网络、城市的具象和抽象形态网络，体现了一种世间万物超越维度界限的自相似分形系统。本书不去探究这种现象的根源，但这个事实却从存在的角度说明了运用语义网络方法的合理性。另外，从图论的观点看，语义网络就是一个“带标识的有向图”，这就使得语义网络能够运用数理手段解决自身问题，同时也说明语义网络作为一种方法的技术可行性。

语义网络从 1968 年首次被提出，经历了四十多年的发展历程。2008 年，D·H·乔纳森在其专著《技术支持的思维模型：用于概念转变的思维工具》中，提出语义网络是帮助人们进行观点表达的工具，并利用语义网络进行了模型构建。关于语义网络理论的发展历程，详见图 1-3 所示。

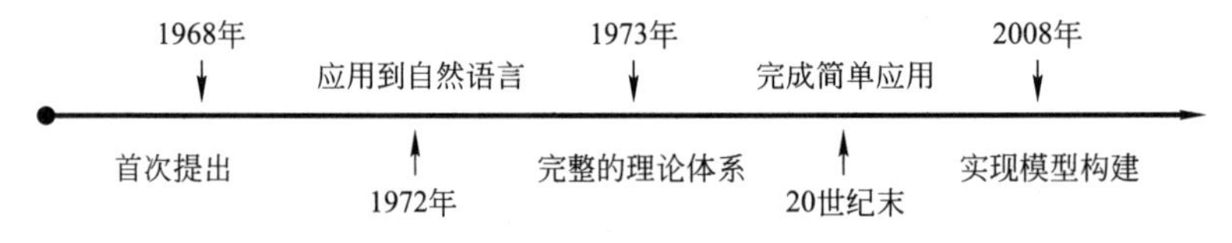

图 1-3 语义网络理论的发展历程

语义网络首先是一种哲学认识论的方法，同时也是一种知识表达和处理的工具，最关键的是语义网络符合计算机数据存储、表示和处理的特点，这一特点成为语义网络作为今后“人机结合”协同工作的优势。本书所研究的内容主要侧重于思维模式和策划方法的结合，进而为计算机实现打下基础。下面是主要的语义网络知识表示与处理系统，如表 1-3。

主要的语义网络知识表示与处理系统[74] **表 1-3**

系统	主创人员或研究机构
SNePS	Shapiro 等/Buffalo University
WordNet	Cognitive Science Laboratory, Princeton University
LaSIE&LaSIE2	University of Sheffield
Protégé	Stanford Univeristy
KLONE	Ron Brachman
Desciption Logic	Baader et al

续表

系统	主创人员或研究机构
DB-MAT	Kalina Bontcheva, G. Angelova/ Natural Language Processing Group, Department of Computer Science, University of Sheffield
Semanitc Web	W3C
Jena	HP
Knoware/NatuaralWiki	Yintang Dai 等/Fudan University, School of Computer Science
Sesami	OpenRDF. org
Semantic MediaWiki	Open Source

1.3.5 城市语义网络

关于城市模型，国内外相关研究主要集中在空间模型方面，如芝加哥学派的三大模型、凡斯的“城市地区模型”和迪尔与弗拉斯提出的“基诺城市模型”等等[75]。而城市语义网络(Urban Semantic Network)则是通过语义概念节点及其关系链来表示城市抽象形态的网络图，其结构细胞是网元，类似建筑学领域中的“空间元”概念[76]。二者都是从应用数学角度，对事物及其关系、状态的物理级的类属归纳。而语义网络方法表达更加灵活，其关系和节点可以自由转化，这种灵活性方便了表达，且生动易懂。但灵活性会给策划工作，特别是“运算”带来很大的规范性障碍。不过由于人工智能和数据处理技术的迅猛发展，使这一问题的解决变得可能。

运用网络形式表达城市概念并不是从现代社会才开始的。早在1413年，巴尔托洛绘制了一张罗马城的概念图，图中有“一系列古代的和中世纪的标志性建筑，这些标志性建筑联系着城市的不同地区，强烈而清晰地分为几个部分却没有经过仔细的定位。”这些部分构成了罗马城的节点要素群，如图1-4中左图。后来波尔蒂诺在1588年创作的一幅版画中，把每一个形象化的节点通过比较精确的定位，用笔直的街道联系起来，也就是节点形象通过街道这一线性要素相互连接，体现了强烈的空间组织思想和清晰的特征[77]，如图1-4中右图。

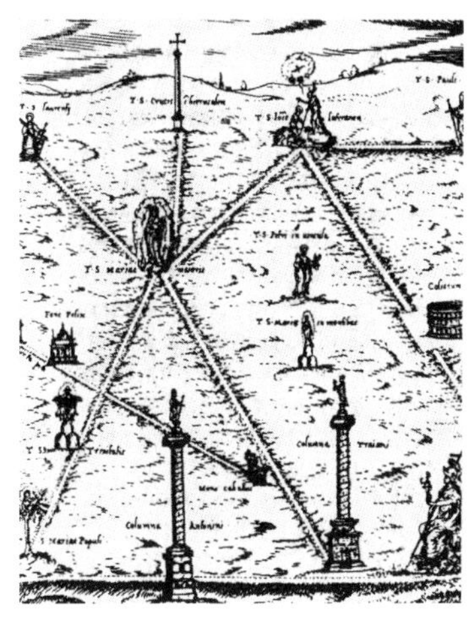

图1-4 罗马城概念图示[77]138

再后来，保罗·克莱把以上形象的图画通过简单的抽象图解表示出来，主要关注城市节点路径的基本关系，而不是具体形式，如图 1-5。

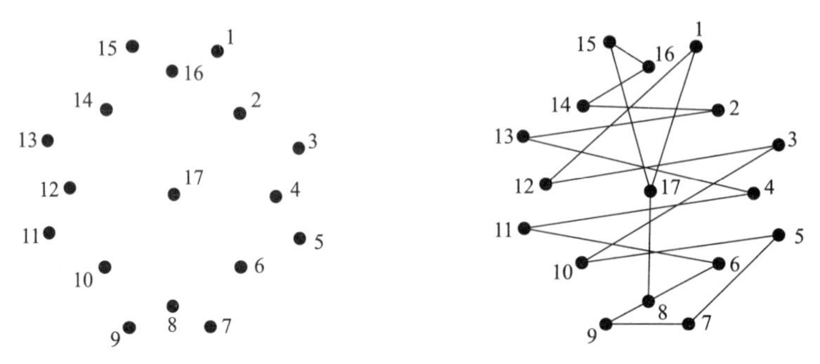

图 1-5　罗马城抽象图解[77]139

在图解中的点可能是历史、精神等因素的抽象，也可能是“区域经济中心或旧社区中心”。保罗·克莱用“能量的渠道或力线”把这些节点连接起来，不仅可以“创造自然形态美学设计的系统”，也可以把“毫无规律的事物有意识地形成一种结构关系”。E·D·培根总结道：“美学的设计统一体和功能相互关联，可以通过同一基本法式形成体系概念”[77]。

如果把上述形式化描述当作城市语义网络也许不恰当，但我们必须承认如果要处理现代城市的问题，不得不将若干层面的因素考虑进来，而本书所提出的语义网络方法就是解决上述问题形式化描述的方式之一。当然，保罗·克莱的这种网络化描述仅限于城市的空间、功能和意义，还没有触及城市的其他维度，也不是完整意义上的城市语义网络，恰当地说应该是城市语义网络的雏形，具备了城市语义网络的一些基本特征，即节点和关系链。

1.3.6　语义网络策划方法

这里需要强调两个独立的概念，一个是之前提到的“城市语义网络”，另外一个是“语义网络策划方法”。

其中城市语义网络是一个策划平台，类似各种抽象问题的数学建模，是语义网络策划方法的核心。通过这一平台，根据相应的语义网络策划原理，可以融入各种相关学科的策划技术，提高城市设计策划的逻辑性和功能性。

语义网络策划方法是一种特定的策划方法，也就是通过语义网络模式进行的策划。这种方法类似庄惟敏在《建筑策划与设计》(2016 年)中提到的一种理论模型模拟法[78]。在早期的《建筑策划导论》中曾提出过这种方法，即通过“节点、关系链”对相关概念加以“模型化”，在这一点上它与语义网络表示方法类似，属于一种图示模型[38]，具体定位如图 1-6。

理论模型模拟法与物理模型模拟法互为补充，前者相对理性抽象，后者相对形象直观。

1.3.7　城市设计的语义网络策划方法

“城市设计的语义网络策划方法”也就是“基于语义网络的城市设计策划方法”的

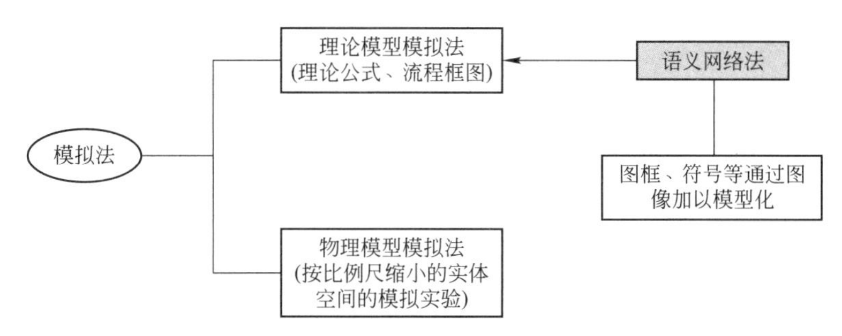

图 1-6 语义网络方法的定位

另外一种说法，指的就是通过城市语义网络进行的城市设计策划，是城市设计策划在方法上的一个补充。

城市设计的语义网络策划方法不能完全替代一般性的城市设计策划方法。通过城市语义网络平台进行城市设计策划，其优势主要集中在能够用语义网络建模，并能够涉及相关算子、算法的策划问题。也就是说这种方法能够解决部分城市设计策划的问题。

由于能力和时间有限，本研究不可能完全挖掘出这种方法的全部功能。在本书研究过程中，目前能够想到的这种方法的运用范围，首先在于空间及其他问题分析方面，为具体策划工作提供依据和参照；其次，面对城市设计多元主体、多元客体的复杂情况，对各种解决方案进行优化、选择与决策；再次，结合城市语义网络的推理运算能力直接或间接地输出策划方案，或通过量化比较选择合理方案；最后是为城市设计提供策划意见，根据具体情况，提供图示模式、文本模式或公式量值模式等策划成果。

1.4 研究的内容与框架

1.4.1 研究的内容

本研究所要构建的城市语义网络是符合人类思维特点的，是在建立城市语义网络平台基础上进行的城市设计策划研究。本书将在国内外相关领域内以及现阶段研究成果的基础上，对当今城市设计策划状况进行分析，与其他方法类理论进行横向比较，与相关领域的策划类理论进行纵向比较，综合吸纳营养。主要研究内容的侧重，一方面向城市设计策划逻辑表述和推理的方向突进，另一方面向计算机网络的结构化方向靠近一步，逐步实现计算机辅助策划的可能，形成科学的策划方法体系。具体研究内容如下：

第一章是绪论。主要论述了研究的背景、目的和意义，详细介绍了国内外相关研究及其他相关学科的研究进展；进行了基本概念的阐释，通过一系列概念的梳理，明确了各个概念的指向与内涵，最后介绍了主要的研究内容及研究方法等。

第二章是关于城市语义网络的概述。首先在城市语义网络的概念的基础上，论述其结构、形式逻辑和推理机制；论述了城市语义网络元语言系统及其本体系统。这些部分内容完善和落实了这种策划方法的形式化平台，解决了方法论的基础问题。

第三章主要研究城市设计的语义网络策划基本原理。首先从数理角度探讨城市语义网络的图论原理、矩阵原理、运算原理以及基本算图与赋权原理，这是语义网络策划的基础原理。然后对策划原理进行进一步的拓展研究，包括对偶、耦合原理和同构、分形原理，初步构建了一种开放性的原理系统。

第四章主要研究城市设计的语义网络策划技术。这部分首先从相关领域嫁接了可利用的城市语义网络数据处理技术，然后结合逻辑学、可拓学，进一步探讨了逻辑策划方法和可拓策划方法在语义网络策划中的应用，并进一步拓展研究了其他关键策划技术，初步构建了一种开放性的策划技术体系。

第五章首先论述了城市设计的语义网络策划组织模式和基本策划程序。在前文研究的基础上，结合实例分别从总体、区段和专项城市设计，在不同的规模、层面和策划角度进行了城市设计的语义网络策划实务研究。最后，根据我国城市设计实践的现实特点，提出了不同的城市设计策划方略。

1.4.2 研究的框架

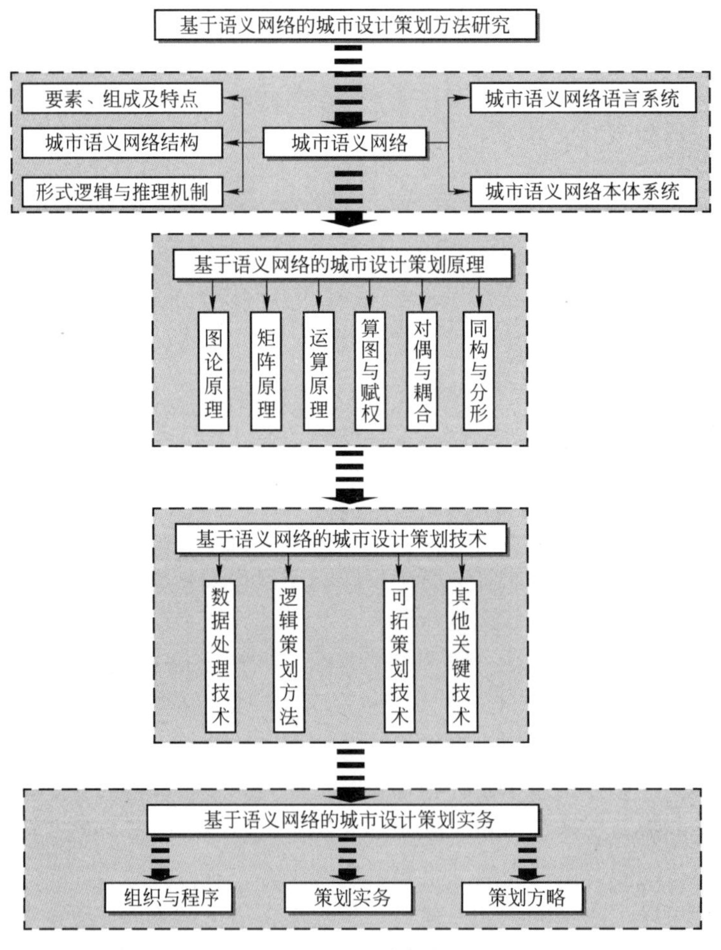

图 1-7 研究框架

第2章 城市语义网络概述

通过语义网络方法来进行城市设计策划，就要构建城市语义网络这一策划平台。城市语义网络的要素与组成是城市语义网络的基本成分，城市语义网络的结构是城市语义网络的骨架，形式逻辑与推理机制是城市语义网络运作的基本规律，本体系统与语言系统分别是城市语义网络的理想数据来源与表达符号。

2.1 城市语义网络要素与组成

2.1.1 城市语义网络的基本要素

2.1.1.1 城市语义网络的节点

由于“关系”在语义网络中可以用“关系链”来表达，所以节点在城市语义网络中也可以独立表达。若是城市语义网络中的节点按照语义概念的种类区分，可以分为物元、属性、事元和图示节点，如图 2-1。

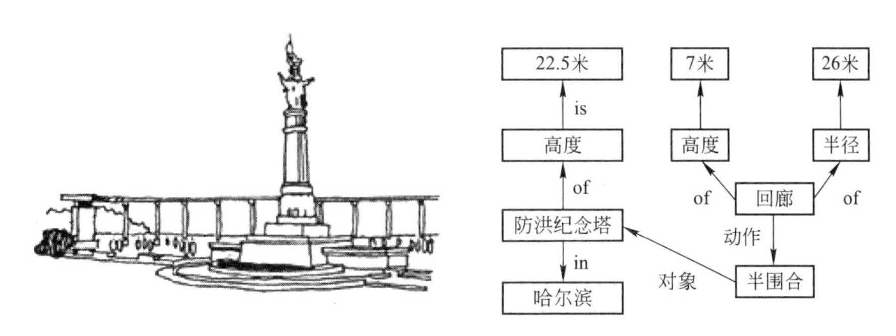

图 2-1 哈尔滨防洪纪念塔的语义网络表示

(1) 物元节点是指城市要素的概念，既可以表示空间和实体，也可以表示各种抽象概念。一般通过文字符号表示，如城市肌理、居住建筑、共享空间、城市结构、城市意象等。

（2）属性节点是指城市要素所包含的固有特性，如尺度、色彩、环境感受、可识别性等。习惯上属性节点一般用无相链连接，有时属性节点会表示成为下一节所提到的关系链，如图中的“高度”。

（3）事元节点表示主体进行的行为，如位于、开发、改造等。很多情况下事元节点也可以表示为关系链，如图中的“围合”。

（4）图示节点是为了适应城市设计的工作特点而设置的特殊节点类型，很多情况下需要特殊说明或约束，如图 2-2。

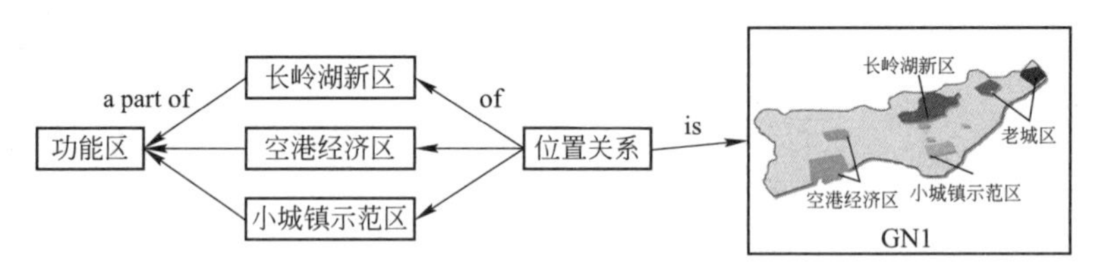

图 2-2 图示节点

上述分类仅是其中一种简单示意，城市语义网络的节点种类，根据不同的目的、角度和出发点，会有不同类型的划分。若是根据城市语义网络语义表达的抽象程度划分，即由具体到抽象，又可以分为实例、概念以及类节点，如表 2-1。

城市语义网络节点类型　　表 2-1

类型	释义
实例节点	是指城市设计事实要素及其属性或行为
概念节点	是对概念的抽象归纳，解释城市设计要素的一般特征
类节点	是对概念节点的归纳，能够约束要素间的关系

2.1.1.2 城市语义网络的关系链

关系链或弧，是语义网络模型的关键部分，是表达概念间动作、关系、属性等事实的必备要素。有了关系链，就会提高语义网络的表达能力，同时也提高了语义网络的推理、演绎、运算等方面的能力，所以通过不同类型的关系链组建的城市语义网络也会有各式各样的功能，解各式各样的问题。

针对城市设计领域或特定项目，可以通过局部实验对关系链进行系统归纳。例如在黑龙江省呼玛县城镇体系策划中，设计师结合语义网络表示法中的基本语义关系，根据城镇体系规划中各规划要素以及语义关系的实际情况，尝试把语义网络模型中的关系链总结限定为以下 7 类，用以涵盖或表达策划过程中所有的要素关系，如表 2-2。

城市语义网络的语义关系[79]　　表 2-2

语义关系名称	属性关系	英文简写
类属关系	is a，a-kind-of，a-member-of	ISA，AKO
包含关系	a-part-of	APO
属性关系	of，have，can	OF
类比关系	compare，contrast	

续表

语义关系名称	属性关系	英文简写
影响关系	cause，influence	
推论关系	inference，if then	IF—THEN
空间关系	on，before	

(1) 类属关系，是具有相同特性的城市设计要素的分类关系或成分关系。

(2) 包含关系，也称为聚类关系，表达城市设计要素“部分与整体、广义与具体”的关系，具有明显的组织结构特征。

(3) 属性关系，表达城市设计要素的特征、属性、情况之间的关系。

(4) 类比关系，用于不同城市设计要素的相同属性之间的比较。

(5) 影响关系，是指某城市设计要素对其他要素的直接或间接的作用关系。

(6) 推论关系，是指某城市设计要素的发生导致了其他事实的发生。

(7) 空间关系，是城市语义网络中基本的事实描述关系，如位置关系、“to the north of”、“adjoin with”等，复杂空间关系可以用图示关系描述。

以上列举的主要关系并不能完全代表城市语义网络的关系链。随着城市语义网络模型的复杂化，会出现大量新的关系链，而且如果“槽”具有多个侧面值，这种关系会更加复杂。

2.1.1.3 节点与关系链的转化

在城市语义网络中，节点和关系链是可以互相转化的，这一思想来源于粒子物理的“靴袢假说”。目前原子物理学和亚原子物理学理论已经发现，宇宙未必可能存在着基本粒子，如爱因斯坦已经证实的能量、质量转换，“粒子是过程而不是物体”。诺贝尔奖得主海森伯认为，“我们不是把世界分成不同组的物体，而是分成不同的关联……我们所能识别的只是在某个现象中最为重要的那种联系……世界就是这样地表现为事件的复杂结构，不同类型的联系在其中交错、重叠或者结合，从而决定着整体的结构。”[80]这就揭示出自然界的一种基本相互联系状态，所以基本结构单元概念不再成立。

根据“靴袢假说”，我们不能鲁莽地把城市要素归结为一系列基本的原子概念。城市的各种成分既互相组成，又组成它们自己，需要通过城市本身的自洽性来认识城市和设计城市。这与道家的“阴阳互易”以及道德经的“室、物”之用的道理也极为相似，而城市设计理论中的图底关系理论，也是一种对立依存关系。类似现象在城市设计要素中大量存在，如图 2-3。

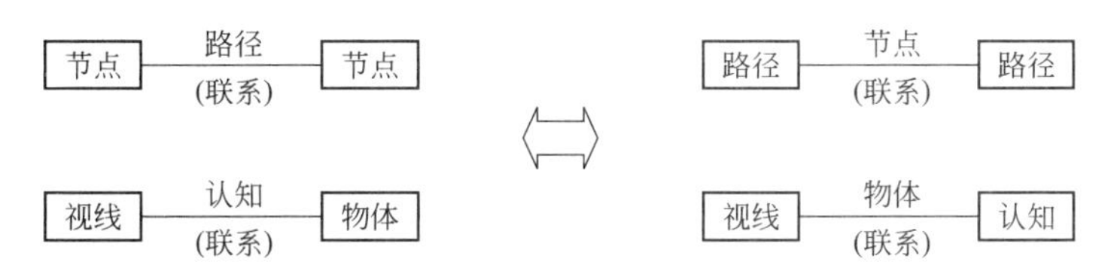

图 2-3　节点与关系链的转化

在图中，“节点”、“路径”很轻易地就做了一次点、链转换，同时，“认知”和“物体”也能够实现异维度的点、链转换。当然，这并不是要否认系统中基本结构单元的作用和基本的定律、方程式或原理。毕竟传统基本要素起了很长时间作用，并推动了城市设计理论的发展，如城市设计基本要素。在这里仅是在应用角度，为城市设计语义网络策划方法提供了一种与固定“原子”模式不同的基本算子。

2.1.1.4 城市语义网络的约束

由于普通的语义网络具有很大的自由性，针对不同的目的、作用，其表达方式十分灵活，如自然语言和文学，这也可以说是它的一个优点。但对于城市设计策划来讲，缺乏一定的标准，缺乏特定领域的约束性，也会给策划工作带来障碍，甚至无法操作。特别是在自然科学领域，如 GIS 语义共享，由于语义网络模型的操作有时没有人的干预[81]，因此城市语义网络模型中必须包含若干约束。

对于城市设计策划来说，有必要通过约束来明确策划的对象，也就是需要明确城市设计要素及其特征和关联，并约束至语义层面。

通过语义网络对数据进行策划分析时，至少应该存在对关系链的约束和对节点的约束。城市语义网络约束条件有两种：一是满足城市语义网元本身属性的条件，二是相邻网元对它的制约。

首先要对概念指代进行约束，剥离语义的泛化、消除歧义，而概念的完整性、准确性则由基本的节点单位和关系链通过一定的规则进行表示。其次通过规范、经验和价值取向等进行控制性约束，包括策划范围和对象、专业性操作程序和技术等等。再次，需要在策划时对数理推演、量化和属性赋值等操作的约束。

另外，城市设计策划会有大量的图示命题，各种图示包含有大量的关系、属性和信息，同样存在对图示命题的提炼和约束。

关于针对城市设计策划的语义网络约束，本研究仅仅是一个开始，必然会存在一定的不完整性，关于这一点需要在语义网络策划方法的深入研究和具体实践中不断完善和调整。

在城市语义网络模型中需要对大量非结构化的对象进行描述和建模，语义约束在合理地表达结构关系方面是十分必要的。如在语义地理数据模型的设计时，要保证模型的拓展描述能力，就需要描述地理实体及地理特征之间的 $n \times n$ 的约束。同样道理，在构建城市语义网络时，也要保证这种拓展能力，并为城市设计要素之间的关系信息进行标准属性的说明，在此基础上建立各种具体的关系链。参照相关学科做法，城市语义网络首先要完善的约束主要有动态实施结构及其空间完整性、实体完整性、关系完整性等[80]。

2.1.2 城市语义网络的组成及特点

城市语义网络的主要功能是将城市研究过程中的调研、分析、策划，以及文件编制、成果实施等过程，用语义网络图解的方式表达。它的组成部分具有一般常识性语义网络所具有的典型特征，但由于城市设计策划问题具有专业领域特点，必然存在一些特殊的组成要素。

2.1.2.1 城市语义网络组成部分

语义网络一般由词法部分、结构部分、语义部分、过程部分组成。在一般常识性语义网络组成的基础上，城市语义网络的组成部分还具有一些特殊性。

（1）词法部分：城市设计要素概念表示可采用的符号形式，包括具体的节点和关系链。城市语义网络的词法部分所包含的概念表中会有若干特定的术语、词汇和符号。除了一般性的词法，城市语义网络的词法对于节点和关系链的表达形式是多样的，如图示、函数或专业用语等。

（2）结构部分：城市语义网络的结构部分用来表达要素符号顺序的约束，规定各关系链连通的节点对，规定节点之间的链接形式。这里之所以应用语义网络作为分析和策划的方法，不仅在于其知识表达方面的结构优势，而且还要利用它在物质形态表达方面的灵活性和形象性。例如，在城市语义网络中，结构部分除了可以表达一般事实和意义，还可以根据其形式化特点，表达具体的空间实体的结构特征。

（3）语义部分：解释城市设计要素的涵义，确定概念的序列，以及解释对象和相应的关系链。语义部分用来描述、界定城市要素的涵义，同时规定节点的关联排列、所属要素和相应的关系链。在城市语义网络中，语义部分要对城市设计基本要素及其关系进行概念和意义的确定，这一部分是城市语义网络的基础部分。除了前面所阐述的语义概念，语义部分在具体表达和使用的时候至少存在元语层面语义、概念、术语语义和自然语义等。

（4）过程部分：阐释某种访问动作，用来实现和修正解释，以及提供解释内容。城市语义网络需要访问各种信息资源，通过访问和修正，可以合理表达城市语义网络特定的语法和语义部分，有时需要对结构进行过程调整。

2.1.2.2 城市语义网络信息层级

城市语义网络对于城市信息处理和城市数据检索具有重要作用。相对于传统城市设计要素孤立、无序的表达方式，城市语义网络加入了节点要素之间的关系，除了可以使隐性关系、语义和复杂推理以直观的方式表达，还可以实现联想搜索和策划，无需建立整个庞大的城市设计数据库。城市语义网络模型能够表达城市设计领域节点概念和语义关系，通过一种简洁、直观、精细的立体网状结构进行基本的形式化表达。根据其他领域的经验，基础的语义系统一般以树状等级结构为主，如表 2-3。

城市语义网络树状等级结构　　表 2-3

A 实体	B 事件	C 联系	……
A1 物理性实体	B1 物理事件	B1 物理联系	……
A11 建筑物	B 11 联系	B 11 联系	……
A111 居住建筑	B 111 视线联系	B 111 视线联系	……
……	……	……	……
A112 公共建筑	B 112 轴线联系	B 12 协调	……
A1121 商业建筑	B 1121 正交轴线联系	B 121 色彩协调	……
A1122 办公建筑	B 1122 曲线轴线联系	B 122 尺度协调	……
……	……	……	……

从多个角度构成的城市语义网络树状等级结构之间通过要素关联，最终形成多维的立体网络，这是人的思维很难想象和描述的。所以应用语义网络作为工具的优势，一方面在于能够全方位真实表述城市设计各类要素的拓扑位置和复杂关系，另一方面这种复

杂性描述可以通过计算机来完成和处理。

2.1.2.3 城市语义网络的特点

作为知识的表示方法，语义网络具有区别于其他方法的特点。在讨论其特点之前，有必要与其他方法进行比较。

(1) 首先是 E. Post(1943 年)提出的产生式表示法。这种方法的特点是因果关系直观，容易理解和推理，通过数据库、规则库和推理机可直接体现演绎过程。由于这种方法采用“IF< premise〉 THEN< conclusion〉”的直线形表示求解过程，对于结构复杂的问题则难以控制，所以一般用于启发式知识的表达。

(2) 逻辑法。逻辑方法具备严格的形式化特点，通过严格的形式定义及推理规则(如命题运算和谓词运算)得出精准结论。但对于城市设计丰富的内涵和高层次的知识延伸，其表示能力的单调性和推导的机械性束缚了知识表示的能力，特别是城市设计策划中一些模棱两可的问题。

(3) 框架法。框架法是一种结构化方法，符合人类认知经验和记忆习惯。框架最主要的成分是槽(Slot)。和语义网络一样，槽可以不止一个侧面(Facet)，而侧面又不止一个值。这一方法有其实用性，如美国城市设计实践过程中提出的城市设计框架(UDF)。通过框架法，UDF 使城市设计工作形成有效的控制结构，在时间与空间上各类要素被有序组织并实现动态管理。与语义网络方法相比，框架法对于类、层级、秩序的控制更有效，但在表示概念关系以及形象动作等方面，语义网络的优势则更大。

(4) 本体法。本体方法是概念化的抽象形式和显式规范，同样具有表达、搜索、关联和共享的优势。虽然语义网络经常作为本体的表示工具，但作为研究基础的城市领域本体在我国尚未建立，所以目前还不具备应用条件。

(5) 可拓法。可拓法在形式化表达和理论建构等方面具有较完善系统，有相关网、可拓语义网络等相近概念，但其基元表达形式和目前研究的侧重点不如语义网络更符合城市设计的工作特点。

尽管任何一种方法都有其优势和局限性，本书在研究中仍然以语义网络方法为核心，综合应用了上述部分方法，如逻辑法、本体法和可拓法等。此外，本书之所以采用语义网络方法，是因为城市语义网络具有下列特点：

(1) 城市语义网络可以把城市空间或实体的结构、属性，以及城市要素的各种关系直观简要地表达出来。通过节点的关系链完成事物、事实、特征等的关联，便于策划过程的推理与属性的继承，并以联想方式实现对系统的理解或解释。

(2) 城市语义网络的节点可以绑定相关概念及其属性和特征，从而使城市设计策划问题与要素容易被查询和操作。

(3) 城市语义网络既可以把问题表现得更加直观，更容易理解，把复杂问题简化，同时也可以根据需要表达非常复杂的问题。如空间结构可以表示为网状的具象语义网络，也可以把零散的城市设计策划问题模型网络化。

(4) 城市语义网络的语义可以通过结构分析来进行解释，保持了语义网络的灵活性，但针对特定策划问题也可加以结构和表示的约定，从而保证类似谓词逻辑法的推理能力。

(5) 节点间的联系通过拓扑变换，城市语义网络可以根据需要转换成任意显式的形式，如线形、树形或网络，甚至是递归或发散形的结构。这一特点的实现需要一种结合计算机网络的软件设计才能发挥作用，才能处理比较复杂的知识存储和检索过程。

2.2　城市语义网络的结构

2.2.1　城市语义网络的基本结构

2.2.1.1　基本网元

一个最简单的城市语义网络是如下任意一个三元组，即基本网元，如图 2-4。

基本网元：(节点1, 关系链, 节点2)　A —R_{AB}→ B

图 2-4　基本网元

在城市语义网络中，标记的节点用来表示考虑的对象或具体的事物，如空间、标识、认知等抽象概念，以及可识别性、结构特征、场所意义、状态和位置等等。关系链用来表示节点所代表的事物之间的关系，如视线联系、轴线联系、形态或色彩的对比与协调关系等等。城市语义网络的基本网元可以由一元要素构成的，除了能够用自然语言进行概念分析，同时又备一阶谓词逻辑的能力。如果表达“防洪纪念塔是标志”，运用谓词逻辑可以表示成为：

标志(防洪纪念塔)，F(x)：is

城市语义网络也是一种有向图，它包含很多注释，用于说明知识点和建立认知模型，如图 2-5。

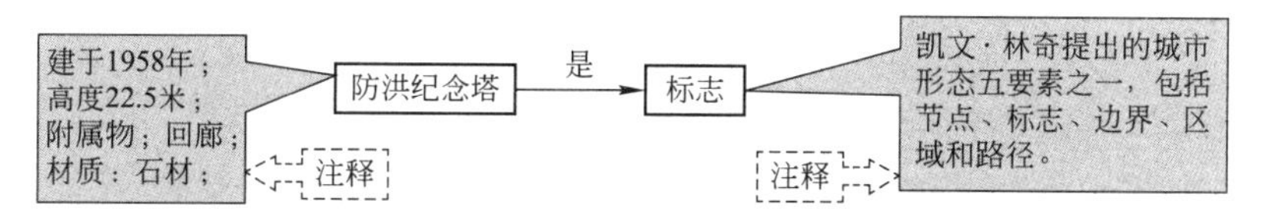

图 2-5　网元注释

2.2.1.2　图示网元

城市语义网络的描述不同于一般语义网络描述，为了结合专业特点，需要把图示作为特定的节点或联系。“图”是设计师的灵魂，国内外有许多学者曾有意识地运用“类型学”、“模式语言”来表示图的语义。

由于设计师的“图”与数学和计算机的图概念有本质的区别，设计师的“图”同时能够表达抽象和具象的概念，而且目前城市设计的主体主要由专业的设计师构成，所以为了符合主体的工作习惯和专业特点，需要把图示作为城市语义网络的基本要素。图示在城市语义网络中存在两种表达方式，一种是以注释形式存在，记录并传递事实；另一种形式是语义的替代，是在文字、符号不能有效表达概念或关联时所采取的方式，如图 2-6。

2.2.1.3　二元与多元结构

城市语义网络的二元结构或二元语义网络(Two-element Semantic Network)是由最

图 2-6 图示网元

基本的一元关系联结而成的，用一系列的基本元素来构成概念，其目的是简化表述以及使用简单的知识点来表达复杂的知识。

如下任意一个三元组，即基本网元，通过一个合并过程(Merge)关联在一起，把相同的节点合并为一个，从而构成了一个典型的语义网络。其中，Merge(…)是一个合并过程，它把括关系链中的所有基本网元关联在一起，从而构成一个语义网络，如图 2-7。

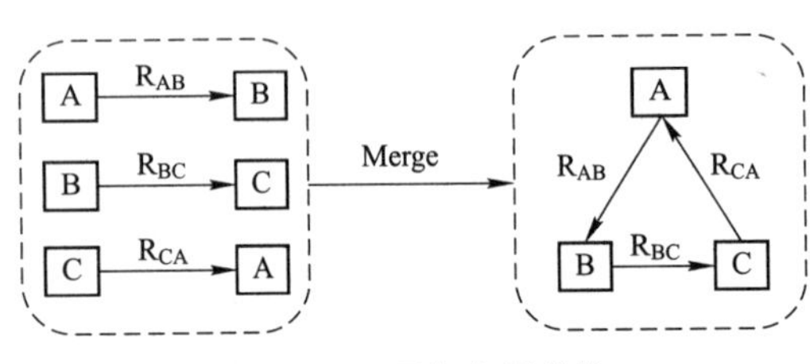

图 2-7 二元与多元结构

城市语义网络是复杂网络结构，简单的二元关系除了在机器识别自然语言方面能够起作用，并不能满足实际策划的需求，因为一般的策划问题大多是多元结构关系。要想构造多元结构，有一个方法便是把一系列二元关系转化成组合在一起的多元关系。确切地说，就是把多元关系 $R_1(X_{11}, X_{12}) \wedge R_2(X_{21}, X_{22}) \wedge \cdots \wedge Rn(Xn_1, Xn_2)$转化成 $R(X_1, X_2, \cdots, Xn)$。

语义网络的多元结构存在一些规范性表示，除了基本的表示之外也存在其他各种灵活的表示方式，有了这些表示，城市语义网络的多元结构才能得以形成。

2.2.1.4 基元三重序及其范式

城市语义网络基元显然可以通过三重序模块进行表示，如果把任一网元定义为$((X_1: X_2: \cdots: X_n:)A, R_{AB}, (Y_1: Y_2: \cdots: Y_m:)B)$，则这种形式可称为城市语义网络的网元三重序。在这种形式中“$X_1: X_2: \cdots: X_n:$”以及“$Y_1: Y_2: \cdots: Y_m:$”可以称为注释，A、B 是节点，R 是关系。当 $n \neq 0$ 时称符号 X_n为节点 A 的注释，当 $m \neq 0$ 时称符号 Y_m为节点 B 的注释。此时网元三重序暂时只有 A 和 B 的注释，没有 R 的注释，如果有必要也可以为 R 添加注释。

另外，可以根据习惯称不带前缀注释的(A, R_{AB}, B)为主三重序，否则为注释三重序；不修改节点 X、Y 的注释三重序被称为非嵌套注释三重序；否则为嵌套注释三重序。

例如“防洪纪念塔是标志”是一组命题式的城市语义网络，可以通过一个主三重序和若干三重注释序进行分解：

$(X_1: X_2: \cdots: X_n:)$防洪纪念塔，是，$(Y_1: Y_2: \cdots: Y_m:)$标志；

X_1(建成时间(防洪纪念塔)，是，1958)；

X_2(高度(防洪纪念塔)，是，22.5 米)；

X_3(附属物(防洪纪念塔)，是，回廊)；

X_4(材质(防洪纪念塔)，是，石材)。

其中，注释 X_1、X_2、X_3、X_4是 X_n定义下的一组属性节点。

用语义网络作为工具研究城市设计策划，目的之一是要结合计算机和人工智能，所以城市语义网络也必须能够用计算机语言描述。例如，可以把某一城市语义网络通过巴克斯范式(Backus-Naur Form)描述如下：

＜语义网络〉:：=＜基本网元〉|Merge(＜基本网元〉，…)

＜基本网元〉:：=＜节点〉＜语义联系〉＜节点〉

＜节点〉:：=(＜概念，属性，量值〉，|＜图示，注释〉…)

＜属性，量值〉:：=＜属性名〉：＜属性量值〉)

＜图示，注释〉:：=＜图名，图示描述〉|＜图名，语义网络描述〉|＜图名，自然语言描述〉…)

＜语义联系〉:：=＜自然语言语义联系〉|＜图示语义联系〉|＜用户自定义语义联系〉|＜系统预定义语义联系〉|…)

2.2.1.5 基元与逻辑

通过城市语义网络的网元范式与三重序表示，可以看出语义网络的表达能力与谓词逻辑在某些方面是基本一致的。然而，城市设计策划的大部分问题都是动态的、模糊的。由于语义网络结构适应能力很强，不约束知识的表达范围，对于节点和边界都可以没有限制，所以相对于谓词逻辑，语义网络能够说明的对象范围更加广泛。

与谓词逻辑相比较，语义网络的长处表现在以下几个方面：可以很明确地表示出重要的关系，相关事实可以直接从相互联系的节点中推断出来而不必搜索整个知识库，可以建立继承属性的层次关系，继承属性可以通过三步演绎推理法推断出来，可以用于建立状态和动作的描述。

完全用谓词逻辑的方法来表达城市设计策划知识，并不符合城市设计策划实施主体的工作习惯与特点，这一点在城市语义网络的特点中已经说明。如果城市设计策划问题比较复杂，把策划命题从语义中分离后形成一系列谓词逻辑再进行策划，这就使推断过程过长，而且还割裂了关联要素的辨识性，因而采用谓词逻辑效率将会很低，妨碍设计师的形象思维。所以谓词逻辑缺乏灵活性，只能用来“定点”精确地处理城市设计策划的特定问题，辅助修正城市语义网络。

2.2.2 城市语义网络连接与量化

2.2.2.1 合取与析取

这里主要以基本的二元连结词为主，研究多元结构的关系表示，如图 2-8。

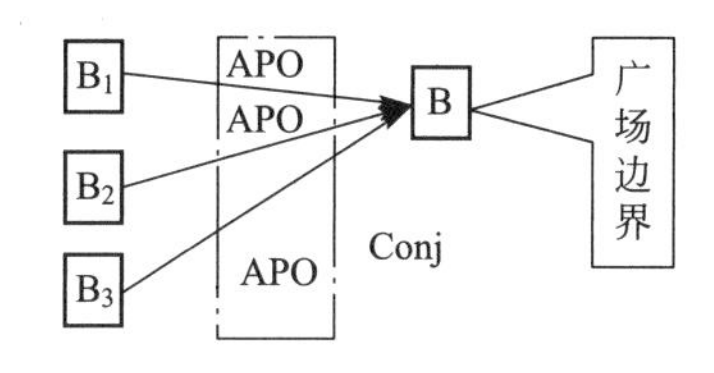

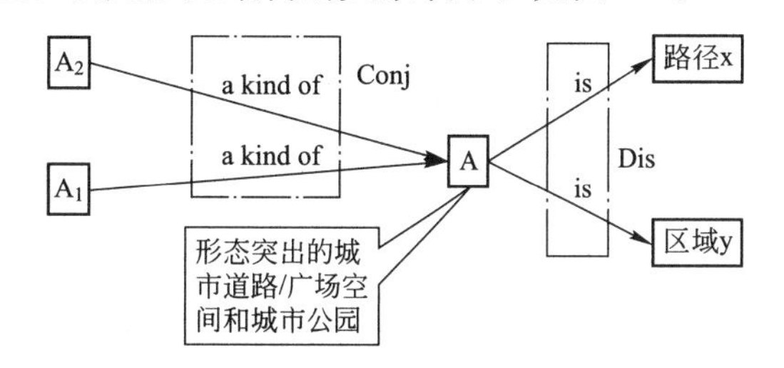

图 2-8 合取与析取

城市语义网络的多元关系可以转化成二元关系的“合取”(Conjunction)与“析取”(Disjunction)，即二元命题联结词“∨”与“∧”。为了简化多元结构，有些情况下多元结构语义网络中“合取”做缺省表达，不做特殊的表示。

例如在图中，广场边界 B_1、B_2、B_3，通过语义网络中的 R(B，B_1)、R(B，B_2)、R(B，B_3)组成了一个类节点 B，并完成了一个合取关系。但对于节点 A 来说，R(A，x)和 R(A，y)是一个析取关系，也就是说此时对待 A 概念，存在一个“路径”、“区域”的并列情况，如果认为 A 既是路径又是区域，则这种析取关系变成合取关系。与此同时，与 A 相关的 R(A，A_1)和 R(A，A_2)又是一个合取关系，此时就需要加注 Dis 标注以区分析取与合取，特别是出现嵌套结构时，更需要这种标注。

2.2.2.2 蕴含

在城市语义网络中，如果利用二元联结词“蕴含”(Implication)来表示事物之间的二元关系，如 $P \rightarrow Q$，即“如果 P，那么 Q”，则完成了一次蕴含表示，并称 P 蕴含 Q。

对于有些多元关系，可以用一对标注“ANTE”(前提)和“CONSE”(结果)，通过一条线连接其封闭范围来表示蕴涵关系，如图 2-9。

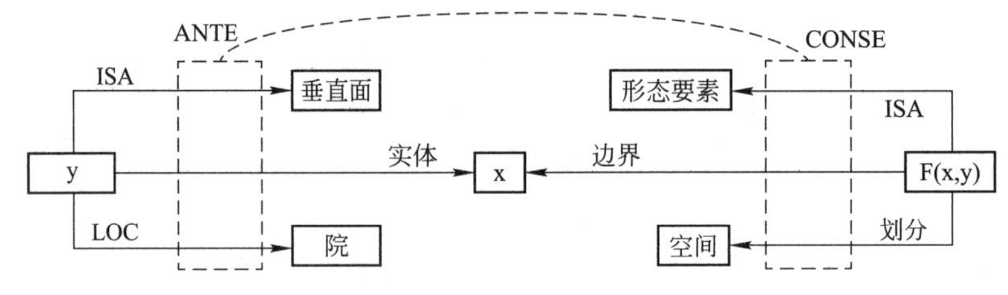

图 2-9 蕴含

在图中前提部分用 y 表示一个特定的实体要素，也就是院落中一面状的实体，用“实体”作为链与变量 x 节点关联，x 就成了这个院子里的实体要素集。在结果一侧，用 F(x，y)代表城市设计形态五要素的一个特定概念，这个概念是以 x 和 y 的 Skolem 函数表现的。这样，院子里的每一给定的实体 y 及 x，就会有相应的特定概念与之对应，也就是“边界”。然后用图中弧线连接两个虚线范围所包含的关系链，就完成了一次多元结构的蕴含表示，而且对于多蕴含关系的表达也不会混淆。

2.2.2.3 否定与等价

在多元结构的否定关系中，一般标注 NEG 表示否定范围。另外，在表达含有析取与合取关系的城市语义网络的“否”或“非”时，也可以采用¬ ISA、¬ AKO、¬ APO 等表示否定关系。如通过根据狄·摩根定律进行否定表示：

$$\neg(\alpha \vee \beta) \Leftrightarrow \neg \alpha \wedge \neg \beta, \quad \neg(\alpha \wedge \beta) \Leftrightarrow \neg \alpha \vee \neg \beta$$

如图 2-10 中，A 图通过标注 NEG 表示否定。这一否定过程也可以由图中 B 图表示。如果为了独立操作等目的需要拆分语义网络，则这一否定结果可以表示为图中 C。B 和 C 则是通过狄·摩根定律进行的另外一种形式的表示。

至于等价，实际上就是一种双向蕴含，可以用二元联结词“$P \Leftrightarrow Q$”表示，即“P 当且仅当 Q”。例如，P：X 是空间节点，Q：X 是水平轴线交点，则有 $P \Leftrightarrow Q$。由于等价语义网络表示比较简单，这里不再进行说明。

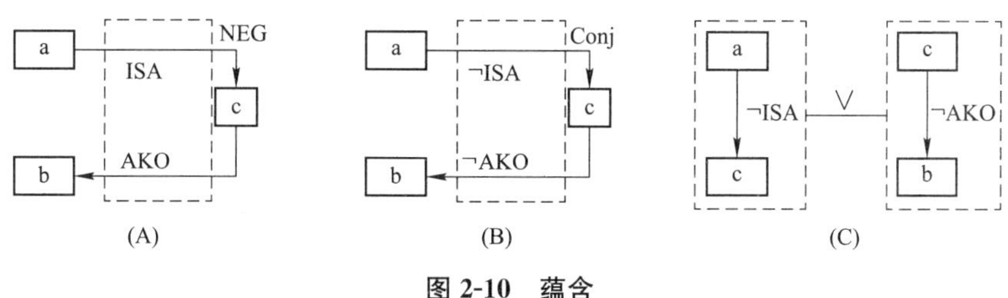

图 2-10 蕴含

2.2.2.4 量化

表示城市语义网络要素个体常元或变元之间量的关系的词叫量词(Quatification)。

其中的"all"、"every",也就是"一切"、"任意的"的量化关系的符号叫全称量词,采用"∀"表达;表示"some"、"at least"的量化关系的符号叫存在量词,采用"∃"表示;表示"just one",也就是"恰有一个"的量化关系符号称作存在惟一量词,采用"∃!"表示。

例如图 2-11 中,C_1、C_2、C_3是次干道,C_4是干道,它们共同组成一个集合 C。其中 C 所有成员都是道路,用"∀is"进行量化表示;其中一部分是次干道,用"∃is"进行量化表示;只有唯一一条道路是干道,则用"∃! is"表示。这样,对于一组城市语义网络的量化过程就完成了。

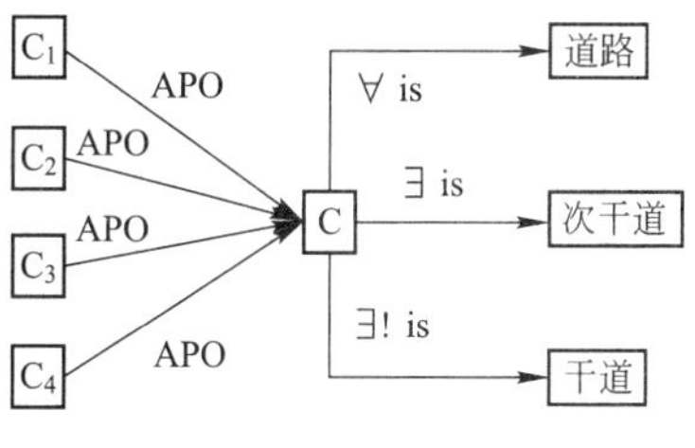

图 2-11 量化

2.2.3 城市语义网络的复杂结构

2.2.3.1 平行交叉结构

城市语义网络的复杂结构存在不同维度的平行交叉关系、不同空间的平行交叉关系以及不同目的或不同领域的平行交叉关系。为了便于研究,在进行城市设计策划时,不可避免地要划分出若干静态封闭的结构,其中包括平行关系与交叉关系,如图 2-12。

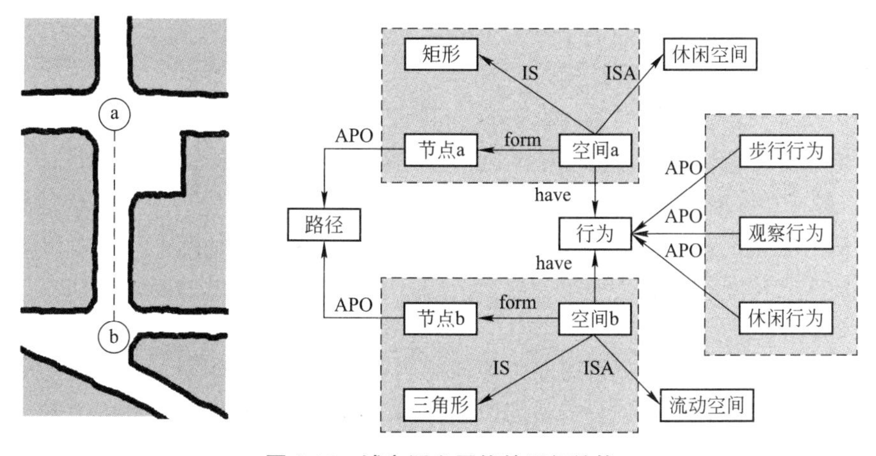

图 2-12 城市语义网络的平行结构

在图中,由 a、b 节点所构成的局部空间语义网络就是一种平行关系,同时环境行为维度的语义网络结构也分别与二者形成了不同维度的平行关系。这种平行结构实际上就是若干静态封闭集合，这种平行结构的好处是论域清晰，讨论问题时互不干扰。假如对 a、b 节点所构成的语义网络分别与行为语义网络进行合并，也就是书中后面会提到的语义网络并集，那么经过合并后的两组语义网络就存在交叉部分，即环境行为部分。城市语义网络的交叉反映了城市设计策划中问题集合的相互关联与相互作用，当然这种交叉与平行结构可以在若干组的城市语义网络之间同时存在。

2.2.3.2 循环嵌套结构

城市语义网络一般存在某些子网络，子网络仍然可以继续生成下一层子网络，于是形成了一个多层次的嵌套结构。这种嵌套结构有时是存在循环的，也就是某一梯度次序下的子网络会反过来包含上级网络，可能是相邻层级的、也可能是隔层逆向嵌套，于是就形成了循环嵌套结构。这里仍以上图为例构建嵌套结构，如图 2-13。

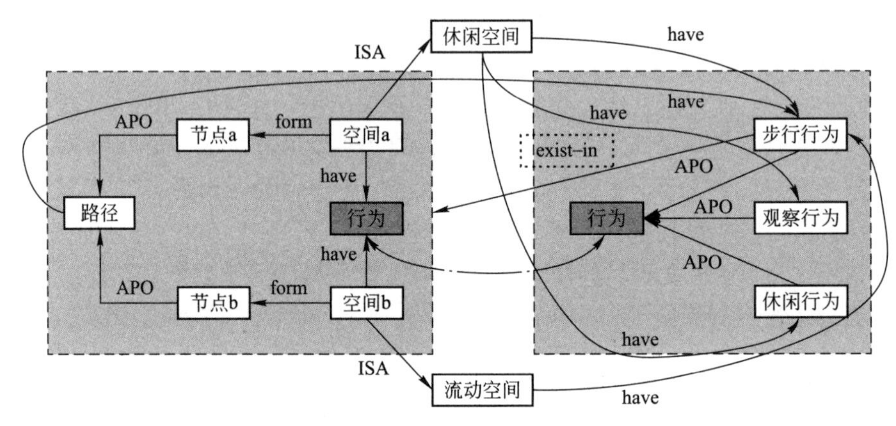

图 2-13 城市语义网络的嵌套结构

图中空间语义网络由路径、节点及实例空间构成，其中实例空间会产生多种环境行为，这种环境行为又可以形成一个子网络(图中右侧)，那么这个子网络就是嵌套在前者中的。其中的“流动空间”与“休闲空间”同时与两组语义网络存在嵌套关系，而且子网中的节点还可以拓展出其他的子网，如观察行为所包含的观察模式、类型与感知等，于是形成了一个多层次的嵌套结构。

另外，图中“步行行为”通过“exist-in”又成为了图中左侧空间语义网络的父节点，因此出现了复杂城市语义网络中子网络逆向嵌套的循环结构。

2.2.3.3 多维立体结构

无论从一维角度还是多维角度看，城市都是一个网络。这种网络并不单单是设计师绘制的平面或立体图示，而是一个十分复杂的、立体的、多维度的网络结构，并包含了多维度的要素。

这种多维立体结构，首先可以简单地通过“层”来理解。例如，通过符合城市设计图示习惯的层，可以把城市划分为空间语义网络、肌理语义网络、经济语义网络、社会语义网络等等，通过维度的划分可以得到若干相对独立的语义网络子系统，这使得我们能够较容易地理解这种立体结构。

如果把这些人为剥离开来的独立系统融合在一起，就会发现城市语义网络是由若干维度的城市设计要素系统构成的。但仅以这种分层形式研究城市和城市设计策划，那就失去了城市语义网络的作用。任意城市语义网络节点都有可能与若干城市维度的要素相关联，也有可能同时从属于若干维度，其抽象关联形态会贯穿若干层，如图 2-14。

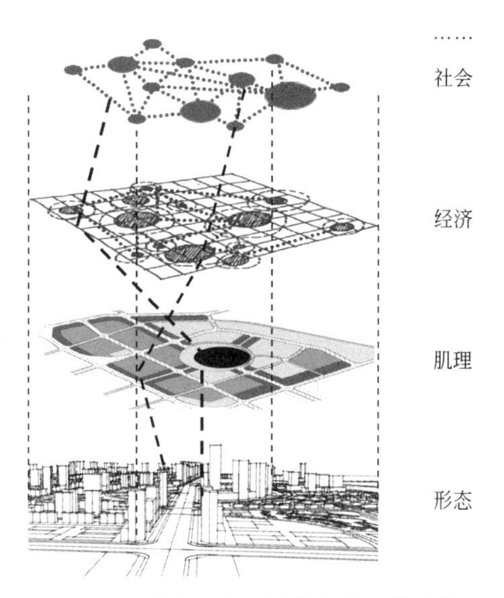

图 2-14 城市语义网络的多维立体结构

城市作为一种客观存在，其复杂性必然会有一种思维认知结构与之对应，而且这种符合普遍联系原理的思维描述是超意识的。换句话说，城市语义网络这种多维立体结构是存在的，是可以想象但很难表达的，也许计算机能会帮助我们实现这一理想。

如果进一步考虑时间维度，图中的模型还需要沿着时间轴进行平移，每个时间节点的经济、社会、空间的语义网络形态都会发生变化，而这种动态变化是难以通过图纸表达的。

2.3 形式逻辑与推理机制

2.3.1 逻辑推理

2.3.1.1 命题逻辑

语义网络有着天然的逻辑结构，具备形式逻辑的特征，因此由其派生出来的城市语义网络也必然具备形式逻辑的推理能力。首先，本书将讨论城市语义网络命题逻辑的能力与特点。

因为命题逻辑的推理演算以原子命题为基本单位，而城市语义网络基本网元可以认为是一个临时的原子命题，所以命题逻辑的推理可以作用在城市语义网络上面。

下面以哈尔滨市中央大街两个场景为例，来说明城市语义网络的这一功能，如图 2-15。

图 2-15 城市场景一

图中是哈尔滨中央大街马迭尔宾馆门前的两组场景，一组是游人观看画师作画，另一组是宾馆阳台上歌手的即兴演唱。接下来为上述场景构建城市语义网络，如图 2-16。

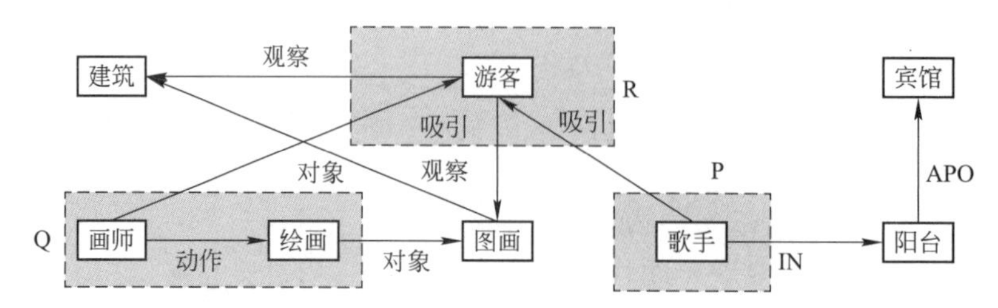

图 2-16　城市语义网络模型(城市场景一)

从图中语义网络的灰色区域，可以得到以下几个命题：

P：歌手歌唱，Q：画师画画，R：游客被吸引。

歌手表演吸引游客的过程可以表示为 P→R，画师作画吸引游客的过程可以表示为 Q→R。根据逻辑守衡原则，可以得到逻辑公式 $(P \vee Q) \rightarrow R \Leftrightarrow (P \rightarrow R) \wedge (Q \rightarrow R)$。这时我们发现如果歌手或者画师的绘画都能吸引游客的注意的话，那么事实上这两件事即使分别发生也能产生同样的效果。如果想要通过城市语义网络中某组命题片段来吸引游人，可以选择其中之一的动作语义网络，或者两者兼顾。可以看到，语义网络中的确存在命题网络，能够进行逻辑推导。

2.3.1.2　谓词逻辑

城市语义网络存在命题逻辑，但与一般的命题逻辑不同，城市语义网络模型中所谓的原子命题仍然有再次分解或组合的可能，这一点可以从上述模型中的命题节点与关系链可以证实。但是通过城市语义网络，仍然可以通过以临时原子命题为基本单位的复合城市语义网络，研究其逻辑关系和推理，还可以对其进行进一步推广，通过主语和谓语两部分形成谓词逻辑。

为了说明这一点，这里再次以相邻两个场景为例，如图 2-17。

图 2-17　城市场景二

图中所示为中央大街另外的两个相邻场景，并为上述场景构建城市语义网络，如图 2-18。

在图中可以得到如下几组命题：

R：有一个售货摊，S：出售美食，M(x)：一个游客，F(x)：买吃的，H(x)：

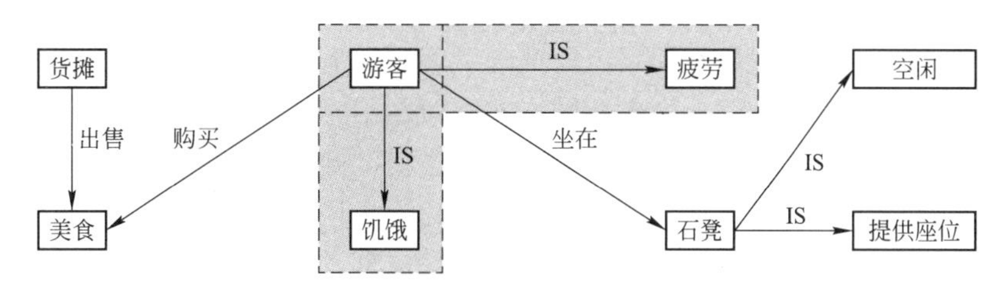

图 2-18 城市语义网络模型(城市场景二)

饥饿。

从命题中得到一个谓词逻辑公式：$(R \wedge S) \rightarrow \exists x(M(x) \wedge F(x) \wedge H(x))$，也就是说如果存在一个美食货摊，那么饥饿的游客就可能会来买东西吃。

以此类推，如果一个游客累了，那么他就会找个座位坐下，于是得到以下命题：

R(y)：提供座位，S(y)：是空着的，M(x)：一个游客，F(x)：坐在座位上，H(x)：疲劳。

这里同样可以得出一个相似的谓词逻辑公式：$(R(y) \wedge S(y)) \rightarrow \exists x(M(x) \wedge F(x) \wedge H(x))$。从公式中可以看出如果F(x)是需要策划的行为，而S(y)，M(x)，H(x)都是不变量，只有R(y)可以发生改变，一旦y被确定下来，相应的行为就会发生。此时可以看到，谓词逻辑同样可以作用于城市语义网络的推理。

需要注意的是，基于城市语义网络的逻辑推理，一般要遵循一些推理规则，如前提引入规则(P)，也就是在推理程序中所插入的已知前提。另外还有其他一些典型的规则，如结论引用规则(T)、置换规则(R)和代入规则(S)等，这些规则将在后续研究中被予以运用。

2.3.1.3 其他形式逻辑

上述两种经典逻辑的推理机制实际上说明了城市语义网络存在逻辑细胞，所以，各种流派的非经典逻辑和经验逻辑也将能够作用在城市语义网络的推理与策划过程中。

非经典逻辑应用于城市语义网络的逻辑推理，首先要突破经典逻辑的二值原则和外延原则。在城市设计中，很多事实和问题除了命题真假二值之外，还存在大量的模糊值或多值等等。

例如后现代主义及其双重译码的多元、多义现象，实际上就是一种多值逻辑。这种多值逻辑结构在城市语义网络中完全可以通过相应的符号或定义来解释和表示，如三值逻辑T、F和U_i(真值间隙)。

再例如黑川纪章提到的“灰空间”，其所指的空间界限从“黑”到“白”一直处于一种“可能”、“模糊”的状态。经典逻辑面对这样的问题会束手无策，但非经典逻辑中的模态逻辑则可以很好地表述这一状态，并且城市语义网络强大的表示能力显然也能够完成这一任务。

另外，对于有些城市设计、建筑设计中，没有足够理论依据或缺乏充分验证的知识，还可以利用其他一些形式逻辑来处理。例如一个水塔是否属于“建筑物”这一问题，就可能存在一种不确定性和例外，因此需要非单调逻辑保留这种不确定性，保留由于前提变化造成的推理失误的修正权。

上述讨论肯定了非经典逻辑作用于城市语义网络的可能性，但这一过程需要相关逻辑科学的完善与发展，否则会限制相应的推理、策划与语义网络建模。例如，在有的非经典逻辑中，外延原则会失效，造成相同语义和命题不能彼此代换，增加了城市语义网络建模的冗繁程度，这就削弱了城市语义网络的逻辑运算能力。

由于是在策划环节应用语义网络方法，而不是落实环节，可以允许一定程度的灵活性，以提高效率。因此还需要依赖经验逻辑、专家逻辑、常识逻辑，进而也保留了城市设计的专业特点和思维习惯。例如，设计师策划了一个城市交往空间，可以暂时认为其环境尺度、亲和力能够促使人之间的交往，而不必拘泥于事后建成环境是否真的能够达到预期目标。

2.3.2 继承推理

2.3.2.1 值继承推理

继承和匹配是语义网络推理的一般方式。其中继承推理中的值继承推理，通俗地讲就是把对城市设计要素的描述，从概念节点或类节点传递到实例节点。例如北京市任意一栋建筑都会继承“北京”这一地理、行政区划的属性。在城市设计语义网络方法中，这种推理过程与人的思维过程类似，一旦确定了某一城市设计要素的特征后，可以推导出若干与这个要素相关的描述。

例如 ISA(is a)或 APO(a part of)关系链，直接表示类的亲缘关系，同时包含子类和类之间的成员关系。通过值继承，便可以把策划要素的特性或属性从某一层传递到其他层，如图 2-19。

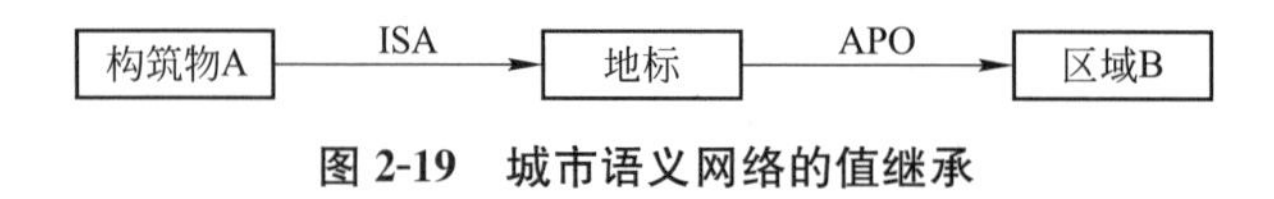

图 2-19 城市语义网络的值继承

在图中，构筑物 A 虽然没有“区位”槽(节点、关系链的信息容器)，但通过这组语义网络可以推理出构筑物 A 是处于区域 B 中的。在语义关系 ISA 和 APO 的作用下，实现了概念之间值的继承。这是因为 ISA、APO 等关系链通过直接表示类的从属关系，以及子类和类之间的上下级、并列等关系，具备了把值信息从某一层传到其他层的能力。

类似语义关系还有 AKO、IS 等等。

2.3.2.2 缺省继承推理

所谓缺省继承推理就是指在不确定的情况下，对不确定值的继承方式，这就像代数中的未知数 X 一样，虽然不知道具体涵义，但并不影响公式的推导。例如在城市景观设计中，一个台阶不一定能承担主要的交通功能，而有可能被人们当作座椅使用，那么此时就可以临时对某些假设标注“可能”一类的注释。另外，有些节点和关系链具有很大可能性的量值，存在一种常识性的预设属性，即使这种可能性是城市设计中的一厢情愿。

假如盲目设计一条餐饮步行街，如果实施建设的话，不见得会有预想的业态效果。对于此类预想的还不能确定的值，且目前尚未与事实矛盾，就可以先默认该值，并放入槽的缺省侧面，如图 2-20。

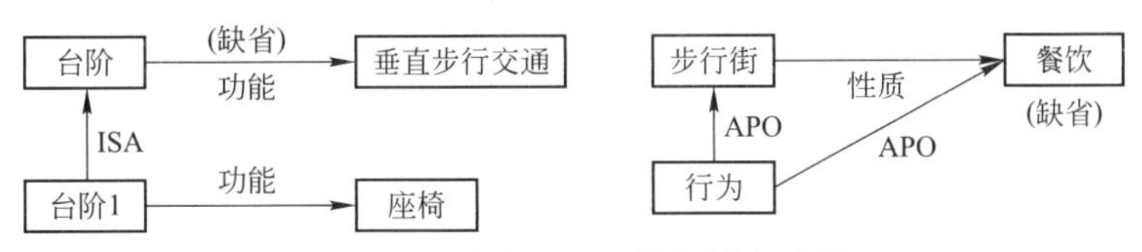

图 2-20 城市语义网络的缺省继承

在图中，某台阶 1 虽然真实功能可能被当作“座椅”，但缺省继承值却是“垂直步行交通”；步行街中的行为通过步行街的功能继承了“餐饮性质”，如果真实发生情况与事实不符，则需要再进行调整。这种推理模式将在经验逻辑策划中得到较多应用。

2.3.2.3 其他继承推理

语义网络还包含有其他一些继承模式，如 If-Needed（如果需要）、If-Then（如果那么）和否定等继承模式。在城市设计策划过程中，当无法或不能直接确定某一槽值时，可以根据相关知识来计算或推导。例如，如果道路交通环岛“如果不能做水景观，则可以做绿化景观或雕塑景观”，这是一个 If-Then 继承。再例如，通过容积率和限高来推算建筑密度，这一过程可以通过 If-Needed 继承，在计算程序称中为 If-Needed 程序，然后通过语义网络储存上述程序。但这一操作需要改进节点与关系链的“槽”、“值”结构，并允许槽有多种类型值、多个侧面，以便存储值和程序，如图 2-21。

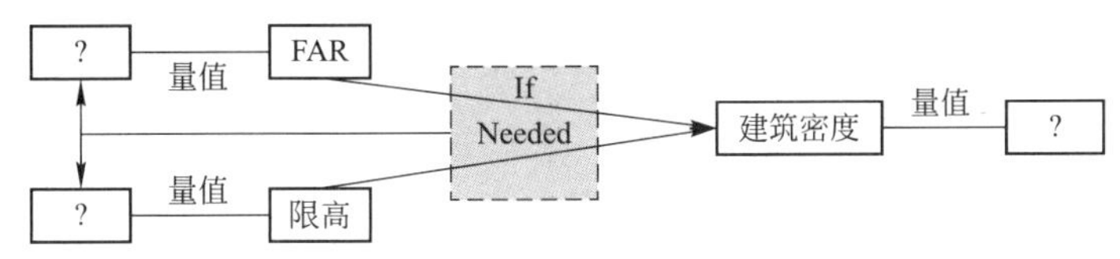

图 2-21 城市语义网络的 If—Needed 继承

2.3.3 匹配及其他推理机制

2.3.3.1 匹配推理

匹配在这里指的是进行城市设计的语义网络策划时，在知识库中搜寻与策划问题相符的语义网络模式。如果策划问题包含若干部分时，这种把量值从“类网络”传递到“实例网络”的传导过程，称为匹配推理。具体做法是先为求解对象的实例问题构建语义网络片段，待求解的节点和关系链的槽是空值，一般称为询问处。然后从城市设计知识库中搜索求解信息，当实例片段和知识库片段相匹配时，为询问处匹配相应信息，这样就完成了一次匹配过程。如图 2-22，在图中某广场及其界面是通过 ISA 与知识片段“区域、边界”匹配的，并把“HAVE 二维面、DIV 空间”的信息传递到前者。

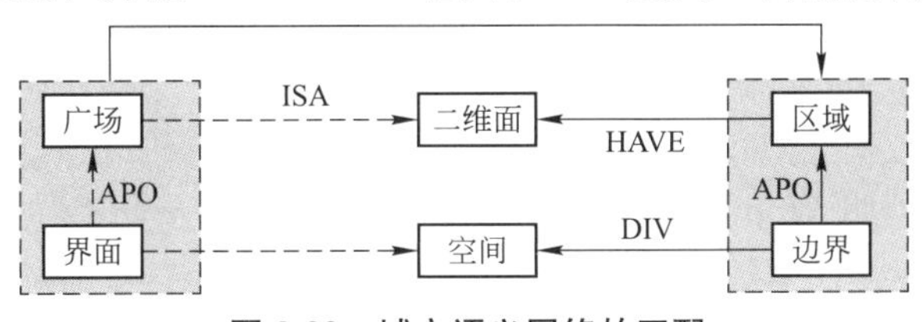

图 2-22 城市语义网络的匹配

对于城市设计来讲，在没有系统知识库的情况下，也可以进行实例间的相互匹配。例如苏州园林中“视线—花窗—景观物”与圣马可广场“河岸—双柱—钟塔—广场”就存在一种实例匹配关系，这是通过“引导对象—引导物—引导终点”模式完成的。顺便提一下，城市设计知识库可以从实例中提取信息和知识，这就像法律中的“案例”库，是一种规范化的实例匹配。

2.3.3.2 其他推理模式

除了上述模式，城市语义网络中的推理过程还将包括其他形式，如概括、联合、聚合和特化等推理模式。

概括是在城市设计知识中提取共性的高阶聚类的模式，如果用 ISA 或 IS 关系进行概括，那么交通行为、休闲行为、社交行为等都具有城市居民行为的共有属性。

与概括的语义关系相反的抽象过程是特化，前者是一个整合模式，后者是一个分化模式，如可以用 Subset-Of 把某一概念分解为若干子类或个体。当然，无论是概括还是特化，根据不同的角度和取值特征，推理结果是不同的。例如对“城市”进行特化，可以是“中小城市”、“省会城市”、“直辖市”，也可以是“沿海城市”、“北方城市”、“南方城市”等；另外，也可以把主干道、次干道、支路概括为“道路”或“交通”。

联合是将网元要素通过聚合，成为某一抽象概念的模式。例如若干建筑联合构成街区概念，或者草坪、灌木、乔木构成绿地概念，一般可以用 Composed-Of 完成这一过程。聚合是将属性各异的要素组合成某一概念的模式，一般用 Part-Of 来完成这一过程，如“路”、“界面”、“功能”等聚合成街道概念。

除此之外，语义网络推理机制还可以广义地包括逻辑推理、经验推理，或者概率推理、统计推理、传导推理等机制。推理机制可以使语义网络策划方法的功能更加智能、更加强大，前提是这些相关科学的发展与完善。

2.4 城市语义网络本体系统

2.4.1 城市语义网络与本体

2.4.1.1 本体与城市本体

“本体”(Ontology)原来是一个哲学概念，用于探讨物质存在的本质和组成。但由于本体逐渐应用于计算机及人工智能等领域，其含义不再局限于哲学范畴。如 Gruber 对本体提出了新的解释，即“Ontology 是概念化模型明确的规范化声明”[82]，“每个本体都是一个约定，一项社会要约，存在于想共享某些事物的人之间”[83]。

本体包括顶层(Top-level)本体、领域(Domain)本体、任务(Task)本体和应用(Application)本体。其中，后三者是前者的特殊形式，前者具有完全的独立性。

当人工智能研究人员首次借用了哲学中的“本体”这一术语后，这个词汇在许多科学领域中传播并得到应用。在过去的几十年里，本体除了应用在信息系统，还在其他很多领域中得到应用，如 Web 技术、数据库集成、自然语言处理、医学、计算机科学、交通科学等等。而现在，本体的应用也逐渐在向城市领域拓展，并出现了一个面向城市系统模型的城市领域本体概念，即城市本体或城镇本体(Towntology)[84-87]。

2.4.1.2 城市语义网络与城市本体

城市本体是在顶层本体之下的一个概念，是针对城市相关的研究建立的领域本体，最开始是因为城市及区域数据库之间存在数据处理技术难题，进而提出的一种特例[88]。

城市本体需要有精确的语义网络来描述每个概念，需要清晰的动机来明确概念之间的差别，还需要严格的规则来规定如何定义概念和关系。必要时要使用形式逻辑辅以严格的规则定义概念和关系，通过使用语义网络的形式逻辑(通常是一阶逻辑或描述逻辑)来实现和保证。

语义网络是一种重要的本体表示方法，它的最大特点是直观，所以城市语义网络也将是城市本体的主要构建模式，城市语义网络与城市本体及其他本体之间的关系如下，如图 2-23。

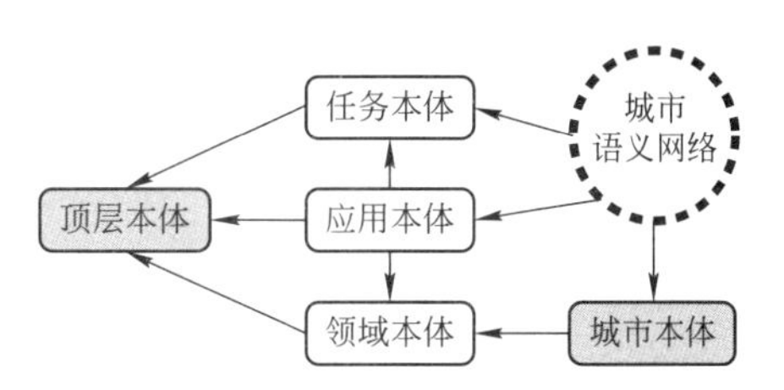

图 2-23 城市语义网络与本体之间的关系

语义网络是城市本体的构建方式之一，并且是一种从中间向两端延伸的构建方式，服务于城市领域本体。由于面对城市设计策划，城市语义网络又兼有描述特定策划任务、策划行为及其概念之间关系的任务，所以与任务本体相关。同时，城市语义网络又需要描述依赖于城市设计策划领域的动作及其概念之间的关系，所以又必然与应用本体相关。

反过来城市本体也是城市语义网络的基本框架，并使城市设计语义网络变得规范化、数据化，有利于相关专业的协同工作、数据共享和数据积累。另外借助城市本体，有助于不同学科以及学科内不同领域语义网络概念的统一化、规范化，便于合作研究的数据对接，这样做也符合城市设计策划多专业、多部门、多阶段的工作特点。

2.4.1.3 相关领域本体研究

在国际上本体已经为了地理信息系统的新兴研究方向，受到城乡规划学科甚至是建筑学学科的关注。在硕士论文《城市本体基础框架的构建研究》中[89]，已经论述过相关领域的本体研究。

武汉理工大学的崔巍博士曾就 GIS 的语义集成和互操作问题，引入了本体的概念，在此基础上构建了一种空间信息的语义网格框架，提出了相应的理论体系和实现技术[90]。

武汉大学的黄茂军博士从地理本体的理论入手，详细阐述了地理本体的形式化表达等问题。并通过拓扑学等多种途径，将形式化空间的特征和关系公理加入地理本体的建模语言中，有效地实现了在 OWL 语言构建的本体中表达地理本体的空间特性[91]。

此外，中国科学院的景东升博士以语义网为基础，集中解决地理本体的语义共享问题，为用户提供更为方便的人机交流平台[92]。

除了地理信息系统，本体还在城市交通领域得到应用，主要研究集中在了智能交通系统的信息集成与检索方面。

例如将本体的概念引入城市智能交通系统，初步为城市交通系统的数据差异问题提出了本体化的解决方法[93]。随后，有人针对信息检索中存在的冗余信息过多或信息不准确等问题，构建了大连市区的公共交通领域本体[94]。

之后，有人尝试将模糊概念属性值引入到本体建模中，有效地处理了交通知识建模中的不确定性，便于信息与知识的管理[95]。2010年，又有研究人员完成了智能交通领域本体的构建和本体映射，通过本体在智能交通系统中解决了语义集成问题[96]。

此外，研究人员进一步对城市交通领域知识的一致性进行分析和推理，构建了城市交通领域的本体模型[97]，提出了城市交通信息的公众需求，建立了相应的领域本体和服务本体，实现了城市交通信息的智能检索[98]。针对高速公路网的知识管理这一问题，相关的研究人员构建了SUMO扩展本体[99]，并详细论述了本体在信息集成等方面的应用。

这些领域本体研究多数是以中文语义网络为基础进行的，在资源利用上对本研究有先天的便利之处，并为通过语义网络构建城市本体提供了较为直接的研究方法和研究思路。

2.4.2 城市语义网络本体要素

2.4.2.1 城市语义网络要素的本体特征

与一般本体一样，城市语义网络本体要素也包含概念或类(Concept/Class)、声明(Statement)、属性(Property，Slot)、公理(Axiom)、函数(Function)、实例或个体(Instance)。

城市语义网络本体要素的模式应该具备本体的四个主要特点：

(1) 城市要素的概念化。把城市领域的知识要素抽象为确定的网元，实现城市及其设计策划的抽象模型。

(2) 语义概念定义明确。对于城市要素及问题的松散表示进行合理地定义。

(3) 网络形式化。对城市领域内的概念及关系进行数理表达，不仅要让计算机可读，还要实现推理和运算。

(4) 共享。针对城市设计策划的城市本体语义网络模型，要满足包括城市领域专家和非专业人士(如普通居民)的共同认可。

作为一种实用性的方法，城市语义网络要素还需要具备另外几个特征：可轻松修改和升级；多项叠加的合成图；可以用于项目的设计策划过程，比如构思阶段或项目前的策划阶段。

2.4.2.2 城市语义网络本体要素的形式化

城市语义网络按照本体的形式化程度，可以存在以下四种结构状态：

(1) 松散表示：用城市语义网络表达城市要素和问题，与松散的自然语言表示类似。这一形式主要是为了全面描述城市要素和具体现象，是为了实现结构化提供的一个基础，与之对应的是Lightweight ontology，这种表示无法实现逻辑能力。

(2) 非形式化结构：用限制的结构化语义网络表示对象，用以明确城市领域内的概念或术语等，在一定程度上算是轻量级本体。非形式化结构可以消除相关专业间的语义歧义，明确和限制网元所表达的意义。

(3) 半形式化结构：用明确定义的符号和语言表示语义网络，这类语义网络具有初级的逻辑能力，目的是形成机器可以识别的一阶谓词逻辑的语义网络链，能够进行相应的推理、运算，具备中级本体的能力。

(4) 严格形式化：所有形式化的网元都具备术语功能，但需要保证语义网络的完整性和合理性。严格形式化的城市语义网络具有 Heavyweight ontology 的功能，可以进行复杂逻辑推理。

2.4.3 城市语义网络本体构建

2.4.3.1 城市语义网络本体构建要点

城市本体理论目前在国际上还处于一个不断完善的阶段，本体的构建方法存在不同方式，一般包括骨架法、TOVE 法和七步法等等。如果采用城市语义网络模式来构建城市本体，并把数据与城市本体对接，那么还要注意以下几点问题。

(1) 随着本体在城市科学之间的广泛应用，许多城市数据库在不断地发展中已经具有了自身的特征。一些数据库的概念模式不再是一致的，而且目前国内没有针对城市规划和城市设计进行相应的城市本体构建，这就很容易导致本体建设的无序发展，有必要其本体内容进行深层次的重构，以便保持本体数据库中概念的稳定性与持续性。

(2) 在城市的区域本体建设中，会存在地区之间的数据库差异，甚至是国家之间的差异，这将导致一些区域本体的孤立。这些差异不仅是语言方面导致的，还包括技术术语、地区规范的重大分歧。从长远角度，应该就本国实际情况，在城市本体构建时尽早解决这一问题。

(3) 城市科学的特点是它的融合性，因为它总是能表现出不同的学科背景，如建筑学、法学、社会学、城乡规划学、地理学等等。显然，这些不同学科的背景没有共同的基础，因此很难交流，妨碍了知识在这些学科之间的流动。在城市决策者、专家以及一般的从业人员之间也同样存在类似的障碍，城市语义网络研究的目的之一，就是在一定程度上排除这些障碍。

(4) 城市科学还有一个现象，就是有些概念一经提出就广泛传播，如绿色建筑和海绵城市等概念，这显然不是严格意义的精确定义。虽然这种新词汇含义丰富，能够促生解决城市问题的新方法，但也往往会掩盖自身缺乏的严谨性和科学性。虽然通过城市语义网络解决城市领域本体的概念共识问题目前是有难度的，但城市语义网络的研究将会促进城市本体建设的步伐。

2.4.3.2 城市语义网络本体构建形式

城市语义网络本体存在不同的形式，可以根据内容的不同指代不同的概念。区分不同本体形式，弄清它们的内容、使用方法和目的，这对于城市语义网络本体构建是很重要的。例如，城市语义网络本体可以指：

(1) 适用于信息检索领域的词汇目录。这对城市领域引入本体起到了一个基础作用。由于专门的城市本体在国内还没有成形，所以本书将以城市语义网络及其元素作为局部的信息源，实验性地考察城市本体的实用性。

(2) 用 OWL(Web Ontology Language)表达的链式数据的领域模型。OWL 让各种概念的描述成为可能，除了 OWL，类似的数据模型工具还有很多，如 Protégé，以及针对城市研究的 Towntology Browser 等。

(3) 表达数据库内容的 Extensive Markup Language，即一个 XML 模式。是一种使用简单的数据读写方式，是数据交换的通用语言。

(4) 其他方面[87]。

前三种形式基本上都存在语义网络模式，其中信息检索领域一般以分层的树状语义网络表达。所以语义网络存在与本体工具和数据库对接的可行性，这也是本书采用语义网络形式研究城市设计策划问题的一个主要原因。

另外，由于本体描述的重要成分“本体网”(Ontonet)，是知识库的基本结构，而本体网本身就是一个语义网络。因此本书研究的另外一个目的就是通过语义网络构建一个面向城市设计和城市设计策划的城市语义网络本体，也就是从城市本体、地理本体中析出一个特定学科领域的本体，进而实现各领域之间的本体互通、信息共享以及关联作用。

2.4.3.3 城市语义网络本体构建工具

依据本体构建语义网络是约束和规范语义网络的办法之一。近些年来陆续出现了许多本体软件可以使用，如 Pretege 、Hozo 和与本专业直接相关的 Towntology Browser 等。这些软件都可以利用语义网络模式构建本体，其形式化标准很自然地规范了城市语义网络的构建。

通过语义网络表达城市各种模型的方法中，对赋予城市设计语义方面暂无标准化的规定，表达城市语义网络的涵义要依赖管理它的技术、工具和形式。以本体形式来操作城市语义网络模型、标准化符号和术语等，将会提高城市语义网络的可操作性。通过城市语义网络本体，可以实现和拓展城市语义网络的推理能力，如聚合或特化等[100]。

在 21 世纪“城镇本体”计划(COST Action C21)中，开发出的软件使得城市规划师能够在语义网络的基础上进行工作。为此，还建立了视觉浏览器和本体编辑器，并延伸了 XML 来描述本体。有专家已经开始了一些领域的尝试，如街道的规划和调整[101]。

城市语义网络是通过可视语言来描述的，所以它们可以很容易地被人们理解，思维导图就是这种可视语言的一个很好的工具。例如，在有关本体设计的 Onto Knowledge 项目中，人们在本体编辑器“Onto Edit”中添加一个叫“Mind 2 Onto”的思维导图插件，它能够快速、直观地启动一个本体语义网络的构建。思维导图插件支持本体结构的讨论，除了提供语义网络的树形图，还可以提供网络图。思维导图构建的语义网络可以为城市设计策划创造某种理念，将其可视化，实现结构重组以及分类，同时还是解决问题、制定决策的辅助手段。城市设计策划将会有的不同参与者，他们包括城市规划师、建筑师、居民等等，所以需要城市语义网络这样的综合性强的城市系统模型作为交流平台，适应城市设计策划中相互交流的复杂性与不可预测性[87]。

2.5 城市语义网络语言系统

2.5.1 城市语义网络语言

2.5.1.1 专业语言与术语

没有语言的思维是很难想象的，起码没有语言的思维是低水平的。从数学、计算机等形式语言对现代前沿科学的支撑可以看出，任何学科领域的进步都离不开语言。现代城市的复杂性已经远非中世纪单纯强调美学特征的时代可比，城市设计策划要面临和处理的问题越来越多、越来越复杂，直观、随意的松散语言系统也越来越难以胜任这一复杂工作。

为了解决这一问题，城市设计语言系统也应该精确化、系统化，建立一套专门的工具语言，需要更多的抽象词语概念。例如城市轴线、天际线就是城市空间和实体的一个高度抽象。可以想象，通过城市语义网络这种工具，把各种难以量化的问题转化为“计算”问题，那么很多矛盾便不会再有争议，取而代之的是对问题研究的深度。这种做法看似可能性不大，但科学的发展是不可估量的，即便目前做不到，某种科学合理的城市设计语言迟早会出现。而且，对于复杂的策划问题，大师、天才的偶然灵感越来越难以发挥作用，唯有建立一个系统、高效的综合语言平台，才能与这种复杂性相匹配。城市语义网络由于具备天然的语言功能，所以基于语义网络的城市语言系统，是具备很大潜力的。另外，在城市设计策划领域追求语言系统的合理性、工具化不等于不灵活，也不意味着失去设计的自由度。虽然设计师的作用是不可替代的，但无论如何它也是个体的，不是共性的。

城市语义网络不仅可以消除专业语言和术语的孤立性，它也可以像语言学一样包含不同方面的内容。如语言学可以分为语义学、语法学和语用学，城市语义网络语言系统也可以相应地包含基本概念或术语(语义)、原则规律(语法)和设计的应用手段(语用)等等。

2.5.1.2 符号与模式语言

符号学应用于各种领域，包括文学、音乐、建筑等，与模式语言一同形成了城市设计领域独特的语言体系。比如G·伯劳德彭特的《符号、象征与建筑》(1980年)、亚氏的《模式语言》(1977年)、布劳恩·劳森的《空间的语言》(2001年)，以及建筑类型学、现象学等等。

根据卡尔西的哲学观来看，这里的符号语言描述的是一种城市“现象”，并不是绝对的超时空的哲学范畴的“本体”，属于认识论，而不是存在论，是人们认知城市的一种特殊方式[102]。那么语义网络语言实际上就成为了城市符号的平行解化，而且即将提到的本体语言目前也从哲学神坛走向了具体时空的解构，同样也可以被语义网络语言描述。

在经历了一个大规模关于符号和模式语言的讨论后，建筑设计界形成了若干语言体系，城市设计作为与这些领域平行的相关学科也必然要存在相应的符号和模式语言系统。

语义网络为语言学、计算机科学、形式逻辑学提供了一种符号语言的新方法，为模式语言提供了一个新的表达工具。按照索绪尔的说法，这些符号系统即使构不成语言，至少也构成了语义的体系。根据前述城市语义网络的各种特点和能力，城市设计中各种概念在语义网络层次上可以转换到其他符号系统中，如建筑设计、城市设计策划过程。

在现实的城市设计实践中，有时符号语言和模式语言外在矛盾越是不明显，内在矛盾和问题就越大。举一个典型的现象为例，哈尔滨市近些年的城市设计中对于“欧式”风格的要求越来越多，很多城市标志和既有建筑的改造都冠以欧式风格的符号。但实际情况是很多建筑的所谓“欧式风格符号”已经脱离了严谨的建筑语言系统，如柱式术语严格的比例和规制，导致孤立的符号语言发生语义错位。为了解决矛盾，本书建议通过城市语义网络对城市设计语言系统进行精确化，对城市设计概念进行界定和划分，通过语义网络结构对语言系统的句法、规则进行规范，从自然语言中为城市设计及其策划提炼出专门的精确语言系统，这其中还必须包含图示语言作为补充。

2.5.1.3 图示语言

图示是城市设计重要的表达和交流的方式之一，同时也是设计成果和导则的主要形式。在城市设计策划过程中，设计师之间一般用概念性或具体的图来进行交流，而对于设计师之外的专业群体，一般以文字描述、图表以及设计图进行沟通。

如图 2-24，图中左侧图一般用于设计师之间的交流，功能区通过图示连线连接，特别是设计师常用的气泡图(中间图)也可以说是一种具象的语义网络。而右图则是由此派生出的设计师与外界交流的具体图像，采用更直观的形式演绎图示语言的涵义。于是，城市语义网络就可以成为连接理念、思想和设计之间的桥梁，实现体系化的城市设计策划的图示语言体系。

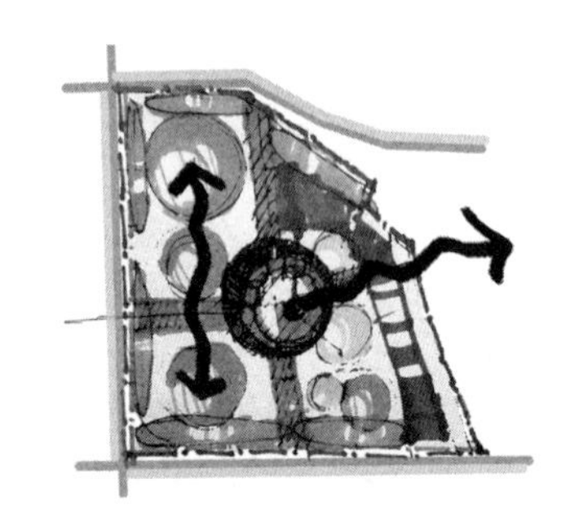

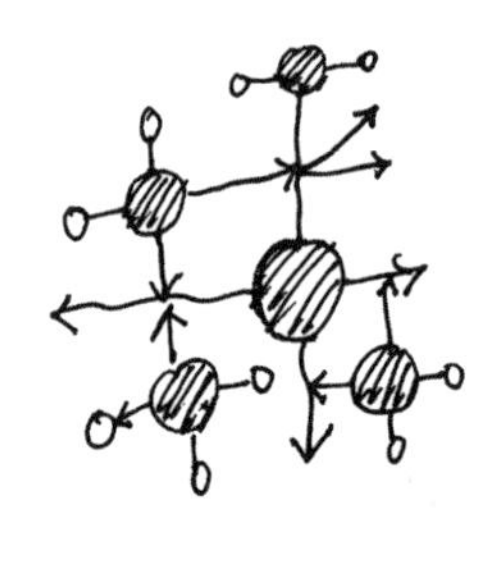

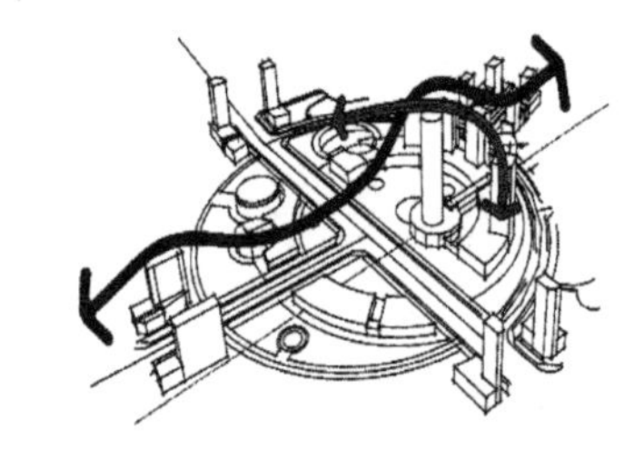

图 2-24 图示语言

除了上述和语义网络间接相关的语言类型，甚至还可以把城市设计理论、城市设计美学、城市设计哲学、评论等看作高一层次的“元话语”。所以，一个理想的城市设计语言系统应该包括自然语言、城市设计语言、城市设计元语言。下面我们将进一步讨论城市语义网络的元语言。

2.5.2 城市语义网络元语

2.5.2.1 语义网络元语

元语言(Metalanguage)的概念来源于语义哲学，最开始是一个哲学概念，是波兰逻辑学家塔斯基(Alfred Tarski)在 20 世纪提出的，早期作用是为了区分语言的客观真实性与存在的真实性，区分形式语言与真实语言。元语言是相对于对象语言(描述客观对象)而言的，是称说对象语言的“语言”。塔斯基认为“对于有穷阶的形式化语言”，可以通过语言的表达式、一般逻辑命题表达式以及构词法的术语进行表述，也就是元语的表述模式[103]。

在自然语言中，当使用“城市”这个词语进行交流时，一旦写出或说出，就已经脱离了元语言。有时，在表达一个本体概念时，元语言方式不仅可以理清概念的层次，还可以理清使用者们“所指”的范围与差异。利用元语言作为城市语义网络的穷阶表示，对城市本体和语义网络方法的应用都有很大帮助。以英国城市经济学家 K·J·巴顿的城市定义为例，如果用一个没有任何实在意义的符号“C”作为城市的元语语素来代表“城市”概念，则形成了一个元语言概念和学科对象的二阶关系，如图 2-25。

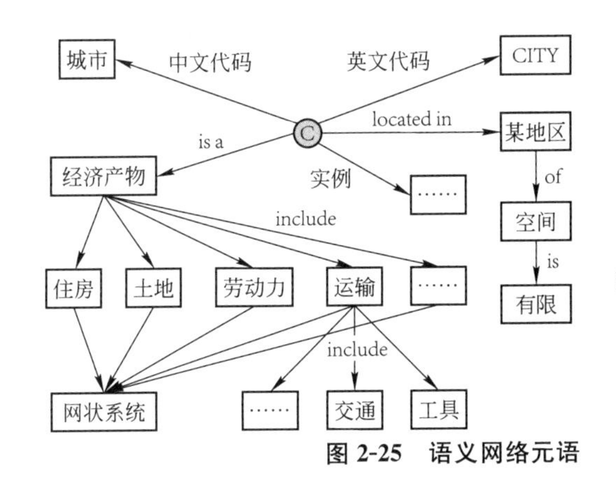

"一个坐落在有限空间地区内的各种经济产物——住房、劳动力、土地、运输等等——相互交织在一起的网络系统。"
K·J·巴顿的城市定义

图 2-25 语义网络元语

2.5.2.2 城市设计元语

如果再拿另外一个关于城市的定义，则会有另外一套关于"C"的语义网络图解。那么在很多学科领域中看似最基本的、最不应该有争议的基础术语是不是也存在问题呢?

之所以会存在这种疑问，是由于没有区分元语言和对象语言的本质差别。"C"才是称说所谓"城市"的元语，而对象语言理论上是不可能穷尽这一概念的。例如，有学者曾经提出"空间元"的概念，并以一种有序三元组公式$\hat{S}=(N, c, v)$作为空间概念的基本元[75]。这里的"空间元"不指定任何的空间事实，而是称说空间的最基本的元符号，是派生无穷空间模式和描述任何空间的元语。

元语言不依赖于任何语言系统而存在，可以没有具体语言所指的意义，狭义地看它不是生活中的语言，广义地看又是"语言中的语言"。所以，元语言的本质是描述"各种语言系统之间，以及事实现象与语言系统的结构性与协调关系……不是语言符号系统，而是一种语言能力"[64]。

可以看到，语义网络形式的释义虽然不适宜用口头语言表达，但语义网络能全面地表述语言的概念内涵，更关键的是它还可以把结构关系表述出来，是一种自然语言的形式化。另外，语义网络还能够理清自然语言的语法结构，避免自然语言的某些天然"缺陷"。

当然，本书关于城市设计元语言的论述是一个理论上的设想，这方面的研究将是一个极为艰辛的过程，是另外一个大的课题。这个课题不仅涉及真理、价值和认知系统等，还需要对哲学、符号学、心理学、美学等领域进行广泛深入的研究。

2.5.2.3 语义网络图示元语

相对于城市规划来讲，城市设计是一个强调三维空间的设计，图示是城市设计师钟爱的专业语言。所以在城市设计策划中，图示的沟通是必要的，是一般语言难以替代的。如果认可图示是一种语言，那么必然要存在相应的图示元语。

国内已有学者进行过这方面的研究，例如有人从专业特点总结了一套针对空间实体的元语生成和元设计的方法。具体做法是从每一个原型中萃取、转化、推导出空间的间接原型作为"元"，然后借鉴类型学方法构造一套形式"元语"，即对空间几何要素词汇和句法进行萃取。接下来利用这些元语派生空间设计的模式，也就是从"元"到"元设计"，许多的"元"共同组成了"元语言"[65]。关于"入口"的图示元语的示例如图 2-26。

由于此类研究主要针对某邻域内的系统问题，所以从宏观角度看此类元语属于次阶

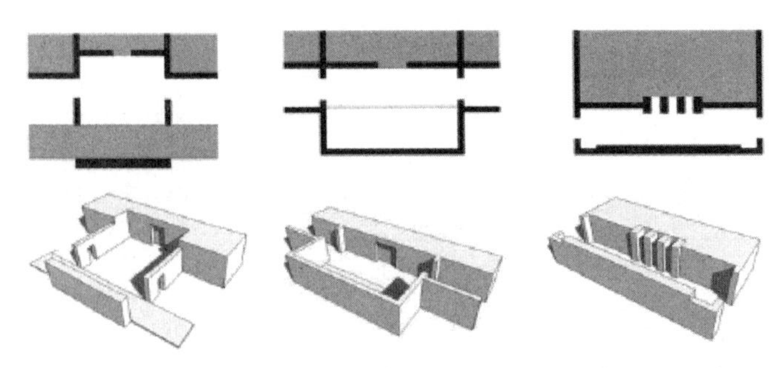

图 2-26 由原型所推导出的二维、三维元语[65]12-13

元语。另外，城市设计策划需要面对各种维度的问题，所以除了空间元语语素之外，还存在大量的其他方面的元语言要素，以及其他语用、语法等。所以针对城市设计策划来讲，关于“入口”的元语分析还需要提高阶度，方式之一就是利用语义网络来表达图示元语，这里以上述入口元语示例之一来说明图示元语的语义网络表达，如图 2-27。

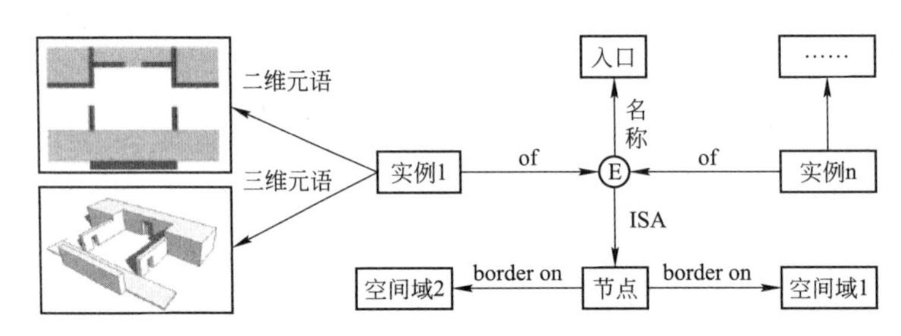

图 2-27 图示元语语义网络表达

从元语言角度看，自然言语中的“入口”是一个松散概念，在不同语境存在很大差异。同时在语法方面也存在概念上的模糊性，如“入”可以是动词也可以是形容词，可以是单向“入”也可以指双向的“出入”，可以指代行为“入”(如步行、车行)还可以指代视线或感知“入”等等。所以自然语言中的“入口”是一个泛化的说法，而通过语义网络元语则可以逐步消除这些歧义。当然，此处并不是在咬文嚼字，而是为了探究是不是有一种言语方式能够穷阶(或高阶)“入口”这一含糊的概念，这对于城市设计语义网络策划的精确性是十分重要的。

2.5.3 本体与数理语言

2.5.3.1 数理语言

在一般的城市设计策划中，设计师等策划主体很多情况下数理基础较弱，不擅长数理推导，靠的是直觉经验进行推理判断。但是当策划问题十分复杂时，这种经验和直觉就不起作用了。所以现代设计方法学有时会把策划问题通过数理演算来解决，以提高解决问题的科学性和准确性。

数理语言除了能够定义概念，还可以分析语义网络的语法结构。例如在《城市并非树形》中，克里斯多夫·亚历山大就曾经使用典型的逻辑命题语言对城市的半网络结构做过如下定义：

“当且仅当两个相交叠的集合属于一个组合，并且两个集合的共有元素的集合也属于此组合时，这种集合的组合是半网络结构。”[104]

这里设定：

A：一对存在交叠的集合属于一个组合∧这一对集合的共有元素的集合也属于此组合。

B：集合的组合是半网络结构。

以上就是一组数理语言，存在一个逻辑等价命题的推演：

“B 是真的当且仅当 A”，即“A⇔B”。

其中的 A 和 B 也属于元语言的范畴。A 是一个命题，B 是命题的名称。这里有必要区分一下“事实真”和“数理真”，“数理真”成立的依据是逻辑表达式，而不是“A”或“B”客观所指的“事实真”。数理语言在这里排除了城市结构的那些具体、丰富、交叠的内容，用某种超越客观所指的形式来表述真实语言，这样做起码保证了逻辑概念上的合理性，然后在这个基础上再判断“A”或“B”的真实性。

由于语义网络具有形式表达方面的特长，完全可以通过语义网络来表述这类数理语言。如果用语义网络形式表达亚氏上述关于城市结构定义的命题，且令：e 和 d 为集合；n 为交集；m 为集合中的元素；h 为组合。于是则可以利用语义网络来完成这一数理语言的语义网络描述，如图 2-28。

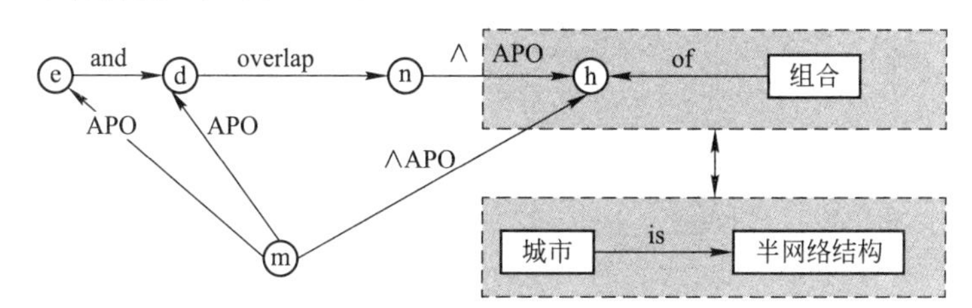

图 2-28 城市语义网络数理语言

2.5.3.2 本体语言

本体除了作为一种知识表达方法，还与语义网络在语言方面也有相通之处。研究它的目的不仅是要让计算机更好地理解城市设计策划过程中的语义，也是希望通过概念及其关系的操作，在人与人之间建立起能够准确沟通的桥梁，让城市设计策划更方便、更快捷、更高效地从信息系统及其互联网络中获取所需要的信息或知识。城市本体语言的语义网络模式有其存在的必要性，如在城乡规划学里的“交通”概念与市政工程学的“交通”概念就存在差异，尽管这两个专业同处于一个学科大类。如果城市设计策划中再有其他学科、专业的参与，那么这种概念的差异就会越来越无法控制，此时就需要城市语义网络之类的语言模式对其进行规范。

从专业角度来看，本体语言是某个领域内(如城市设计策划)的一些概念化形式的标准，可以通过语义网络转化为抽象模型。因此，一个本体语言应该包含不同类型符号(类名、关系名等)的具体词汇，以及能够制定词汇含义的一系列定义。

至于城市语义网络本体语言，也应有它自己的符号和描述语言，用以定义语义。根据语义网络(知识表示语言)的表达能力，城市语义网络语言可以从本体角度和语言学角度，根据涉及范围的不同来区分。从本体角度是根据本体所描述的对象的范围进行分类，从语言学角度是根据使用语言的表述性和外在形式进行分类，如自然语言、形式语言等等[105]。

所以，城市语义网络语言系统是建立在语言表达能力的基础上的。如果关注的某个概念是城市本体基本要素之一(如街区)，那么则可以用不同的(或者互补的)方式进行定义，例如：

(1) 通过文字本身的意思定义。例如，“街区”这一概念可以指“城市中由交通系统分隔出的一个地块”。

(2) 通过自身的属性定义。例如，“街区”这一概念有这样几个属性，“地点”、“用地性质”和“尺度”等。在城市语义网络中，这些属性经常被几个概念重复使用。

(3) 几个概念通过组合在一起的语义网络逻辑公式来定义。例如，“街区”这一概念，可以由公式“地块”∧“位于城市中”来表达。

然后我们通过语义网络把几个定义进行互补与合并，于是就完成了一次本体语言语义网络化的示范，如图 2-29。

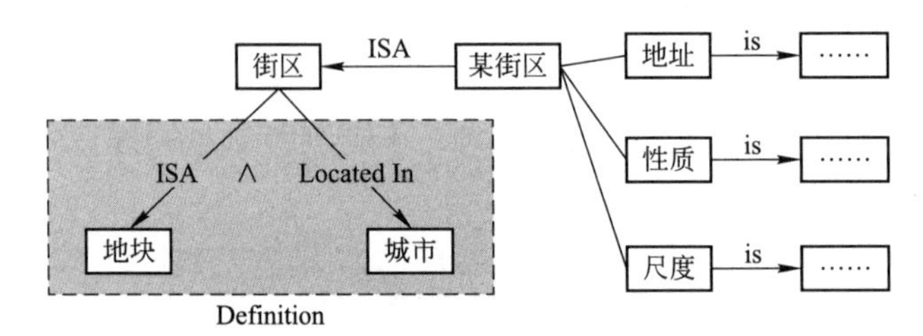

图 2-29　本体语言的语义网络形式

2.5.4　语言层次与体系

2.5.4.1　语义网络的 HNC 系统

语义网络是 HNC(概念层次网络)系统两个思想来源之一，所以 HNC 语义网络系统同样可以应用于城市语义网络的语言系统，目的是为城市语义网络融入计算机语言做好准备，特别是针对汉语环境的字义基元化和词义组合化。HNC 已完成了相关的语言系统设计，在 HNC 理论中，语义网络层次符号的设计为计算机理解自然语言的语义提供了有效手段，特别在对关联性概念的表达方面具有很大优势。如果我们要表达城市要素的抽象概念，当然也可以借鉴 HNC 的三大语义网络(逻辑概念语义网络、基本概念语义网络和基元概念语义网络)[106]。

HNC 理论是相当成熟的语言理论，与可拓学一样，它是中国人自己创立的理论，是黄曾阳先生用长达八年的时间潜心探索、精心架构的语义网络延伸研究的创新成果。HNC 理论纳入城市语义网络语言系统的研究，目的在于阐发城市抽象逻辑的具体网络模式，通过对城市语义网络的结构层次性的认识和表达，实现逻辑策划的复杂运行，进而有助于计算机运用这些模式，并在语义或元语言层面进行逻辑推导和问题处理。

例如，可以通过语义网络形式，利用计算机构建一个关于城市的概念层次网络(Urban HNC)，包括形态概念系统、要素概念系统、功能概念系统等等。还可以结合城乡规划学、城市设计等一些既有的语言系统，形成一个城市语义网络语言支撑平台。这个系统既可以是树形的，也可能是网络形的。一般情况下电脑有能力处理网络结构的语言，但考虑到人脑对于数据处理和理解能力的局限性，纯粹的网络形是不现实、不实用的。而树形结构的子系统经常要排除其他不相干的关联，才能达到系统的最大概括性和层次清晰性。

2.5.4.2 词库与语言体系

关于城市语义网络的语言体系，本书建议在词库的基础上与各种语言类型建立关联，通过语义网络模式完成城市语义网络语言系统的构建，如图 2-30。

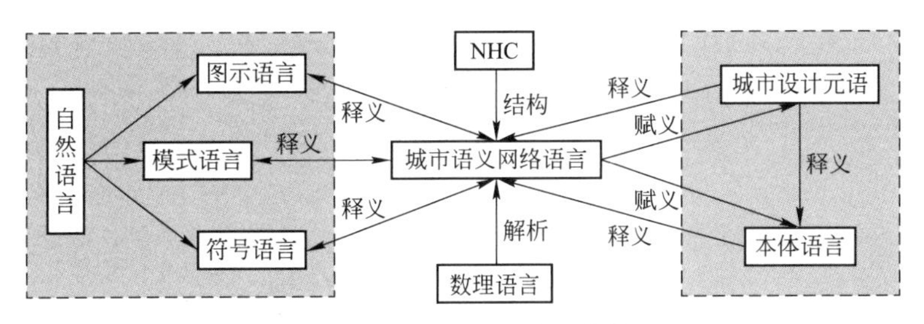

图 2-30 城市语义网络语言体系

城市语义网络是本书提出的一个新概念，尚没有事先的语言体系和词库，所以，在开始的研究中必然要借助相关词库和语言学研究。城市语义网络语言除了包括词汇表、字典、受控词表、分类、大众分类法等基本语言体系要素外，目前还应该利用各种既有的词汇数据库。例如，由 W3C 提出的与语义网络相关的简单知识组织系统(SKOS)。这是一个基于 XML 开发的规范和标准，用于支持知识组织系统在语义网络框架中的使用，其语言体系系统包括词库、分类表、主题系统以及分类学等。另外，还有关于语言数据的资源描述框架(RDF)，这是一种通用的语言，是用来改善语义网络搜索引擎的搜索和导航功能的。至于城市设计领域的词库要从已有的资源中寻找，如欧洲的 RBAMET 和 URBAMET 词库，这些都是关于城市规划、城市发展、城镇规划、住房空间、建筑物、公共设施、交通运输、地方当局等有关数据库。这些词库目前只能用法语、西班牙语和英语访问[87]，所以城市语义网络语言词库要根据国别和语言类型进行筛选，有条件的话还需要建立汉语环境下的系统词库。

2.6 小结

本章内容涉及了城市语义网络本身及其相关知识的研究，是下一步原理研究、技术研究的基础。

城市语义网络是城市设计策划运用语义网络方法的工作平台。本章论述了城市语义网络的要素、组成和特点，详细探讨了城市语义网络网元的概念，将之作为构建城市语义网络的基本细胞。在此基础上，本章进一步研究了城市语义网络的结构、形式逻辑与推理机制，并论述了城市本体和城市设计语言系统，以及它们之间关联性。

网元是城市语义网络的基本要素和逻辑细胞，网元概念的建立打破了城市设计要素固化僵硬的类属藩篱，承认城市要素间的普遍联系和广义转化。网元这一特点实际上也加强了城市设计的语义网络策划的能力，可以挖掘出更多的策划手段与方法。

城市语义网络的结构绝非简单的城市要素形态化的描述，其结构可以融入形式逻辑和推理机制，使得城市设计的语义网络策划方法具备一定的推理能力。城市语义网络将是预期的城市本体的重要描述形式，并可以与其进行数据对接，实现资源共享。城市语义网络丰富了城市设计语言系统，并将以文字、符号和图示等形式在城市设计语言系统中提取语义信息。

第3章 基于语义网络的城市设计策划原理

任何方法，特别是基于数理方式的策划方法，都需要遵循一定的规律与原理。在特定的原理基础上，才能保证城市设计的语义网络策划的可靠性。

本章从最基本、最抽象的图论原理开始，构建初步的原理体系。在此基础之上构建了矩阵原理和运算原理，并根据城市设计的专业特点，列举了典型的算图和赋权模式。作为一种开放性系统，除典型原理外，这一部分又进行了策划原理的外延拓展，进一步论述了城市设计的语义网络策划的对偶与耦合、同构与分形原理。

3.1 城市语义网络图论原理

3.1.1 基本概念

人类发明的各种算法研究有很多，从中国古代的阴阳五行、周易，以及早期的七进制算法到现在的应用数学图论，以及后面提到的我国学者创立的可拓学等等，可谓林林总总、不拘一格。但绝大多数理论与方法都离不开基本算子的概念界定。中国古代的阴阳五行把世间万物的基本要素和属性用“金、木、水、火、土”来表示，可“微分”但却不能实现交换律、分配率；周易虽然可以推演，能解决一定的推导问题，但缺乏精确量化的能力。且不谈这些古代文化的唯心性和局限性，就其出发点来看，人类一直在对发现客观世界的推演规律做着不断的努力与尝试。数字及现代数学符号完美地解决了“可计算”问题，是客观规律的高度抽象，是绝大多数科学领域使用的基本工具。应用数学“图论”便是其中一个分支，经常应用在交通运输、城市规划、运筹学、电气网络、计算机与人工智能等众多领域，是语义网络方法推导运算的重要基础。

3.1.1.1 概念阐述

我们可以把图论中的“图”看作语义网络的高度抽象。和语义网络一样，用图来研究城市规划、城市设计，不仅思路清晰、形象直观，而且符合该专业的策划特点。但图是通过高度抽象的点和边组成的二元关系结构来描述事物的，当然也包括描述城市语义网络。通过城市语义网络的“图”，便可以对其进行运算。

所谓城市语义网络的图“USN”（Urban Semantic Network）是一个三元组，记作：USN=〈V(USN)，E(USN)，ϕ(USN)〉。

其中，V(USN)= $\{v_1, v_2, \cdots, v_n\}$，且 V(USN)≠∅（非空集合），称为图 USN 的节点集合。

E(USN)= $\{e_1, e_2, \cdots, e_m\}$ 是 USN 的边或关系链集合，其中 e_t 为 $\{v_i, v_j\}$ 或 $\langle v_i, v_j\rangle$。如果 e_t 没有指向，则称为“无向边或无向关系链”。若 e_t 为 $\langle v_i, v_j\rangle$，则称且 e_t 是以 v_i 为起点、v_j 为终点的“有向边或有向关系链”。

ϕ(USN)是从关系链集 E 到节点集 V 中元素偶对集合的映射(包含有序或无序的)，称为“关联函数”，如图 3-1。

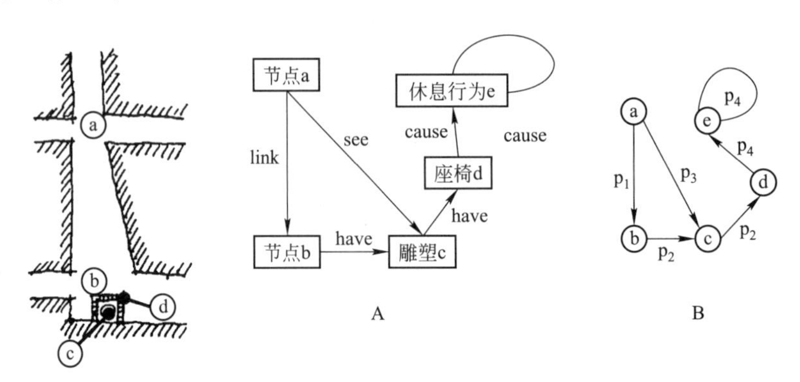

图 3-1　城市语义网络的图论表示

对于一个城市设计策划问题，所涉及的各种要素可以表示为 USN_i=〈$V(USN_i)$，$E(USN_i)$，$\phi(USN_i)$〉。在图中涉及的节点 a、b，以及雕塑 c 和旁边的座椅 d，可以通过图中城市语义网络 A 形式表达出来，也可以进一步抽象成“图”，也就是 B，这样就转换成了图论模式。

这一组城市语义网络还可以用公式做进一步表达，其中：

V(USN)={a，b，c，d，e}；

E(USN)=$\{P_1, P_2, P_3, P_4, P_5, P_6\}$；

ϕ(USN)：E→V＊V，且：

$\phi(P_1)=\{a, b\}$=link；$\phi(P_2)=\langle b, c\rangle$=have；$\phi(P_3)=\langle a, c\rangle$=see；

$\phi(P_4)=\langle c, d\rangle$=have；$\phi(P_5)=\langle d, e\rangle$=cause；$\phi(P_6)=\langle e, e\rangle$=cause。

3.1.1.2　衍生概念

城市语义网络应用图论算法，必然要与图形成对应关系，在必要时需在图和城市语义网络之间转换，以达到计算和推导目的。所以除了上述最基本的定义，城市语义网络还有必要引入一系列能与之结合的派生概念，列举如下：

有向 USN。每一条关系链都是有向的(如图 3-1 中的 p2、p3、p4)城市语义网络称为有向 USN。

无向 USN。每一条关系链都是无向的(如图 3-1 中的 p1)城市语义网络称为无向 USN。

混合 USN。同时含有有向链和无向链的城市语义网络称为混合 USN。

USN 邻接节点。凡是关联于一条关系链的城市要素节点称为 USN 邻接节点。

USN 孤立节点。在构建城市语义网络时，不与任何城市要素关联的节点称为 USN 孤立节点。

USN 邻接链。如果两个以上的关系链关联同一个节点，那么这些链称为 USN 邻接链。

USN 环。如果关系链的两个端点都关联于一个节点(如图 3-1 中的 p4)，那么这条链称为 USN 环。关于 USN 环，在本书最后一章的相关实务中将提及。

USN 平行边。城市语义网络中同时关联两个相同节点，且方向一致的关系链互为 USN 平行边。

USN 对称边。城市语义网络中同时关联两个相同节点，且方向相反的关系链称为 USN 对称边。

仅有一些孤立节点的 USN 称为“零图”；只有一个孤立节点的 USN 称为平凡 USN；含有平行边的 USN 称为多重 USN；没有环且无平行关系链的称为简单 USN；任意一对节点都有关系链的简单无向 USN 称为完全 USN，并可用来作为城市语义网络母版或进行对称性分析。

对于无向 USN_0，如果每条关系链或边用一对方向相反的有向关系链来替代，并得到一个有向的 USN_1，那么该有向 USN_1 称为原来 USN_0 的对称有向语义网络。

USN 的节点数量称为“阶”，n 个节点的完全 USN 记为 K_n，且不难得知 K_n 有 $1/2\times n\times(n-1)$ 条关系链。对称有向的完全 USN 称为完全有向 USN。

没有环且无平行链的语义网络称为简单 USN；任意两个节点之间都有关系链的无向简单 USN 称为完全 USN。完全 USN 在城市设计语义网络策划实务中，可以被用作空间结构语义网络，解决空间建模问题。

有向 USN_0 对关系链进行无向化得到的 USN_1 称为 USN_0 的基础城市语义网络；同时，将任意一组无向 USN_0 的关系链指向一个方向所得到的有向 USN_1 称为 USN_0 的定向城市语义网络，关于定向 USN 将在最后一章安全设计策划中得到应用。

把图论应用到城市语义网络的研究中，还会产生更多的衍生概念和原理，在后续的讨论中，将逐步涉及和列举这些内容，这里不再一一赘述。

3.1.2 城市语义网络度与序列

3.1.2.1 USN 的顶点度

对于一个城市语义网络 USN，其中任意一个节点 v，与 v 相连接的关系链数量称为 v 的度数，即 deg(v)；其中射入关系链的数量称为入度(in-degree)，表示为 $deg^+(v)$；射出关系链的数量称为出度(Out-degree)，表示为 $deg^-(v)$。对于 USN 环来讲，需要计算两次。

对于有向 USN，其中的任意节点 v 的度数 $deg(v)=deg^+(v)+deg^-(v)$。其中最大顶点度 $\Delta(USN)=max\{deg(v)\mid v\in V(USN)\}$，最小顶点度 $\delta(USN)=min\{deg(v)\mid v\in V(USN)\}$。另外，对于有向 USN，也可以对其顶点度进行“入度、出度”区分，表示如下：

$\Delta^{+}(USN)=\max\{deg^{+}(v)\mid v\in V(USN)\}$；

$\Delta^{-}(USN)=\max\{deg^{-}(v)\mid v\in V(USN)\}$；

$\delta^{+}(USN)=\min\{deg^{+}(v)\mid v\in V(USN)\}$；

$\delta^{-}(USN)=\min\{deg^{-}(v)\mid v\in V(USN)\}$。

城市语义网络的出度和入度，可以用来判断节点的影响程度、关联程度与重要程度，同时也是权重和优先度等策划指标的判定依据之一。城市语义网络的出度和入度可以是空间的，也可以是非空间的，如图 3-2。

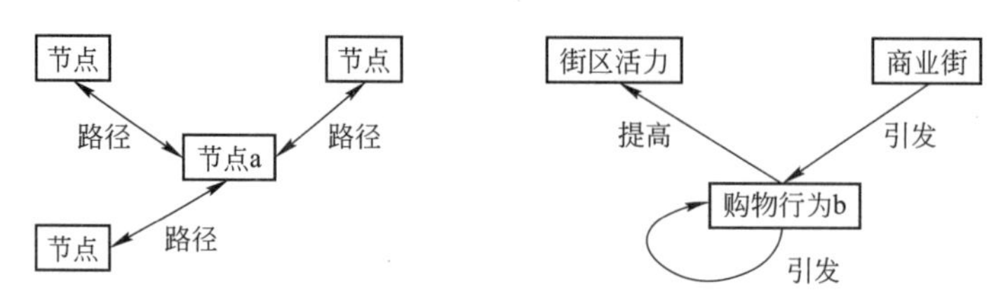

图 3-2　城市语义网络的顶点度

图中 a 是空间范畴的语义网络，其顶点度为 3；b 是非空间范畴的语义网络，其顶点度为 4(环顶点度计算两次)。

顶点度的概念在有些城市形态分析中可以被利用，例如空间句法论的某些计算原理就是通过顶点度的统计来分析城市空间拓扑结构特性的，在本书最后一章实务解析就应用到了顶点度的概念。

USN 顶点度存在一些特性。例如，在每个 USN 中，节点度数的总和等于关系链的二倍，即$\sum deg(v\mid v\in USN)=2\mid E\mid$；USN 的度数为奇数的节点是偶数个；有向 USN 中所有节点的出度和与入度和相等……

3. 1. 2. 2　度序列

根据图论原理规定，如果 $V(USN)=\{v_1, v_2, \cdots, v_n\}$ 中 v_i 的顶点度为 $deg(v_i)$，那么非负整数序列 $deg(v_1)$，$deg(v_2)$……$deg(v_n)$称为 USN 的度序列，且度序列之和是偶数。

如果某 USN 模型不存在环和平行链，那么其度序列可以作为此 USN 的图序列。在相关研究中，图序列的判断比度序列要难，即便已知城市语义网络图序列 $deg(v_1)$，$deg(v_2)$……$deg(v_n)$，如果要构造相应的 USN 也比较困难。但是在城市设计策划中，如空间策划，对于精确性的要求是弹性的，起码目前为止是这样的。所以在探讨某一城市空间的度序列时，完全可以由某度序列派生出拓扑同构的空间模式，而不必穷究其他非关注内容。这一原理在探讨城市空间模式时，将会起到一定的辅助作用。下面简单举例说明城市语义网络的度序列计算，这里以某城市街道空间为例，如图 3-3：

在图中可以看到由 a 到 e 节点的路径分别经过了节点 b、c、d，所构成的空间语义网络比较直观。根据上述的定义和计算原理，显然能得到 a 点的顶点度。假设图中实线表示路径关联，则 a 点的顶点度为 4，其中入度为 1，出度为－4。以此类推，该空间语义网络的度序列为(4，2，4，3，4)。由于图中缺省了临近点的表示，所以这种推算方式的度序列之和可能是奇数，也可能是偶数。也就是说图论算法在跨领域应用和改变后，规则和结论也会变化。

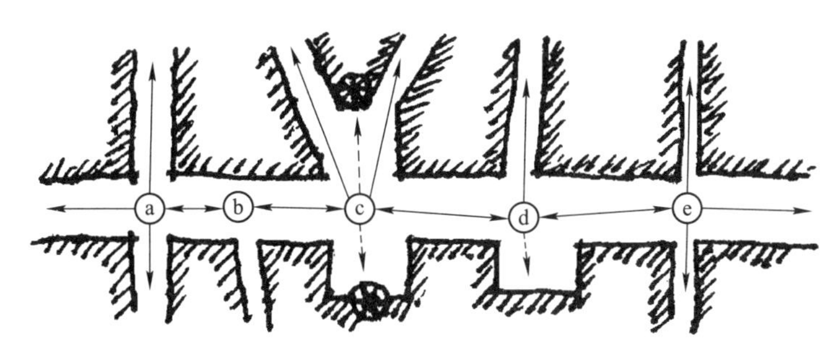

图 3-3 城市语义网络的度序列

如果把图中虚线所表示的视线也算在内，也就是凯文·林奇所说的“路径”（包括道路、视廊、轴线等线性要素），那么 c 点和 d 点的顶点度则分别变成 6 和 4。于是，根据不同的角度，这里的空间语义网络的度序列则变为(4，2，6，4，4)。从这个意义上讲，c 点从顶点度量值上看，是一个比较特殊的节点，于是在城市设计策划时，就会根据不同的目的给予关注和分析。

3.1.3 城市语义网络链与连通

3.1.3.1 城市语义网络链属性

关系链是城市语义网络的重要成分，须结合图论为其做规范化的定义。对于一组城市语义网络，内部任意一条 v_i—v_j 链(Chain)都是有限节点和关系链的交替序列，如 $v_0e_1v_1e_2\cdots\cdots v_ne_n(v_i=v_0,\ v_j=v_n)$，n 称为链的长度(Length)。其中与 $e_i(1\leqslant i\leqslant n)$ 相邻的两个节点 v_{i-1} 和 v_i 恰好是其两个端点，而 v_0 和 v_n 称为链的端点，其余点为内部点。如果 $v_i=v_j$ 则称这条链为闭链，如果 $v_i\neq v_j$ 则称这条链为开链。在城市语义网络中，链的节点与关系链可以重复，但对于关系链互不相同的链称为迹，内部点互不相同的则称为路。

另外，对于若干关系链组成的城市语义网络链还有其他原理与定义，这些关于链的原理、定义同样将在后续的研究中逐步得到应用。例如：

长度为零(没有关系链)的链称为平凡链。

有向城市语义网络中，如果指定一条链的方向，即所有关系链的方向保持一致，则称这条链是从始点至终点的有向链。这一原理将在最后一章的可达与安全的实务研究中得到应用。

如果一条语义网络链端点重合，则称为“环”或“回路”。在有向语义网络中，有向回路称为有向环，长度为 K、奇数、偶数的环分别称为 K 环、奇数环和偶数环。以上内容可以直观地表达，如图 3-4。

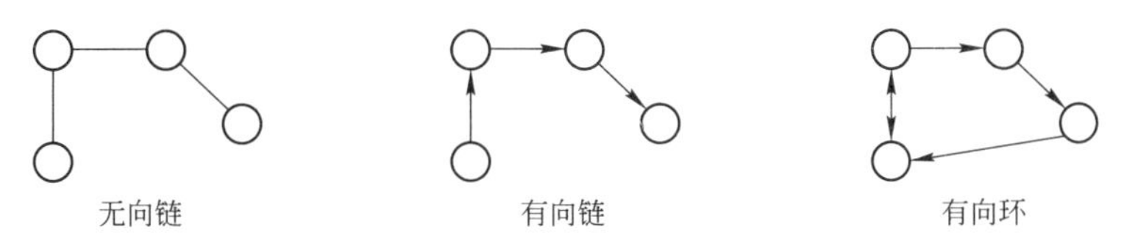

图 3-4 城市语义网络链与环

这些原理也将在最后一章的触媒实务研究中得到部分应用。

3.1.3.2 城市语义网络连通

对于城市语义网络 USN=〈V(USN)，E(USN)，ϕ(USN)〉，若为无向网络且任意两个内部节点存在连接的路，则两节点是连通的。根据这一规定，对于一组城市语义网络来讲，如果当且仅当两个节点 a、b 同属于子集 USN_i 时，两节点才是连通的。此处由 USN 导出的若干子网络 USN_i 称为连通分支，子网络或连通分支的数量表示为 W(USN)=i，且 i 为正整数。

如果无向城市语义网络的任意两节点都有至少一条路，则称之为连通的城市语义网络(即 W(USN)=1)，反之则为非连通的(即 W(USN)〉1)。

有向城市语义网络 USN=〈V(USN)，E(USN)，ϕ(USN)〉，a、b∈V(USN)，如果存在由 a 到 b 的有向路，则称节点 a 可达节点 b，而对于任何一节点 v 到自身这里认为是可达的。可达性是有向城市语义网络的节点集 V(USN)上的二元关系，它具有自反性和传递性，但未必具有对称性。这一点将在最后一章的空间语义网络实务模型中得到解释。

对于有向 USN，任意两节点至少有一个节点可达到另一个节点，则该 USN 是“单侧连通”的，且是弱连通的；如果任意两个节点之间是相互可达的，那么这组 USN 是“强连通”的，否则仅基础图连通是“弱连通”的，且有向强连通 USN 存在“单侧连通”。为了便于理解，可以参见下面图示。

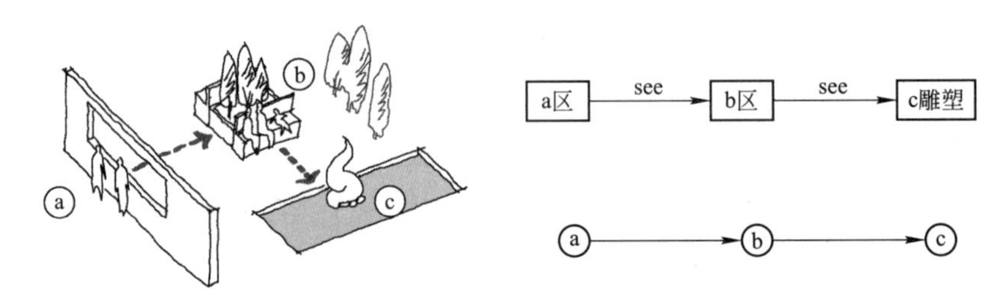

图 3-5 城市语义网络单侧连通

从图 3-5 中，可以看到某城市空间要素之间存在着各种关系链，如果以视觉联系为研究对象的话，a 节点、b 节点与 c 水景雕塑之间则存在一种关联。通过语义网络表达，会发现这种关联是一种单向的联系，即所谓的城市语义网络链的“单侧连通”。除此之外再举一例，如图 3-6。

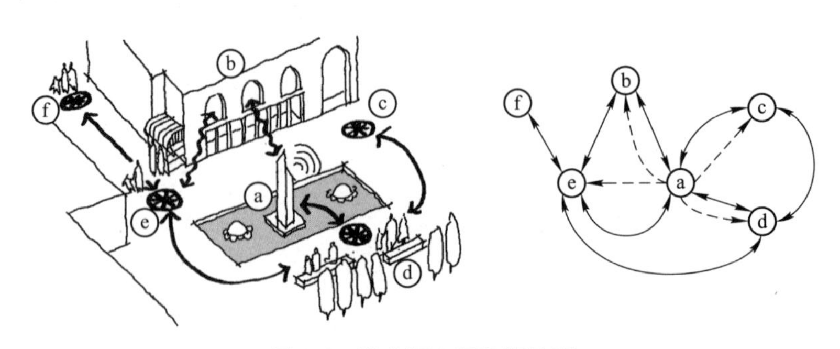

图 3-6 城市语义网络强连通

在图中的喷泉广场是某城市街区的一个片段，在这里雕塑、外廊、商亭、休息区以及空间节点之间存在着多种类型的关联，如视线和步行连接等。由这些关系链及要素构成的城市语义网络连通性很强，也就是任意两节点皆可相互可达，所以这是一种强连通模式。

如果进一步考虑“声景”因素(图中虚线部分)，则这种连通性则更强。假如 f、e 关系链作为语义网络的可分链时，其他部分作为一个关联度很强的嵌套结构则很难再继续划分，这就引申出了另外一些概念，即“强连通分支”。

对于强连通分支，我们这样定义，对于一组城市语义网络的节点集 V(USN)的一个划分 V_i，当 x 和 y 两节点同属于一个 V_i时，x 和 y 是强连通的，则 V_i在 USN 中导出的子图 USN［V_i］称为该 USN 的强连通分支(a 到 e 节点集即一个强连通分支)。把 V_i的数量，即强连通分支数表示为$\hat{W}$(USN)＝i。当然，如果$\hat{W}$(USN)＝1 时，USN 本身就是一组强连通语义网络。

强连通分支可以作为城市某区域城市要素关联性的判断指标。当一个强连通分支内部连通性很强时，则该嵌套节点的整合性也较强；当片区内强连通分支数较多时，则该区域的空间感受的起伏变化可能较大。这一性质对于城市设计分析将会有一定作用，并结合顶点度会派生出更多的概念和指标，在以后的研究中将会对这一点进行进一步深化研究。

3.1.4 城市语义网络块与连通度

3.1.4.1 城市语义网络块

利用城市语义网络来分析城市、进行城市设计策划，需要对其进行集合的划分。例如上一节中的强连通分支就可以作为一个区域节点的集合来看待。构建城市语义网络，目的是在这样一种基本算子的基础上进行推演策划，于是作为某类集合的城市语义网络的“块”是需要讨论的。

这里根据语义网络的网络化特点，对于城市语义网络 USN 中去掉一个节点 v 后，USN 的连通分支增加，即 W(USN-v)〉W(USN)，则 v 称为“割点”；如果 USN 中去掉关系链 e 后，USN 的连通分支增加，即 W(USN-e)〉W(USN)，则 e 称为“割链”或“桥”。根据这两条规则，就可以界定城市语义网络的“块”(Block)。

这里规定，没有割点的连通 USN 称为“块”，且孤立节点不算在内。如果 USN_i是 USN 中不含割点的极大连通子图，则称 USN_i是 USN 的块。

在城市设计策划中，块的划分有助于分解策划问题，使得分解问题相互干扰程度缩小至一个节点或一条关系链，减少不必要的互扰，避免顾此失彼，提高城市语义网络的稳定程度。

如图 3-7 为某街区的空间语义网络及其 7 组块的表示。

另外可以根据这一类定义判断城市语义网络的一些特性。如设定一些公式，n/V(USN)＝i，其中 n 为 USN 的块总量，V(USN)为节点集合，由 i 值可以分析该城市(如空间)语义网络的离散度和整合度。另外，对于块来讲，可以设定另外一些公式，如 m/V(block)＝j，其中 m 为关系链总量，V(block)为内部块的节点集合，通过 j 设计师可以分析某个块的局部整合程度或稳定性等等。

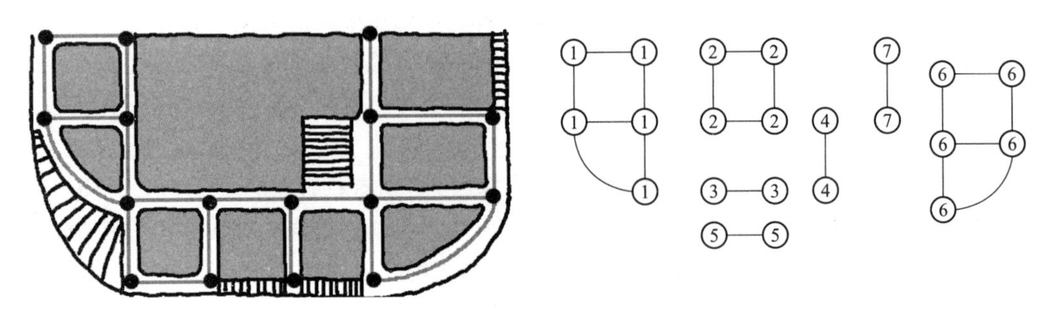

图 3-7 城市语义网络块

3.1.4.2 城市语义网络连通度

以上是研究城市语义网络整体与局部之间的关系，对于一组较大的连通语义网络来讲还存在其他的一些属性。例如，如果城市语义网络 USN 的节点集的一个真子集 T 满足 USN-T 不连通或孤立节点，则称 T 为 USN 的一个点割集；如果 USN 边集的一个真子集 S 满足 USN-S 不连通或孤立节点，则称 S 为 USN 的一个边割集。

另外，如果城市语义网络 USN 是连通的，则 K(USN)＝min｛|T||T 为 USN 的点割集｝称为 USN 的点连通度；λ(USN)＝min｛|S||S 为 USN 的链割集｝称为 USN 的链连通度。一般来讲，K(USN)≤λ(USN)≤δ(USN)，δ(USN)为 USN 的最小顶点度。

图 3-8 中是某街区片段的示意及其语义网络模型，其中 x 点为绿地中的景观地标，其他节点为空间节点。如果仅考虑空间可达性关联(图中实线关系部分)，则 K(USN)＝2，λ(USN)＝2，δ(USN)＝3。如果同时考虑空间可达性与视线可达性，也就是同时关注图中虚线和实线部分，那么该城市语义网络的点、链连通度及最小顶点度会有相应的变化，即 K(USN)＝2，λ(USN)＝3，δ(USN)＝4。另外，可以根据相关定义认为该组语义网络是 n 连通图，n＝2。

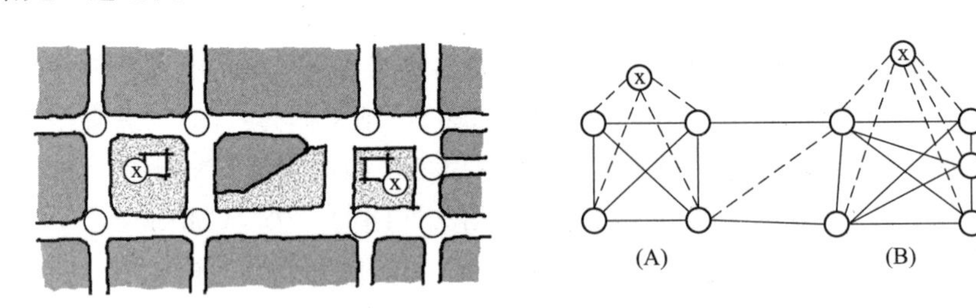

图 3-8 城市语义网络连通度

根据上述内容，还可以为城市语义网络的量化分析提供一系列指标，如 K(USN)、λ(USN)可以用来判断图中 A、B 两组子网络之间的关联度和整体性等等。

3.2 城市语义网络矩阵原理

3.2.1 城市语义网络邻接矩阵

3.2.1.1 概念阐释

邻接矩阵在这里表示的是节点之间是否关联而形成的矩阵。

设 USN=〈V，E，ϕ〉是某一城市语义网络的图论表示，其中 V={x_1，x_2，……，x_n}，E{e_1，e_2，……，e_n}，则其对应的 n 阶方阵 A=(a_{ij})成为该城市语义网络的邻接矩阵。其中 a_{ij} 表示城市语义网络模型中以 x_i 为起点以 x_j 为终点的关系链的数量。城市语义网络可以是无向图，也可以是有向图。其中无向 USN 对应的邻接矩阵必然对称，而有向 USN 的邻接矩阵可能不是对称矩阵，如图 3-9。

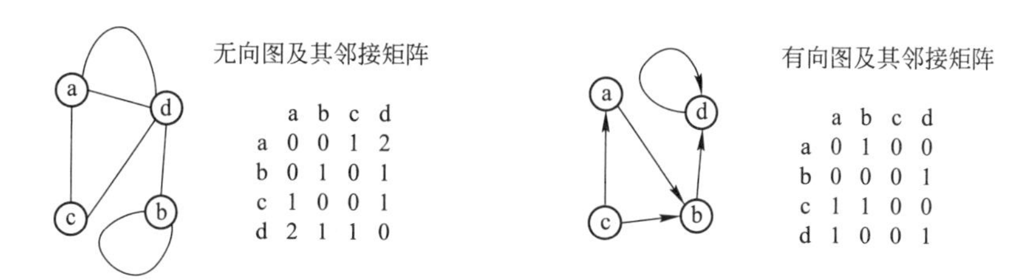

图 3-9 邻接矩阵

以上是以城市设计要素 a、b、c、d 为顺序的语义网络邻接矩阵。

对于城市语义网络的有向图 USN=〈V，E，ϕ〉，其中 V= {v_1，v_2，…，v_n}，且 A=$(a_{ij})_{nxn}$为 USN 的邻接矩阵，那么 A^k中的第 i 行第 j 列元素 $a_{ij}{}^{(k)}$就是 USN 中从 v_i 到 v_j 长度为 k 的有向链的数量。这一特性对于无向图也同样适合。

3.2.1.2 实务解析

邻接矩阵是城市语义网络最主要的矩阵表达方式之一。虽然能够从一组城市语义网络中直接看出节点之间的关系和量值，但对于巨量信息来讲这还是不够的。例如从策划操作到策划统计就需要一个由网络到矩阵的一个形式转换，这也是为计算机处理城市语义网络问题提供一种方便的工具。邻接矩阵可以表达任何一种形式的城市语义网络，包括空间和非空间维度的，如图 3-10。

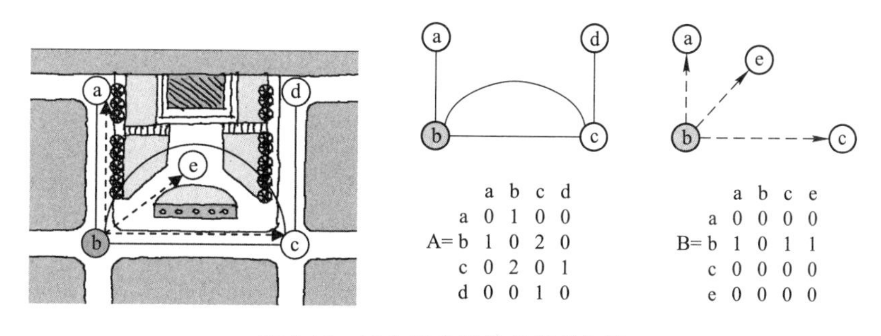

图 3-10 城市语义网络的邻接矩阵

在上述示例中，对于某街区市民广场可以分别从空间维度和非空间维度来构造相应的语义网络。首先从空间维度入手，构造一组无向城市语义网络，于是得到邻接矩阵 A；然后再以 b 节点视线可达为出发点，构造针对 b 点的有向语义网络，于是得到相应的邻接矩阵 B。邻接矩阵比较直观，容易理解，是语义网络基本数据分析的方式之一。除了邻接矩阵，有时需要分析城市语义网络节点与关系链之间的关系，这就提到另外一种矩阵形式，即关联矩阵。

3.2.2 城市语义网络关联矩阵

3.2.2.1 概念阐释

关联矩阵在这里表示的是节点与关系链之间是否关联而形成的矩阵。

设 USN=〈V，E，ϕ〉是某一有向的城市语义网络，且 V={x_1，x_2，……，x_n}，E {e_1，e_2，……，e_m}，那么称 $n\times m$ 阶矩阵 $A=(m_{ij})$为这个有向城市语义网络的关联矩阵。其中规定：

如果 $m_{ij}=-2$，则表示 e_j 是闭环，且关联于 x_i；

如果 $m_{ij}=1$，则表示 e_j 不是闭环，以 x_i 为起点；

如果 $m_{ij}=-1$，则表示 e_j 不是闭环，以 x_i 为终点；

如果 $m_{ij}=0$，则表示 e_j 与 x_i 不关联。

通过语义网络进行城市设计策划时，有些关系链并不都需要有方向。例如两个节点通过某线性要素关联，那么这种关联一般是双向的，如果仅仅关心这种关联的一般存在，则可以表示为无向的，如图 3-11。

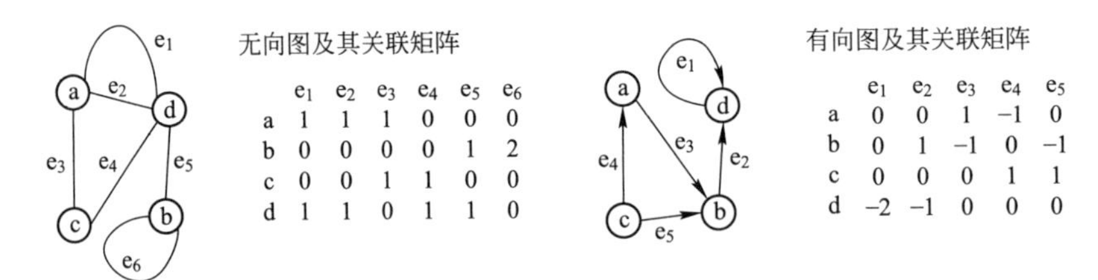

图 3-11 关联矩阵

对于无向城市语义网络的关联矩阵，做如下规定：如果 $m_{ij}=2$，则表示 e_j 是闭环，且关联于 x_i；如果 $m_{ij}=1$，则表示 e_j 不是闭环，且关联 x_i；如果 $m_{ij}=0$，则表示 e_j 不关联 x_i。

3.2.2.2 实务解析

与邻接矩阵不同，城市语义网络的关联矩阵显示节点与关系链之间的联系，这样就使得语义网络节点要素与关系要素之间不再处于一种割裂的二元状态。也就是说，关系和概念之间是可以相互作用并存在转换的可能，是符合靴袢思想的。城市语义网络关联矩阵也同样包括空间维度和非空间维度，接下来继续进行示例说明，如图 3-12。

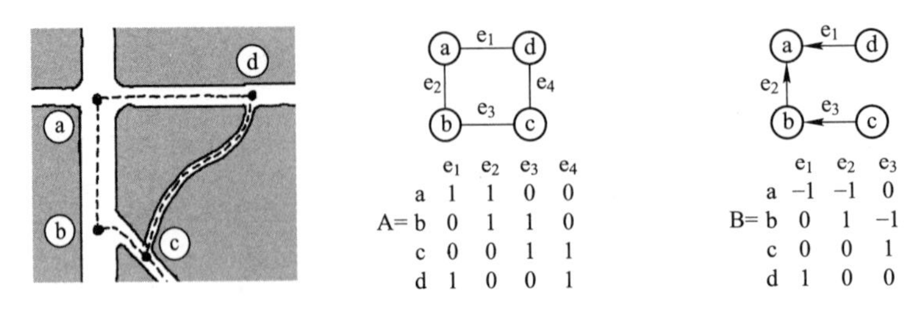

图 3-12 城市语义网络的关联矩阵

在图中首先考虑空间维度的语义网络，如果仅考虑函数 Φ(e)直线相交，那么关系

链仅包含 e_1、e_2和 e_3；如果函数 Φ(e)连通，则四条关系链都符合要求，于是语义网络的邻接矩阵为 A。然后接着探讨有向城市语义网络的邻接矩阵，假如 Φ(e)可见某点且视其为空间节点，那么关系链就有了方向，构成了有向语义网络。如由 d 向 a 可见，且可视 a 为节点，则有有向链 e_1，而反过来 a 虽然可见 b，但不能视其为节点，仅把 b 看作图中水平街道的平常段，所以 e_1是单向的。根据这一规则，就可以构建对应的语义网络，并得到关联矩阵 B。通过邻接矩阵分析得到的数据，就可以辅助城市设计策划进行某种分析。如矩阵 B 中 a 的累计值为－2，则可以大体认为 a 的被关注程度较高，而 c 和 d 点较低。

3.2.3 城市语义网络可达矩阵

3.2.3.1 概念阐释

简单地讲，可达矩阵就是研究某一节点沿着有向链是否能达到另外一节点而形成的矩阵。对于某一有向的无重边城市语义网络 USN＝〈V，E，ϕ〉，且 V＝{x_1，x_2，……，x_n}，相应的 n×n 阶矩阵 P＝(P_{ij})为其可达矩阵。其中，如果 x_i到 x_j至少有一条有向链，则 P_{ij}＝1；如果 x_i到 x_j不存在有向链，则 P_{ij}＝0。

关于城市语义网络的可达矩阵 P，可以通过它的邻接矩阵计算得出。具体步骤是先令 $R=A+A^2+\cdots\cdots+A^n$，由于在 P 中，并不关心有向链的长度和数量，再把 R 中的不为 0 的元素转换为 1，但 0 的元素不变，于是便得到一个 0、1 矩阵，也就是可达矩阵 P。

3.2.3.2 实务解析

例如，对于某一有向的无重边城市语义网络，如图 3-13。其中公共活动存在自引发和他引发(公共服务)，而公共服务、商业服务和商服设施又形成了局部闭圈，经过讨论，容积率问题在此时无相关影响。如果规定其节点为 a、b、c、d、f，那么它的关联矩阵为如下表示，如图中 A。

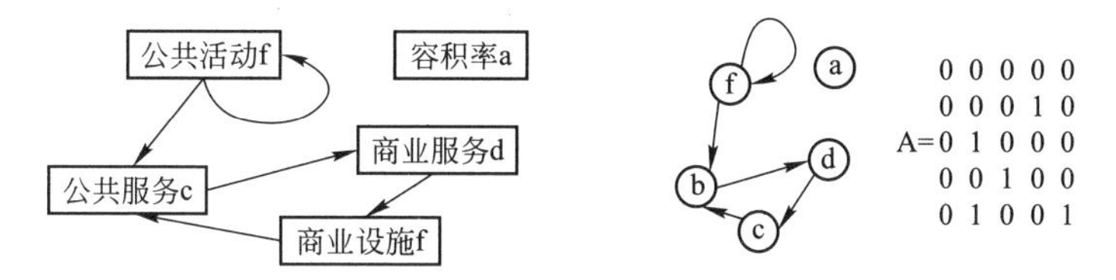

图 3-13 城市语义网络的可达矩阵

于是，通过关联矩阵可以进行下一步的可达矩阵运算，其过程如下：

由于此组城市语义网络中最长链长度为 5，所以对于矩阵 A 相乘仅计算到 A^5。通过矩阵运算，会相应得到 A，A^2，……，A^5。

由于城市语义网络可达矩阵是布尔矩阵，即 0-1 矩阵，并且可达矩阵 P 只关注 x_i到 x_j是否存在有向链，不关注有向链的长度和数量，所以矩阵 A，A^2，……，A^5可以转化为 $A^{(1)}$，$A^{(2)}$，……，$A^{(5)}$。于是可以通过这种简化运算得到可达矩阵，即 $P=A^{(1)}\vee A^{(2)}\vee\cdots\cdots\vee A^{(5)}$，其中 $A^{(k)}$表示布尔运算意义上的 A 的 k 次方，如图 3-14 中 P，其中 $1\leqslant k\leqslant n$。

$$A^2=\begin{matrix}0&0&0&0&0\\0&0&1&0&0\\0&0&0&1&0\\0&1&0&0&0\\0&1&0&1&1\end{matrix}\quad A^3=\begin{matrix}0&0&0&0&0\\0&1&0&0&0\\0&0&1&0&0\\0&0&0&1&0\\0&1&1&1&1\end{matrix}\quad A^4=\begin{matrix}0&0&0&0&0\\0&0&0&1&0\\0&1&0&0&0\\0&0&1&0&0\\0&2&1&1&1\end{matrix}\quad A^5=\begin{matrix}0&0&0&0&0\\0&0&1&0&0\\0&0&0&1&0\\0&1&0&0&0\\0&2&1&2&1\end{matrix}\quad P=\begin{matrix}&a&b&c&d&f\\a&0&0&0&0&0\\b&0&1&1&1&0\\c&0&1&1&1&0\\d&0&1&1&1&0\\f&0&1&1&1&1\end{matrix}$$

图 3-14 可达矩阵乘方

3.2.4 城市语义网络圈矩阵

3.2.4.1 概念阐释

圈矩阵简单地说就是研究节点与关系链成环情况形成的矩阵。设一组城市语义网络 p 阶 USN，其关系链的数量为 q，矩阵值 b_{ij} 如果 j 在环路 i 中，表示为 1，否则为 0。求取 USN 的圈矩阵包括完全圈矩阵和基本圈矩阵，针对不同的策划目的可采取不同形式。

求基本圈矩阵首先要从 USN 中取得一棵生成树 T，关于生成树的相关原理将在本章后部分进行介绍。如图 3-15，假如选取的生成树 T＝{a，c，e，g}，则 {b、d、f} 是连枝集，那么其基本圈有三组，分别为 C_1＝{a，b、c}、C_2＝{c，d、e}、C_3＝{e，f、g}。于是 USN 关于生成树 T 的基本圈矩阵就是图中的 BCA。

$$A=\begin{matrix}\\C_1\\C_2\\C_3\end{matrix}\begin{pmatrix}a&c&e&g&&b&d&f\\1&1&0&0&&1&0&0\\0&1&1&0&&0&1&0\\0&0&1&1&&0&0&1\end{pmatrix}\quad \text{(BCA)}$$

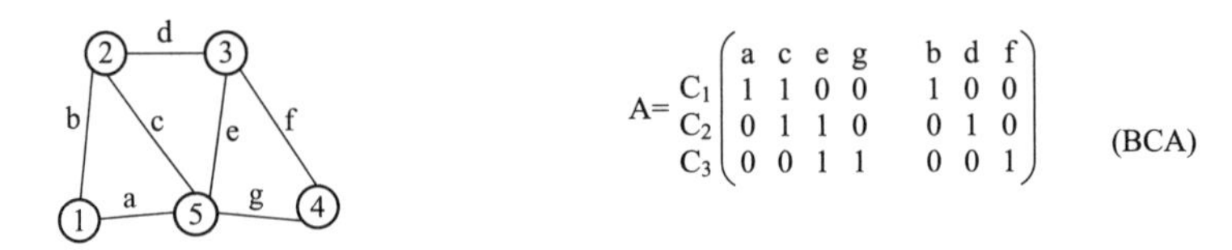

图 3-15 城市语义网络基本圈矩阵

对于求取 USN 的完全圈矩阵，也需要从中取得一棵生成树 T＝{a，b，d，f}，其连枝集是 {c、e}，如图 3-16。

(A)

$$A=\begin{matrix}\\C_1\\C_2\\C_3\end{matrix}\begin{pmatrix}a&b&c&e&d&f\\1&1&1&0&0&0\\1&1&0&1&1&0\\0&0&1&1&1&0\end{pmatrix}\quad \text{(FCA)}$$

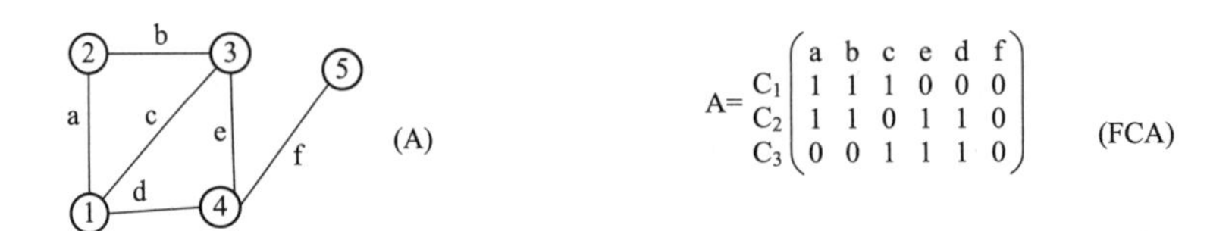

图 3-16 城市语义网络完全圈矩阵

图中 USN 的基本圈为 C_1＝{a，b、c}、C_2＝{a、b，d、e}，通过 C_1、C_2 的环合得到 $C_3=C_1 \oplus C_2$＝{c，d、e}（关于环合将在下一节语义网络运算中详细解释），于是得到 USN 的完全圈矩阵，即图中的 FCA。

3.2.4.2 实务解析

环路和圈矩阵在城市设计策划中可以起到一些作用，在最后一章的社区触媒策划中，就应用到了这些原理。除了在触媒作用中可以运用这种方法，当然在城市空间研究中也可以应用。如《在中国大学校园形态发展简史》中，所提到的园区分子型组织模式[107]，就存在语义网络形式的环路和圈，如图 3-17。

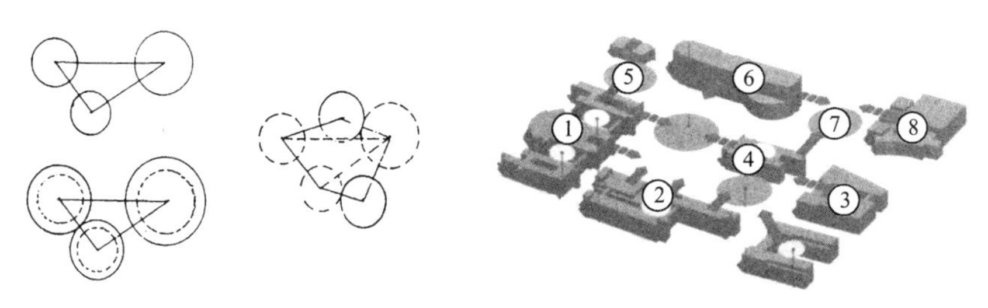

图 3-17 某校区分子型组织模式[107]253

如果把校园建筑及功能分区以路径连通，就会发现当代校园常常呈现一种网状形态，这当然与高校日益复杂的功能有关。在这些网络中，总有一些或大或小的环路，如果以功能区为节点，路径为关系链，就可以构建一组空间语义网络，如图 3-18。

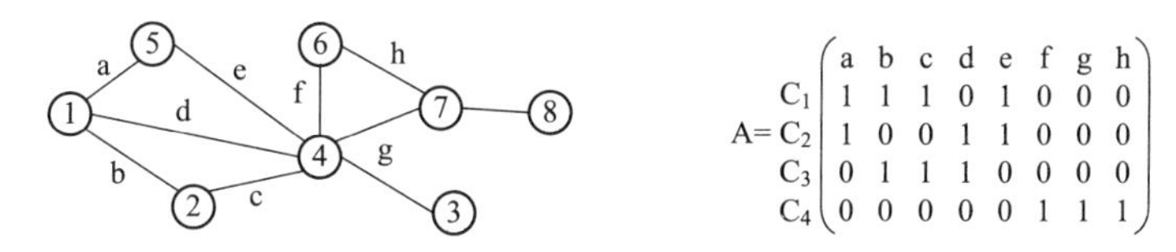

图 3-18 校区网络及其完全圈矩阵

有了空间语义网络，再根据上述原理就可以生成对应的圈矩阵。通过图中的完全圈矩阵可以看到图中存在四个环路，C_1 至 C_4，其中 C_2 和 C_3 是嵌套在 C_1 中的。另外 C_2—d 与 C_3—d 的值为 1，而 C_1—d 的值为 0，所以路径 d 是构成这种嵌套层次的关键链。

这种多层次环路形态有可能是为了适应功能选择的多样化与行为的随机性。换句话说，对于复杂随机的交通行为，或者满足任务的多样性，这种环路是受欢迎的。一般情况下如果环路数量与嵌套的层次越多，空间使用者的应变能力与线路的趣味性也就越强，这样圈矩阵的量值也可以作为城市语义网络的某种特征值。

3.3 城市语义网络运算原理

3.3.1 城市语义网络并集

3.3.1.1 概念阐释

城市语义网络并集运算指的就是两组城市语义网络由共有元素和非共有元素构成的集合。城市语义网络 USN_1 和 USN_2 的并集(Union)可以表示为 $USN_1 \cup USN_2$。在构造两组语义网络的并集时，首先要找到相同的节点，然后要找到相同的关系链，如果关系链不一样但节点相同，则可以把两条关系链同时连接在两个节点之间。在城市语义网络合并之后，便可以对新形成的语义网络进行重新分析和调整，如图 3-19。

在城市要素转化为城市语义网络的过程中，会遇到不同的语义网络片段需要合并的情况。有的时候是相同维度的语义网络需要构造一个并集，如两组有公共元素的空间语义网络；有时需要对不同维度的城市语义网络进行合并，如空间语义网络与认知语义网络。

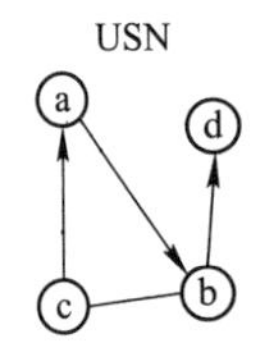

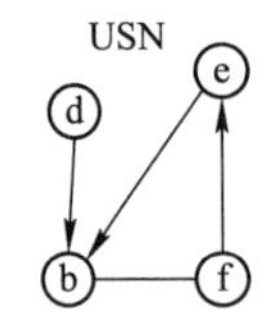

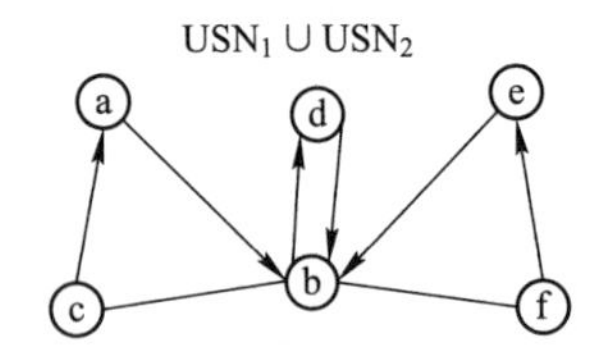

图 3-19　语义网络的并集

3.3.1.2　实务解析

在进行城市设计策划之前，需要对项目进行各种分析，有时这些分析是一系列分解动作，难免会疏漏一些有价值的因素。当语义网络的并集构成之后，设计师也许会发现一些新的机会，产生新的策划因素，对于策划工作产生积极作用。

这里以图 3-20 为例，图中浅灰区域分别为两组 USN，经图中深灰色部分的叠加后，就完成了二者并集的运算过程，并得到新的 USN。

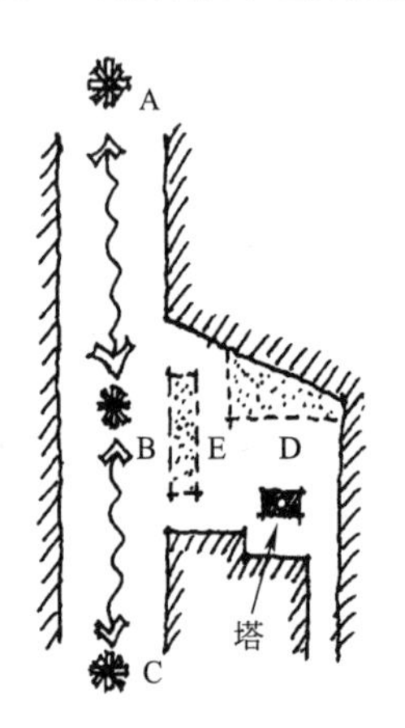

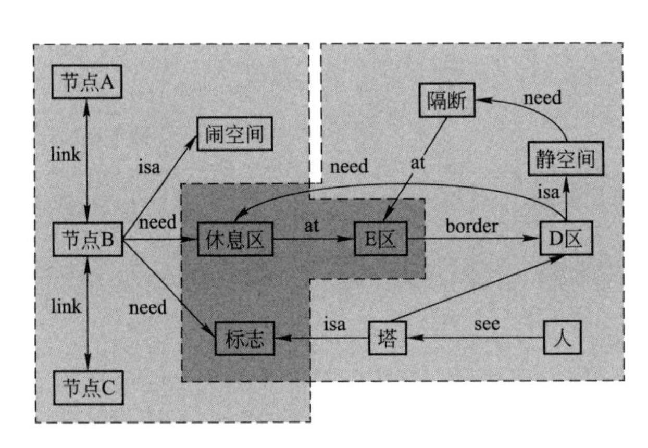

图 3-20　城市语义网络的并集

3.3.2　城市语义网络交集

3.3.2.1　概念阐释

城市语义网络交集运算指的就是两组城市语义网络由共有元素构成的集合。如果 USN_1 和 USN_2 是两组城市语义网络，它们的交集(Cap)可以表示为 $USN_1 \cap USN_2$，是由二者公共部分组成的，如图 3-21。

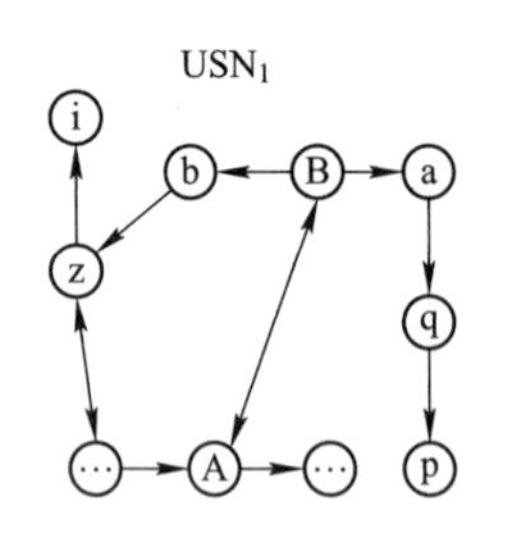

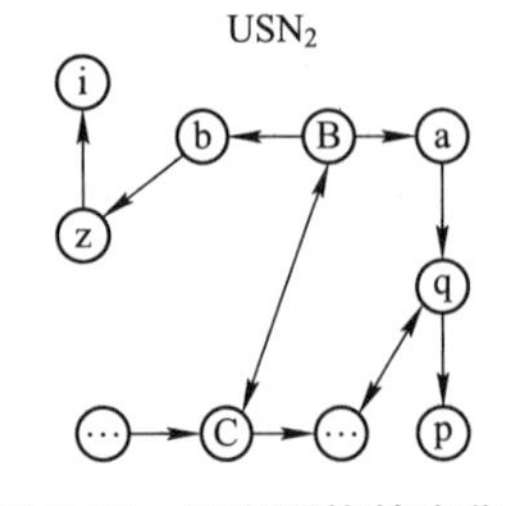

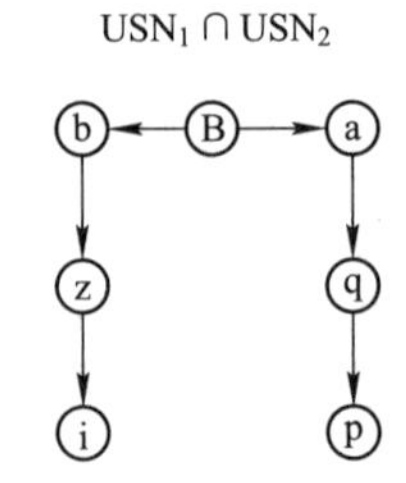

图 3-21　语义网络的交集

在图中，把 USN_1 和 USN_2 的公共关系链保留，再把对应节点重新归位，就达到了一组新的 USN。在城市设计策划过程中，有时需要把两组问题的公共部分单独提取出来进行分析，这样做既可以简化问题，又可以减少对两组问题语义网络的干扰。

3.3.2.2 实务解析

如图 3-22，这是一次城市设计的局部策划。

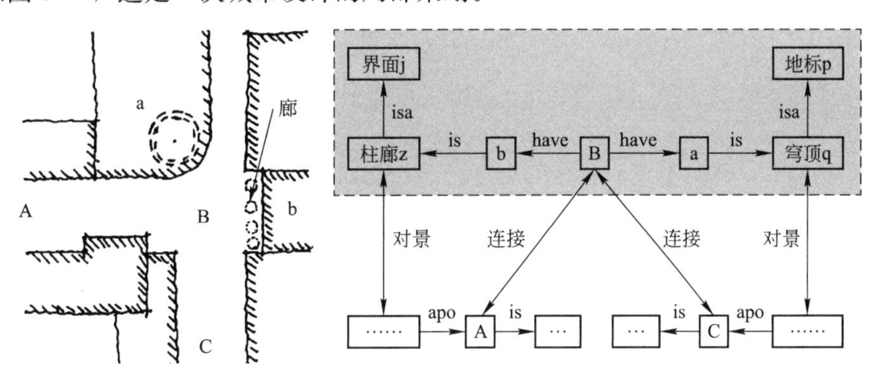

图 3-22 城市语义网络的交集

按照通常的城市设计习惯，这里存在两组设计策划问题，一个是关于节点 A、B 的路径与对景问题，另一个是关于 B、C 节点的。由于 BC 轴上的元素 a 的高度和体量较大，所以具有作为节点标志的先天条件；但 AB 轴构成了一个尽端路径，是空间序列的终点，所以元素 b 也很可能至关重要。这样，在节点 B 中就出现了“以谁为主”的矛盾问题。此时，就可以通过语义网络交集把这一问题组单独划分出来，如图中灰色区域。

3.3.3 城市语义网络环合

3.3.3.1 概念阐释

城市语义网络环合指的是在两组城市语义网络的并集中去掉交集所得到的一组城市语义网络，记作 $USN_1 \oplus USN_2$。通过运算公式可表示为：$USN_1 \oplus USN_2 = (USN_1 \cup USN_2) - (USN_1 \cap USN_2) = (USN_1 - USN_2) \cup (USN_2 - USN_1)$。

例如，存在两组 USN_1 和 USN_2，如图 3-23。

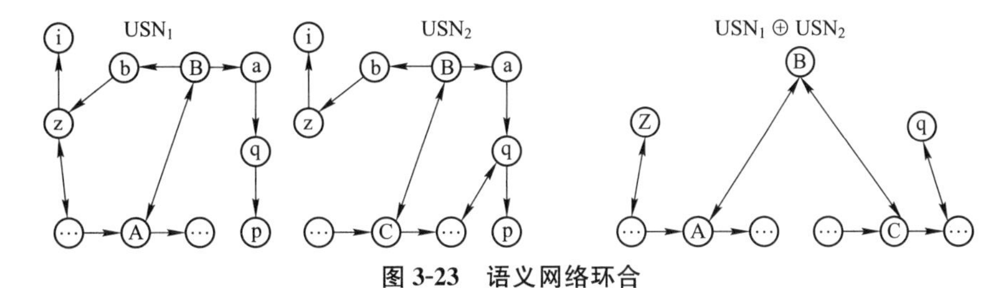

图 3-23 语义网络环合

如果二者有公共部分，则可以把共有部分去掉，剩下部分即为环合结果。城市语义网络环合为这种策划方法又提供了新形式的运算手段，通过环合，可以把个性问题从共性问题中整合出来。

3.3.3.2 实务解析

在这里仍然以上节实例来说明环合的过程。例如，在上一节通过语义网络并集把涉及节点 B 的问题组单独处理后，其余关于 A 和 C 的问题也要形成独立的问题组。这样，通过上述原理对两组城市语义网络进行环和，就得出了另外一组城市语义网络，如图 3-24 中灰色部分。

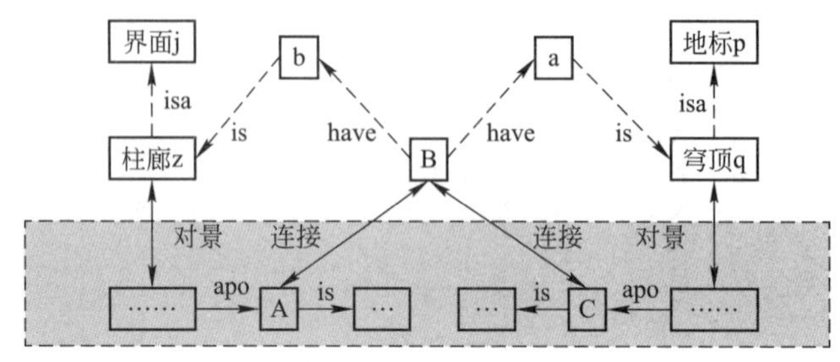

图 3-24　城市语义网络环合

当然，在具体策划过程中还存在这样一种情况，就是先求得环合并处理环合问题，然后把问题焦点集中在并集中做局部处理。两种运算方式需要交叉并用，视实际情况而定。

3. 3. 4　城市语义网络差

3. 3. 4. 1　概念阐释

关于城市语义网络之间的差，记作 USN_1-USN_2，是由 USN_1 中去掉 USN_2 中的边所得到的结果。与一般的数字运算不同的是，二者反向差并不是绝对值相等的正负关系，多数情况下 USN_1-USN_2 与 USN_2-USN_1 的结果是不同的，如图 3-25。

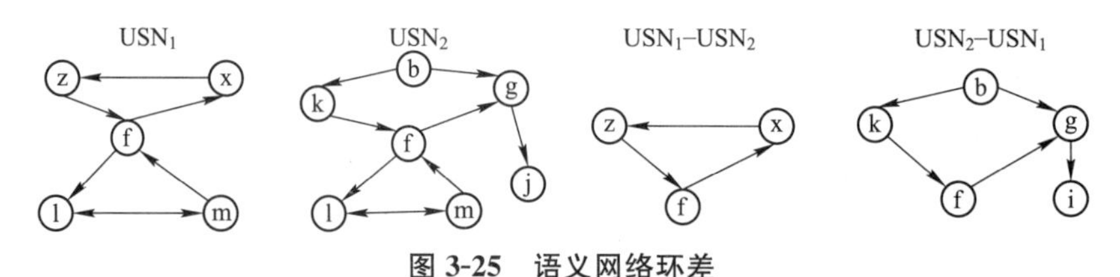

图 3-25　语义网络环差

3. 3. 4. 2　实务解析

下图中所示的是一次综合问题的某城市设计策划环节。在这里，容积率、资金、建筑密度、效益等成为了城市语义网络策划的节点，如图 3-26。

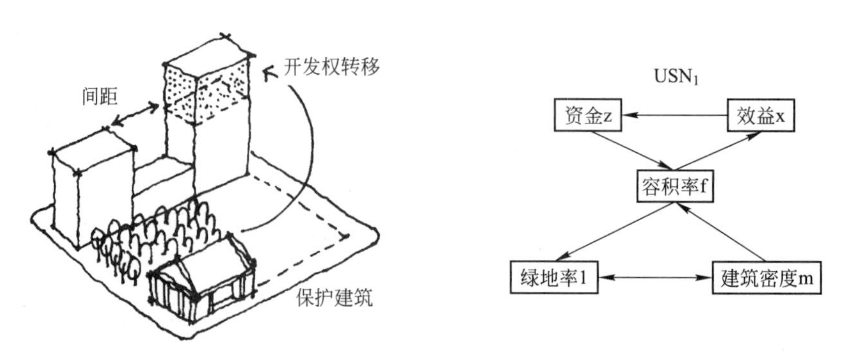

图 3-26　城市语义网络

在具体的实务操作过程中，有时需要把两组城市语义网络问题的重叠部分划归到其中之一，便可以采用语义网络差的运算。当根据策划内容构建语义网络 USN_2之后，为了把与 USN_1之间重叠的部分去掉，便通过二者之差取得了相应结果，如图 3-27。

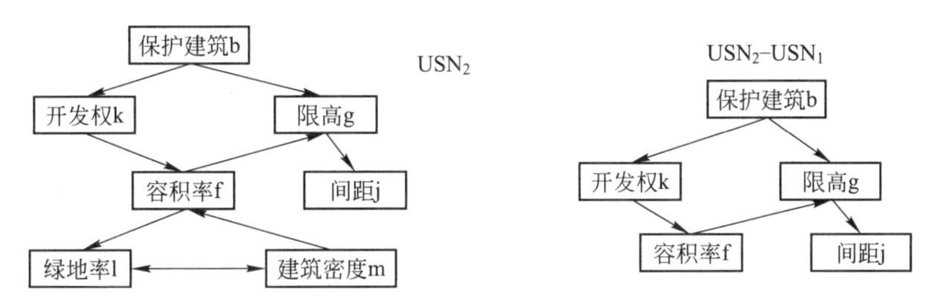

图 3-27 城市语义网络差

3.3.5 城市语义网络积

3.3.5.1 概念阐释

城市语义网络积指的就是两组 USN 的元素两两作用而形成的另外一组 USN。设 USN_1和 USN_2是两组城市语义网络，USN_1和 USN_2的笛卡尔积(Cartesian Products)可以表示为 $USN=USN_1\odot USN_2$，其中所得出的笛卡尔积 USN 满足：

$V(USN)=V(USN_1)\odot V(USN_2)$；

USN 中的两个节点〈a，b〉和〈c，d〉是邻接的，当且仅当 a=c 且 {b，d}∈$E(USN_2)$；或者 b=d 且 {a，c}∈$E(USN_1)$，如图 3-28。

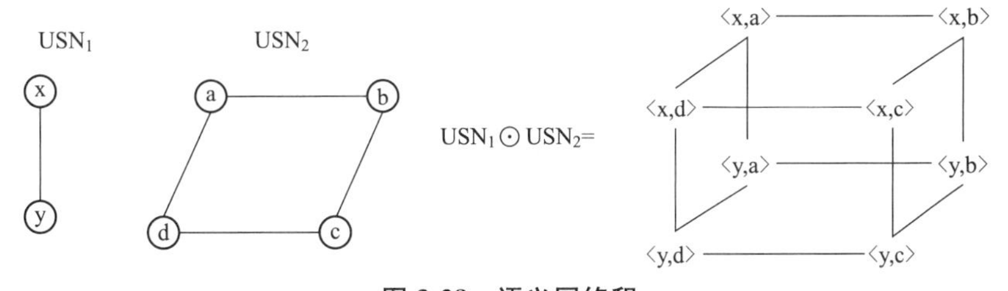

图 3-28 语义网络积

3.3.5.2 实务解析

语义网络乘积对于城市设计策划所起的作用是多样的。如通过乘积可以把“异维”要素有机地整合到一个系统内，理论上也可以把有限元派生出无穷的城市要素，如图 3-29。

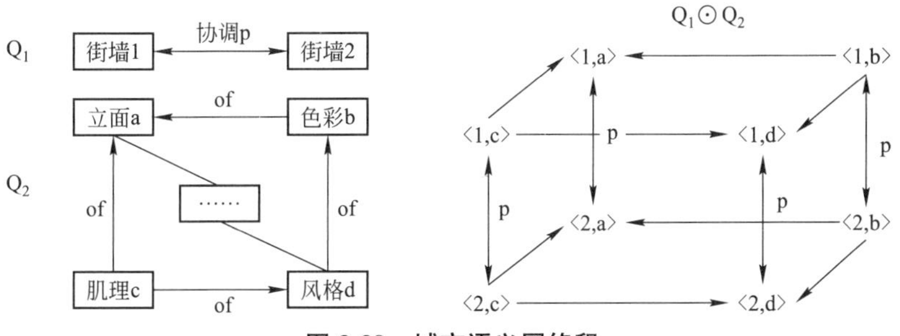

图 3-29 城市语义网络积

通过不同语义网络相乘，可以得到若干城市设计要素的有序积，如：

〈1，a〉↔〈2，a〉，即〈街墙1，立面a〉与〈街墙2，立面a〉相协调；

〈1，c〉↔〈2，c〉，即〈街墙1，肌理a〉与〈街墙2，肌理a〉相协调；

〈1，b〉↔〈2，b〉，即〈街墙1，色彩a〉与〈街墙2，色彩a〉相协调；

〈1，d〉↔〈2，d〉，即〈街墙1，风格a〉与〈街墙2，风格a〉相协调；

……

如果再把诸如尺度、比例等平行要素，或肌理的色彩、立面的“表情”等嵌套要素形成语义网络，再与之相乘，则可以得到更多的有序积。通过这些有序积或无序积派生的语义链，一方面可以得到相关的系统化数据，另一方面可以解释相关的城市设计问题，就如上面所提到的“立面协调”问题。

3.3.6 城市语义网络方

3.3.6.1 概念阐释

通过语义网络的笛卡尔积，又能够获得语义网络的“n立方体”Q_n($n\geqslant1$)，即同一组语义网络的自乘，如图3-30。

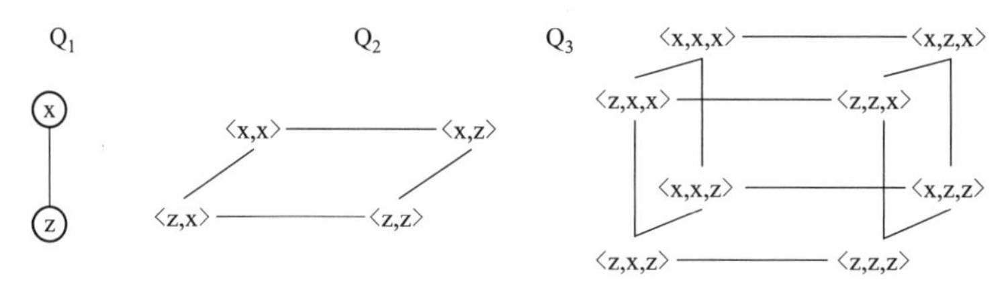

图3-30 网元方

在图中通过Q_1自乘分别得到了二次方和三次方Q_2和Q_3。如果进一步计算$Q_1 \odot Q_3$，就得到了四次方Q_4，如图3-31。

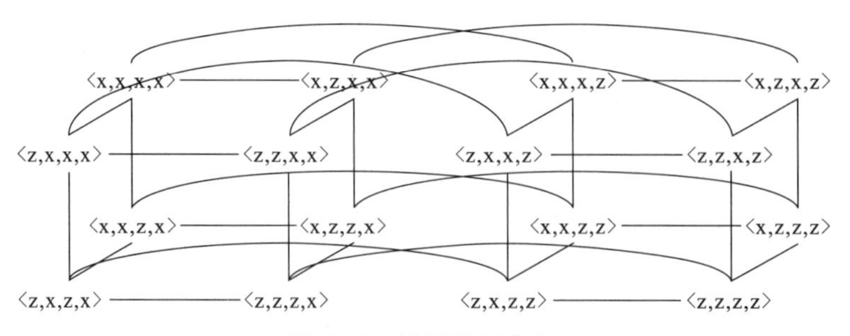

图3-31 网元的四次方

通过网元的四次方表示，可以看到网元四次方以上已经超出了人类大脑所能存储、想象或“运算”的能力，所以借助计算机的辅助是十分必要的。

3.3.6.2 实务解析

通过网元的乘方，可以在有限元素下可以演绎出无限可能的组合。

下面以实体、轴线的基本组合元素为例，来观察城市语义网络网元乘方的过程，如图3-32。

图 3-32 城市网元

在图中一个任意矩形实体平面及其法线轴构成了一个基本网元 Q_1，关系链为 p（正交）。通过三次和四次乘方，分别得到相应的有序积，其中部分有序积及图示演绎表示如下，如图 3-33。

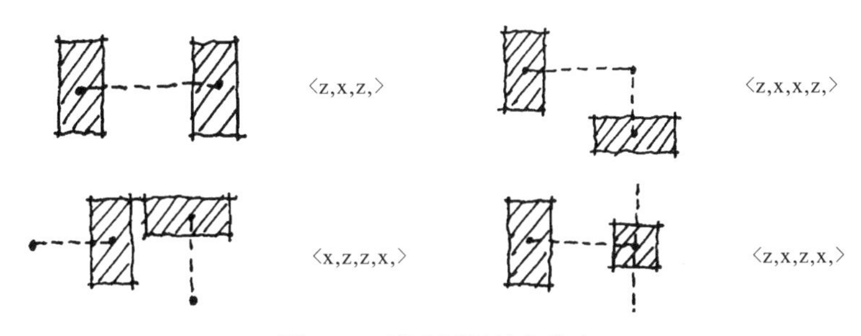

图 3-33 城市网元的多次方

通过城市语义网络的乘方，我们进一步丰富了空间解析的语言。例如，通过城市语义网络乘方后的网元代码，可以统计和分析空间数据，丰富和完善城市设计语言的表达、记录和转化能力。

3.4 城市语义网络算图与赋权原理

3.4.1 城市语义网络偶图

3.4.1.1 偶图

假如一组城市语义网络节点能划分成两组，且所有关系链都关联两端，则称之为偶图。如果说城市语义网络的提出，为城市设计策划提供了特定的算符和算子，那么为了达到策划目的而对城市语义网络种种形式上的操作则成为城市设计语义网络策划的基本形式。这就像数学中的结合率与分配率，需要把系数和系数作用对象通过某种算式进行表达，才能实现其计算操作一样，城市设计的语义网络策划也需要根据不同的策划目的方式选择各种形式的算图。例如即将讨论的偶图和树。

在许多其他领域的策划研究中经常会遇到事物的二元关系问题，城市语义网络也会因为某种策划要求进行二元划分，所以城市语义网络的偶图，或称二分图，是很重要的。

要得到偶图，先要把城市语义网络 USN 模型转化为简单图，各种城市要素的节点集合划分成两个不相交的非空集合 A 和 B，使得 USN 中每一条关系链的两个端部节点分别处于两个集合中，那么此时的 USN 模型则称为 USN 偶图或二分图。这里的偶图记作 USN=〈A，B，E〉，其中 A 和 B 为 USN 的二元划分，如图 3-34。

在图中以某一街道墙为例，如果此时关注的集合为建筑功能与建筑单体，那么就会

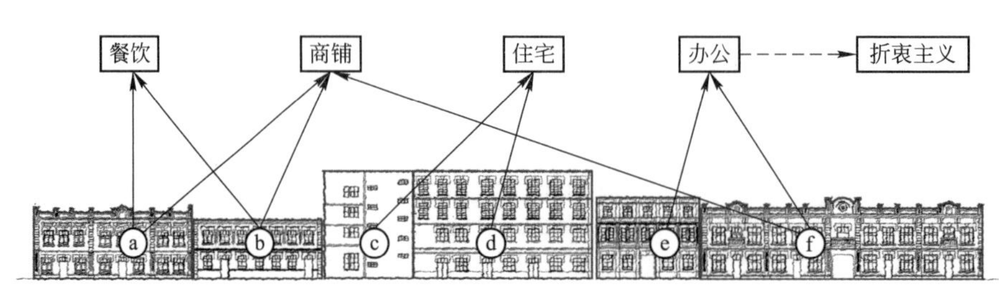

图 3-34 城市语义网络偶图示例一（默认连接值：is）

形成相应的两组集合，第一组功能集合设为(餐饮、商铺、住宅、办公)∈B，另一组建筑单体集合设为(a，b，c，d，e，f)∈A。在默认连接值 is 的有向关联后形成的城市语义网络，就是一部偶图。

在 USN 偶图的二分集合 A 或 B 中，不存在节点关联，所以在既有城市语义网络基础上构造偶图时，需要临时筛除不同类型的关系链。例如，为了实现 USN 偶图，需要忽略同一集合中其他的关联链，如图中的虚线就需要忽略掉，然后偶图才能得以构造出来。

3.4.1.2 多级偶图

城市语义网络的多级偶图指的就是若干偶图构成的城市语义网络。城市设计策划所关心的问题是复杂多样的，有时面临的策划要素是多元或多维的，经常会存在一个集合与多个集合的映射问题，所以在这里提出了城市语义网络多级偶图的概念。构造多级偶图，一方面是为了方便城市设计策划的运作，同时也为其他策划工具和手段提供了一个可操作模型。如多级偶图可以直接应用于 AHP 层次分析法，这在最后一章的策略型策划实务中将有示范。

这里仍然以上图为例，构造城市语义网络的多级偶图，如图 3-35。

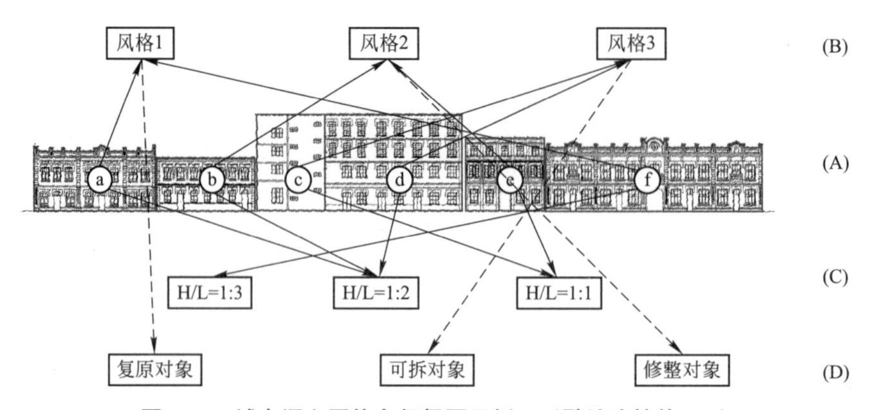

图 3-35 城市语义网络多级偶图示例二（默认连接值：is）

在图中，存在四组节点集合 A、B、C、D，A 集合仍然是建筑单体集合(a～f)；B 集合指代人为规定的各种风格类型，如折衷主义、新艺术运动、现代风格等等，记作(风格 1，风格 2，风格 3)∈B；C 集合指代建筑立面的大体比例，记作(1∶3，1∶2，1∶1)∈C；最后，D 集合是依据城市设计策划确定的初步改造方式，记作(复原，可拆，修整)∈D。

通过图示可以看出图中存在几组偶图，分别为 AB 偶图、AC 偶图、BD 偶图。这样，城市语义网络的多级偶图便构造出来。目前的多级偶图是平面的，但现实情况比较复杂的时候，会出现立体甚至超维的城市语义网络。如再次把 AD 集合关联后，即形成了立体的城市语义网络结构，而且可能会存在不可平面的情况。

3.4.1.3　立方体偶图

城市语义网络复杂结构还包括立方体。对于立方体来讲，也是一种偶图，许多相关文献都有证明，这里不再赘述。

判断复杂城市语义网络结构是否可以形成偶图，目前可以通过语义网络链的环路来判断，即对于一组城市语义网络 USN 中，如果不含有长度为奇数的环路，那么该 USN 是偶图，反之亦然。

我们拿前面的网元立方体为例，判断立方体是否能转化为偶图。其中 x、y 可指代任意城市要素，如轴线与物体、空间与建筑、用地模式与建筑形态等等，函数 $\phi(x, y)$ 可以是正交、斜交，以及其他非形态关系等等。

如图 3-36，在图中可以明确看出上下两组集合可以构成偶图，且集合内要素之间不关联。

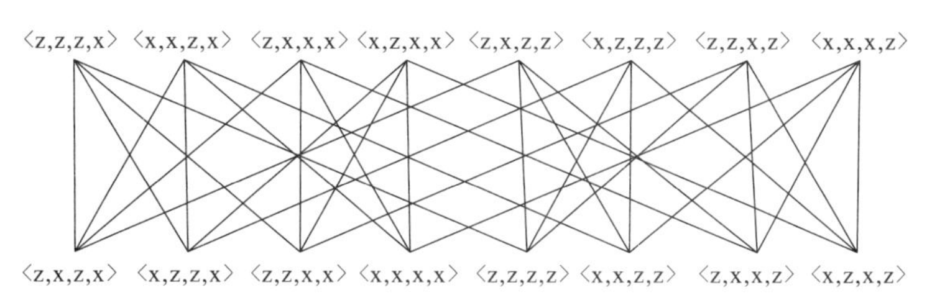

图 3-36　立方体偶图

对于复杂语义网络结构的运算与操作比较困难，如刚刚提到的 AHP 层次分析法，其他交叉学科还很难对不可平面的立体结构进行处理。所以，对城市设计的语义网络策划方法的研究与推进，还需要依赖其他学科的发展与技术改进，当然本学科的发展也将会对其他学科起到促进作用。

3.4.2　城市语义网络树

3.4.2.1　概念阐释

英国数学家亚瑟·克雷在 1857 年提出了树的概念。树的应用十分广泛，其中包括与本次研究相关的管理学科和计算机学科。例如，在本次研究中将运用树原理来模拟策划到决策的程序以及模拟空间网络等等。

对于树的定义是这样的，T 是树，当且仅当 T 中没有环，且任意两节点间仅有一条路。城市语义网络的“树”记为 T，是一种没有圈连通的无向 USN，其中度数为 deg(v)＝1 的节点称为树的“叶”；树中 deg(v)〉1 的节点称为树的“分支点”或内部点；不相交的若干树组成的 USN 称为城市语义网络的“森林”。

亚历山大曾经对城市的抽象树状结构进行过批判。他认为“人类思维倾向于利用树形传递复杂思想”，树形的归纳、组合是“现代心理学发现的最初级心理过程之一，”而现代城市对于“模糊性和重叠性无法容忍”，并把这种树形思维引申至城市中[104]，违背了城市的复杂性观点[108]。

亚历山大的观点否定了树状结构，认为朝气蓬勃的城市应该是各种网络的交织，而不应该是僵化的“树”。他提到城市可以是一种“半网络结构”，不过那种类似完全图的城市网络是没有意义的，对于居民的思维认知、城市空间组织等维度的城市语义网络而言，大量的各种各样的树状结构组合成的“半网络结构”也许才是城市应该具备的良好形态。如图 3-37。

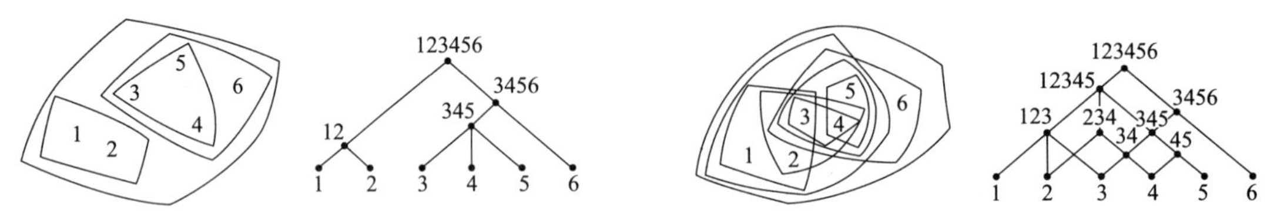

图 3-37 树形与半网络结构[108]124

尽管树形城市有很多弊端，但为了研究和分析城市还是需要树模型的，只要不把这种思维形态作用于城市设计策划即可。

3.4.2.2 有向树与有序树

如果 T 是有向城市语义网络，且 T 的基础图(T 对应的无向图)是树，则称 T 是城市语义网络的有向树。如果一组城市语义网络中仅有一个节点的入度 $deg^{+}(v)=0$，其余节点的入度 $deg^{-}(v)$都为 1，则这个有向树称为 USN “出树”；其中称入度为 $deg^{+}(v)=0$ 的节点为根，出度 $deg^{-}(v)=0$ 的节点叫做叶，而其他出度不为零的节点称为分支点。如果把出树的树枝反向转换，则形成“入树”。

另外，由根到某一节点 v 的有向路长度称为节点 v 的“层数”，根树的“高度”便是节点层数的最大值。如果在根树上标注每一节点的次序，则称为有序树，同一棵根树的有序树可以不一样，如图 3-38。

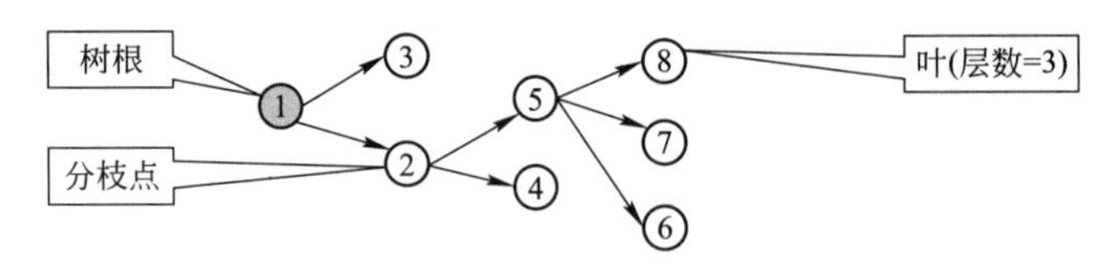

图 3-38 根树及其有序树

如果一棵有向树或有序树的每个节点 $deg(v)\leqslant m$，则分别称之为 m 元有向树或有序树。上图中所示的树是三元有序树。如果对于每个节点都有 $deg(v)=m$，则称之为完全 m 元有序树。

3.4.2.3 生成树及计数

在城市语义网络 USN 中的一个子图 T 如果是一棵树，那么称 T 为 USN 的一棵生成树或支撑树。生成树中的关系链称为 T 的树枝，不在 T 中的关系链称之为弦或连枝。

生成树是分析城市语义网络空间和问题模型中重要的技术条件之一。例如对于空间分析，可以把综合的城市语义网络模型分解为若干专项，例如道路分析、结构分析、视线分析、功能分析等等。对于非空间的各种问题模型，则可以通过生成树把难以操作的复杂语义网络模型转化为若干分解问题，适应策划操作和决策。关于求取某一城市语义网络模型的生成树数量，下面举一个例子来说明这一过程，如图 3-39。

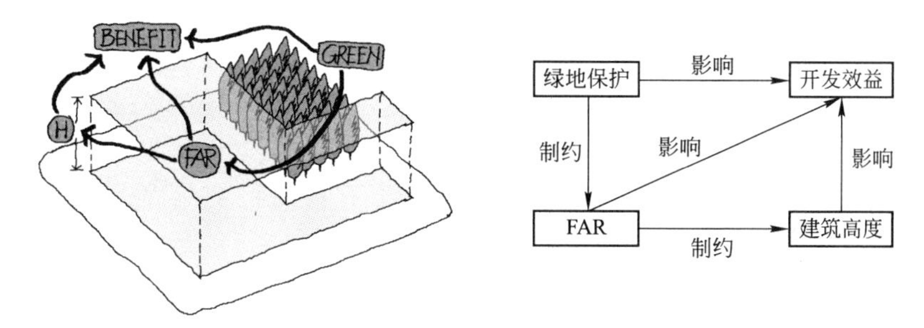

图 3-39 城市语义网络模型

在图中我们为一次专项策划构建了策划模型，并对模型中的关系链和节点进行标记。模型中有 4 个节点和 5 条关系链，对于这组语义网络的关联矩阵 M 中去掉任意一节点 x 所对应的行值，得到一个$(v-1)\times e$阶矩阵 B_x，B_x称为该语义网络模型的一个“基本关联矩阵”，然后通过 B_x及其转置矩阵 B_x^T求得 $\det(B_x B_x^T)=n$，n 就是语义网络模型的生成树数量，如图 3-40。

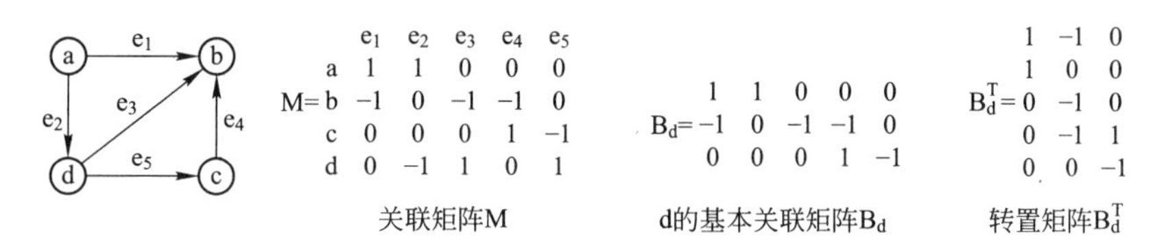

图 3-40 子树量矩阵求解

在图中，分别得到了关联矩阵、基本关联矩阵及其转置矩阵，然后再通过上述公式计算得出 $\det(B_x B_x^T)=8$，也就是说这组城市语义网络模型中有 8 棵不同的子树。以此类推，也可以求得不含某关系链或必含某关系链的生成树及其数量。例如经过策划研究，可以通过绿化转移保证绿地率，进而忽略绿地保护的制约，或忽略建筑高度对于开发效益的影响，于是策划模型就可以转化为以下若干子树模型，如图 3-41。

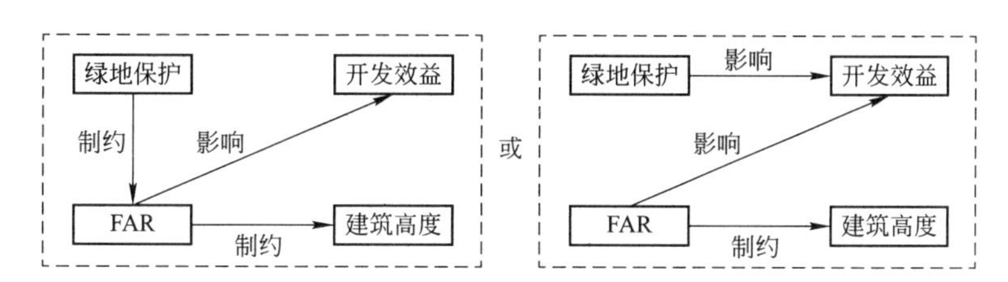

图 3-41 策划子树模型

按照这种方式，还可以求得根树及其数量。例如在一组城市语义网络中，根据不同的利益诉求或出发点，不同的节点都有可能成为树根，以保证策划结果的客观性、合理性或公平性。所以理论上讲，根树是不唯一的。

3.4.2.4 树的搜索

对于连通城市语义网络 USN 对应的简单图，求生成树的方法有很多，如破圈法和避圈法，所得到的生成树也不唯一。在这些生成树中有一些树具有一些特殊意义，这些特殊的生成树需要一些特定的方法进行寻找。这里介绍两种比较重要的算法，一个是深度优先搜索(Depth First Search)，另一个是广度优先搜索(Breadth First Search)。这两种搜索方式在最后一章触媒策划实务中将得到应用。

目前普遍采用的深度优先搜索的操作方式是：任意选取 USN 的一个节点 v_0 作为根，相继添加还不在路上的与节点相关联的关系链，只要有可能就继续下去，第一条链尽可能找到以 v_0 为根长度最长的链。然后从叶节点回溯到上一层节点继续访问，如果没有从上一层节点开始不曾访问过的节点的路，则继续回溯。这一过程直到所有节点都被访问过后，就完成了深度优先搜索。

广度优先搜索的操作方式是：任意选取 USN 的一个节点 v_0 作为根，然后搜索与之相关联的所有关系链，完成之后形成了第一层节点。然后下一步按顺序访问一层节点上的每一个点，只要没有回路就访问与之相关联的每条关系链，于是则生成了第二层节点，以此类推直至搜索完所有节点，于是就完成了广度优先搜索。

利用深度优先搜索和广度优先搜索，可以解决城市设计策划中的一些特定问题，例如考察城市空间节点可达性的深度和广度，以便赋以空间要素的某一数理特征。下面以某一街区片段来说明这一过程，如图 3-42。

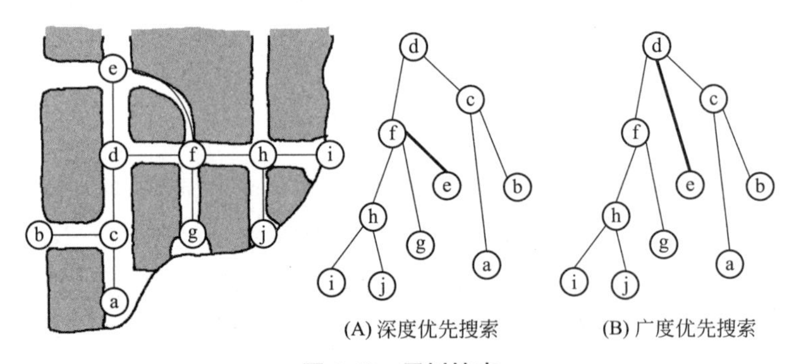

图 3-42 子树搜索

在这一街区片段中，我们随意选取一空间节点 d，通过两种不同的搜索方式得出了两棵生成树 A 和 B，这两棵生成树可以代表两种节点的数理量值。至于这些量值所代表的意义，则需要根据策划的目的予以确定。

3.4.3 城市语义网络赋权与赋值

3.4.3.1 点与链的赋权与赋值

从第二章中的介绍可知，节点与关系链可以相互转化，这是语义网络具备的灵活性，同时权值与节点、关系链也可能互换，如图 3-43 所示。

在图中可以看到，四个实体节点的距离可以赋予不同长度的量值，如 15 米、30 米等，这些量值就是关系链的一个映射集。建筑 a、b 的权值也可以是“古典主义”和“现代风格”，而“风格”这一组概念既可以成为节点也可以作为关系链的量值，也是一

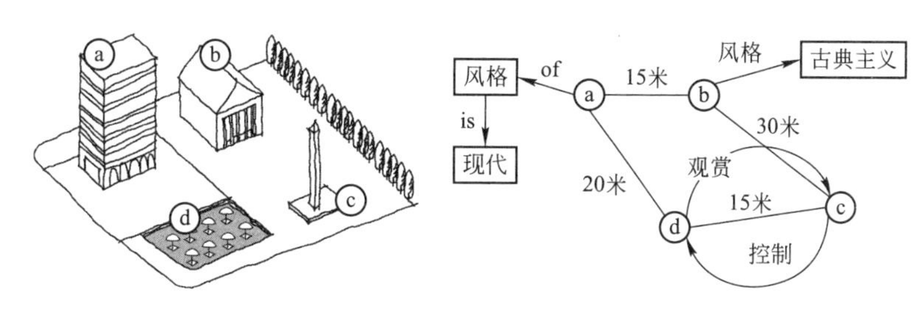

图 3-43 点赋权与链赋权

个映射集。另外其他各种动作、属性等概念也可以作为城市语义网络的权，如图中的“控制”、“观赏”等等。所以，无论是节点还是关系链的权，都可以是多元、多层次的。下面先讨论一下点与链的赋权和赋值。

对于一组城市语义网络 USN=(V，E)，假如 f 是 V～S 的一个映射，则称三元组(V、E、f)是节点赋权图，记为 USN=(V、E、f)。其中，∀v∈V，f(v)称为顶点 v 的权。所谓节点的权就是要赋予节点的一些信息，这些信息可以是面积、高度、用地性质、风格、色彩以及各种抽象符号等等。

如果对于一组城市语义网络 USN=(V，E)，假如 g 是 E～L 的一个映射，则称三元组(V、E、g)是关系链赋权图，记为 USN=(V、E、g)。其中，∀e∈E，g(e)称为关系链 e 的权。所谓关系链的权就是要赋予关系链的一些信息，这些信息可以是距离、成本、位置等，也可以指代关系、各种动作、隶属、蕴含、等价以及各种抽象符号等等。

通过赋权的节点与关系链，可以进一步为各种形式的城市语义网络进行赋权，如赋权树、赋权网以及赋权矩阵等。

3.4.3.2 树赋权与赋值

这里规定城市语义网络中节点或关系链赋权后的树称为赋权树。对城市语义网络树的赋权是一个重要的原理，它是语义网络方法应用于城市设计策划量化分析常用的方法。树的赋权能够派生出许多有意义的实用指标，并能够与计算机科学、决策学、数学等领域的工具进行对接，如二叉树、决策树、最小生成树与最大生成树等等。另外赋权树可以与数学工具对接，可以进行各种运算和操作，比如 Prim、Kruskal 等各种贪心算法。下面举一个小例子来说明这些方法的运用，如图 3-44。

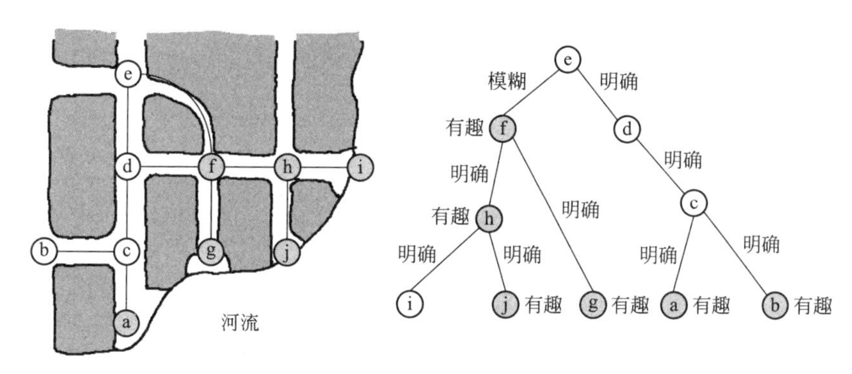

图 3-44 城市语义网络赋权树

在图中以 e 点为根，分别讨论三种不同目的的亲水行为，包括最稳妥到达河岸、最有趣到达河岸、最快到达河岸。

第一种情况讨论最稳妥到达河岸。先求取以 e 点为根的广度优先搜索树，然后对树进行赋权(明确或模糊)，得到以一个赋权树。对于一个旅行中的陌生人来讲，由 e 点到达河岸有很多条线路，在这一行为决策过程中，由于处于纳什均衡信息不对称的环境，陌生人无法做到线路的整体优化，一般会对每个决策环节采取贪心算法的最优选择(假如此人手中没有地图)。于是，在 ed 与 ef 决策中，旅游者在关心如何抵达河岸而不关心趣味和效率时，一般会选择 ed 路径；在 dc 与 df 的决策中，会根据目测的稳妥性而选择 dc 路线，最终 edca 则是这为旅行者的稳妥选择路线。

第二种情况，讨论一下这位旅行者熟悉环境后的步行线路，或本地居民选择休闲活动的亲水行为。这里仍然进行广度优先搜索，并以 e 为根，权值分别为有趣(节点颜色加深)或平淡(图中缺省)，得到赋权树。在图中的城市语义网络树中进行历遍后，抵达河岸的趣味值最高的路线分别为 efhi 和 efhj。如果考虑道路曲折所带来的趣味性，并进行多层级赋权后，由于 fhi 路线缺乏“曲折趣味”，人们很可能倾向于选择 fhj 线路。通过赋权的城市语义网络树，一方面可以通过最优路径搜索选择某种最佳线路，另一方面也可以在城市设计之前进行有目的的策划，如强化对一些节点和街道的趣味性设计等等。

第三种情况，讨论一下如何最快到达河岸。在熟悉环境的情况下，对于单纯追求步行效率的人而言，对城市语义网络树仅赋以空间距离的量值权即可。假如除了 ef 链稍长，其余皆相同，我们很轻易便能找到最便捷的路径 efg。这是一个简单的代数问题，这里不再赘述。

3.4.3.3 网赋权与赋值

对于网络的赋权形式多样，这里规定城市语义网络中节点或关系链赋权后的城市语义网络称为赋权网。对城市语义网络的网状赋权是城市设计策划一个重要的形式，它不仅有助于直观地进行城市设计语义网络分析与策划，也同样能够与计算机科学、决策学、数学等领域的工具进行对接，如 AHP 层次分析法和 ANP 网络分析法等等。

对于城市语义网络的赋权可以根据情况有很多种赋权形式，这里先列举其中几种。第一种形式，网络要素赋权。这是城市设计语义网络策划针对本领域的一种特定的赋权形式，对于解决一般性的城市设计问题起到辅助直观操作的作用。第二种形式，划分目标层、准则层、策划方案层等层次，形成层次网络，通过定性定量的多属性赋权辅助策划。三种形式就是在城市设计要素网络层之外，根据策划目的形成控制层，满足城市设计策划的互动性、动态性与反馈要求等等。除了以上三种形式还有其他众多的赋权形式，这部分内容十分庞大，要视具体策划特点采取合适的方法。

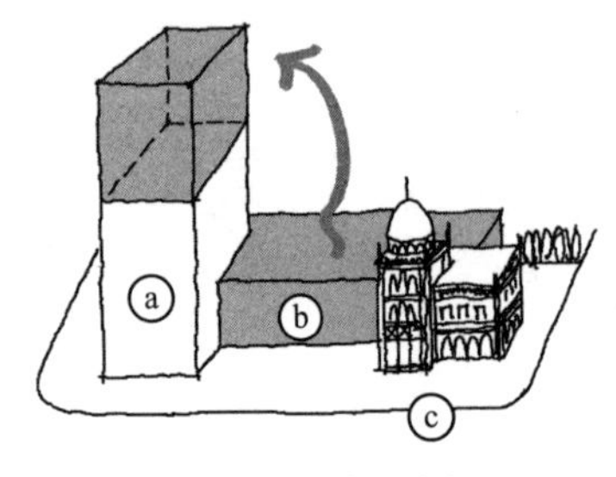

图 3-45 策划案例

下面结合一个微观策划案例来演示网络赋权的模式与作用，如图 3-45。

这是一次城市局部地块的设计策划，图中 c 建筑为一历史建筑，a、b 分别为 20 世纪所建的办公和商业建筑。主要的策划问题焦点在于裙房 b 是否拆除还是进行改造，并与历史建筑 c 风格相协调。为此，对其各种策划方案环节进行语义网络建模，并对具体流程节点赋权，如图 3-46。

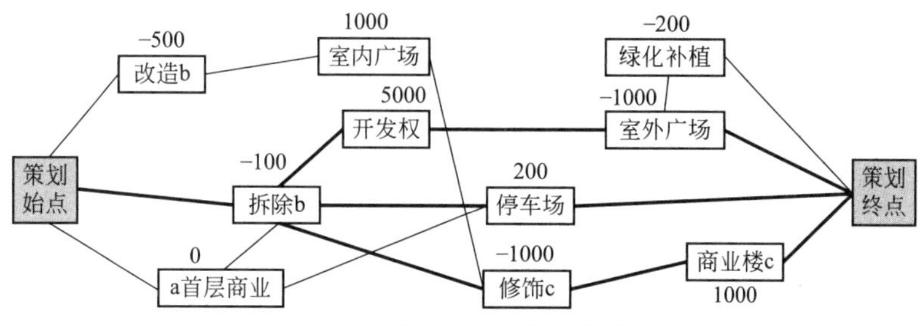

图 3-46 城市语义网络策划模型

由于城市设计的主体可以是政府、开发商，所以价值观念和出发点必然不同，这里以开发主体为价值出发点进行策划分析。在以开发为主体的策划分析中，我们构建策划模型，并为每一个策划节点属性都赋予了经济量值。例如拆除建筑 b 花费 100 万，但获得空中开发权的综合效益为 5000 万，同时获得室外停车场综合效益为 200 万；建筑 a 底层开放，形成商场的正负综合效益为 1000 万，而整饰历史建筑 c 成为商业建筑所付代价与综合收益分别为-1000 万和 1000 万。通过网络的赋权，就可以通过第一种赋权形式进行直观网络策划，且策划的终点目标为经济效益最大化。

有些语义网络链不能并存，如“改造建筑 b”或(排他或）“拆除建筑 b”。于是结合最大生成树算法，或者通过图的直观判断，不难发现权值最大的策划方案，即图中关系链加粗的部分，其综合效益为 4100 万。

3.4.3.4 矩阵赋权与赋值

城市语义网络对应的矩阵赋权也存在多种形式和层次，如矩阵的维度赋权和矩阵值的赋权等等。这里的权值也会是多种多样，且相互关联，既可以是自然属性量化的权，也可以是量化评价的权。

首先，空间量值赋权比较容易理解，这里先以空间语义网络矩阵为例来说明这一过程，如图 3-47。

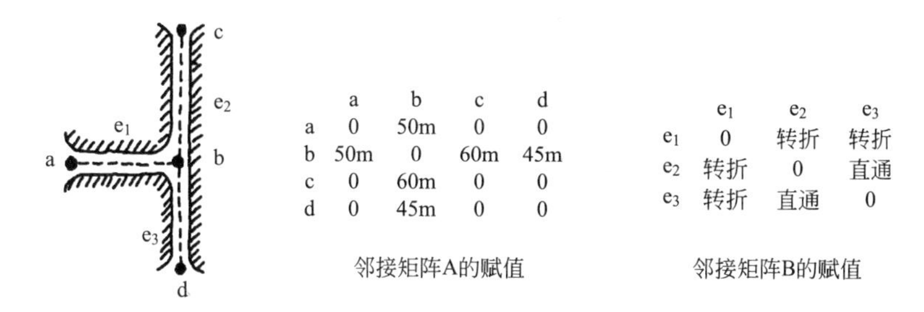

	a	b	c	d
a	0	50m	0	0
b	50m	0	60m	45m
c	0	60m	0	0
d	0	45m	0	0

	e_1	e_2	e_3
e_1	0	转折	转折
e_2	转折	0	直通
e_3	转折	直通	0

图 3-47 空间语义网络矩阵赋权

图中为一丁字形街道片段，由于这类模型比较直观，省略了语义网络模型，并以空间交点和路径为节点构建邻接矩阵，于是就可以分别为每一组矩阵值赋予代数量值或概念量值，如图中的“米”、“转折”和“直通”。

图中的矩阵 A、B 可整体维度赋权，比如另权值 K＝步行距离，则赋权矩阵 KA 中的矩阵值分别为 K×50=50 米步行距离或 K×60=60 米步行距离等。我们也可进行非量化赋权，如 B 中矩阵值“转折”、“直通”，既可以赋予“趣味”或“乏味”等形容词量值，也可以赋予其他副词量值。

城市语义网络具有多维度属性，还需要对非空间语义网络及其矩阵进行赋权与赋值的研究。这里以一个常见的公共空间场景为例，如图 3-48。

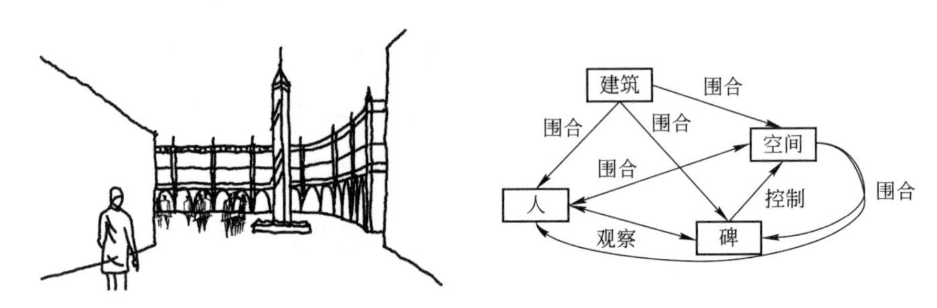

图 3-48 非空间语义网络矩阵赋权

图中广场存在众多城市要素，如人、纪念碑、建筑及围合的空间等，如果考虑场所理论，则还有场所感知、场所意义等概念要素。如果仅关注上述四项要素并进行空间分析的话，就可以对其进行要素关联的语义网络建模。图中关系链仍以有限的关注因素为主，如围合、观察、控制等城市设计常用术语。在图中的语义网络基础上，就可以形成相应的邻接矩阵，并对关系链赋值，如图 3-49 中 A。

A

	人	建筑	碑	空间
人	0	0	观察	0
建筑	围合	0	围合	围合
碑	0	0	0	控制
空间	围合	0	围合	0

B

	人	建筑	碑	空间
人	0	0	R×观察	0
建筑	K×围合	0	K×围合	K×围合
碑	0	0	0	K×控制
空间	K×围合	0	K×围合	0

图 3-49 矩阵赋权

如果规定 R 为认知维度的权，而 K 为空间维度的权，那么分别对认知关联要素和空间关联要素进行赋权，就得到了图中相应的赋权矩阵 B。

3.4.4 城市语义网络平面

3.4.4.1 概念阐释

如果城市语义网络 USN 的图示可以表示在曲面 S 上(包括平面、球面等)，并且使得 USN 的关系链仅在节点处相交(链之间不交叉)，则称 USN 为平面的或平面城市语义网络，或者说 USN 可嵌入曲面 S。要是 USN 可以嵌入平面上，嵌到平面上的 $U\widetilde{SN}$ 称之为 USN 的平面表示。例如某网元的三次方 Q_3 可以转化为平面形式，并称 Q_3 是可平面的，如图 3-50。

城市语义网络的平面性原理除了能够解决一些城市设计中经常遇到的二维空间问题，对于其他概念性问题也具有理论意义。对于一个平面城市语义网络 USN，它的若干关系链所包含的区域如果不包含其他节点与关系链，则称这样的区域为一个“面”(Face)。有限区域称为“内部面”，无限区域称为“外部面”。围合一个面的最短闭链称

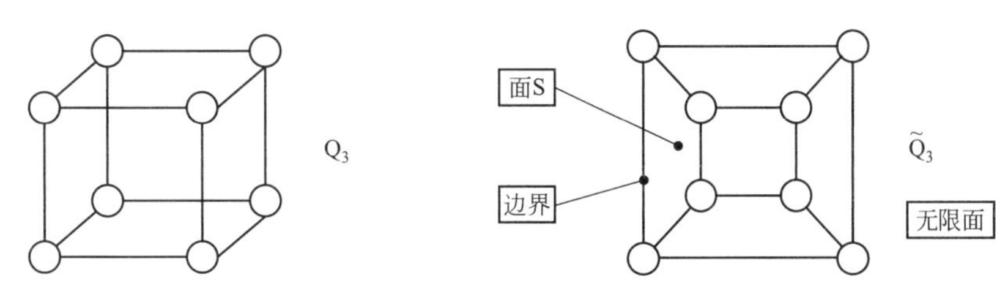

图 3-50　网元三次方的平面

为边界(Boundary)，最短闭链长度称为面的“度”(Degree of a Face)。例如上图中面 S 的度数为 4，外部面的度数也恰好为 4。在凯文·林奇提出的城市形态五要素中，“边界”、“路径”与“区域”在二维层面可以与这里提到的边界、面进行一一对应。

对于一组初步构建的城市语义网络，有时需要进行模型深化、细化。这种细化除了增添新的节点与关系链之外，有时还需要在既有的关系链中增加新节点，数学中称“初等细分”。具体操作过程是删除一条关系链(i, j)，并植入一个新节点 x 和两条新关系链(i, x)与(x, j)。从同一城市语义网络 USN 中初等细分获得的 USN_n 互为“同胚”，如图 3-51。

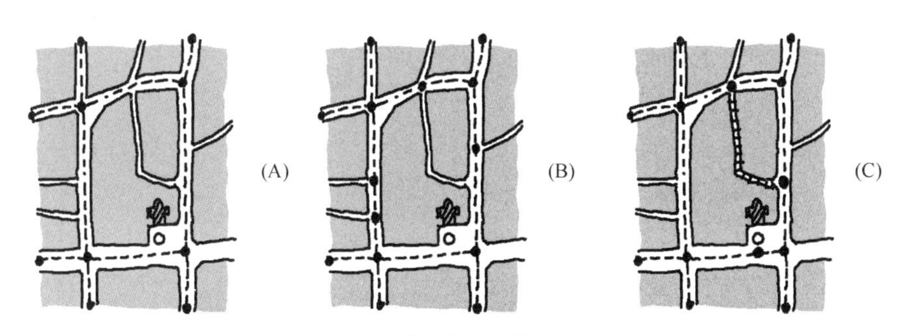

图 3-51　城市语义网络的同胚

图中 A 为二维空间语义网络。如果分别考虑道路节点和历史建筑节点，并插入新节点的话，则生成初等细分的语义网络为 B 与 C，且二者为同胚。另外，在平面城市语义网络 USN 中，如果连接任意两个不相邻节点就破坏其平面性，则该 USN 是极大平面的。

3.4.4.2　城市语义网络可平面判断

波兰数学家库拉图斯基在 1930 年根据同胚原理，提出了一种有限的判断平面的方法。对于城市语义网络来讲，“一个 USN 是非平面的，当且仅当它包含一个同胚于 $K_{3,3}$ 或 K_5 的子图”。很明显，这是把一组语义网络转化为特定同胚非平面 USN 的判断方法，只能把“不同胚于 $K_{3,3}$ 或 K_5”当作可平面的条件之一，所以这还不算一个完整的判断工具。

Demoucron、Malgrange、Pertuiset 提供了一种 DMP 判断算法。首先 DMP 算法对于不连通 USN 的连通分支分别检验，若有割点则分别检测每一个块，如果连通分支或块是平面的，则 USN 是平面的，反之则是非平面的。对于 DMP 算法将在下一节进行直观演示。在提出 DMP 算法之后 Hopcroft 和 Tarjan 又给出了一种 O(n)方法，但此法过于复杂并难于解释，所以暂不做阐述。

3.4.4.3　原理应用

判断一组语义网络是否可平面，在某些方面对于城市设计策划及建筑策划会起到一定的辅助作用。例如医院建筑在考虑每个医疗单元的邻接与分隔时，可将立体空间语义网络转化为平面，再分析医务单元之间的关系问题。这里举一个简单的例子来说明这一过程。某小型职业学院在进行群体空间设计策划时，先对其功能构建一组语义网络，其中一项任务就是解决人车分流以及功能区互不干扰的问题。通常设计师会以气泡图的形式进行策划，这里则以语义网络形式进行表达，如图 3-52。

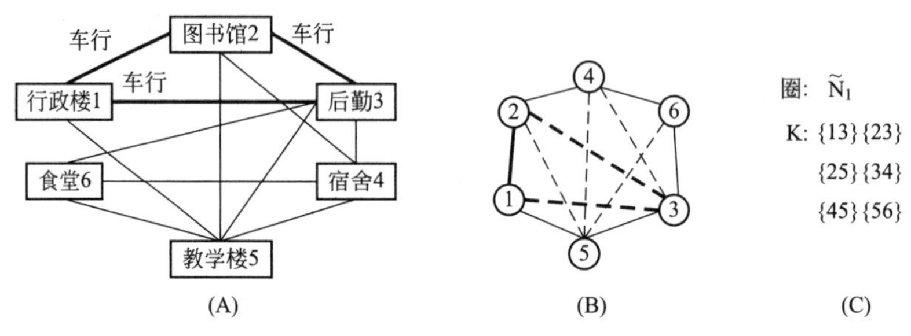

图 3-52　功能语义网络及其圈

首先，根据需求构建功能语义网络 USN，如图中 A。然后通过 DMP 原理求出 USN 的圈 N 及其平面$\widetilde{N}_1$，令 i=1，如图中 B 实线部分。然后确定 USN 的所有 USN_i 的 K_i 片，求出集合 $F_{USN}(K，\widetilde{N})$，如图中的 C 所示。

为了简化表示，这里用成对节点集表示片 K_i，并按照如下顺序｛34｝、｛23｝、｛13｝、｛25｝、｛45｝、｛56｝进行并入，其中为了使人车分流，｛12｝、｛23｝、｛13｝作为机动车交通外圈，于是得到了 USN 的平面图，如图 3-53 中 A 所示。

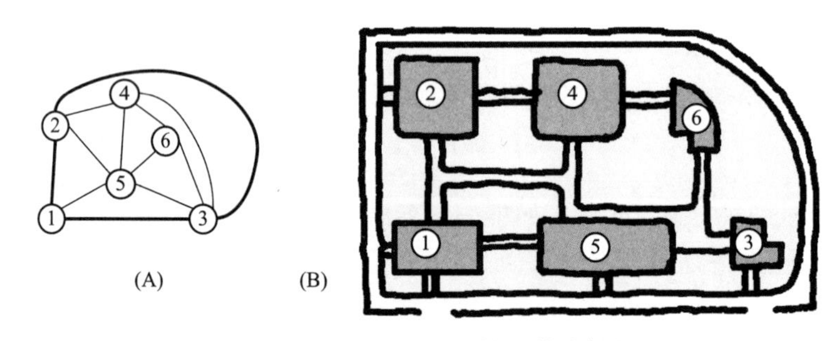

图 3-53　可平面语义网络及其演绎图

接下来，对平面进行演绎，在用地范围内得出了校园功能分区的初步构想，完成了一次可平面判断的应用，如图 3-53 中 B 所示。

3.5　城市语义网络对偶与耦合原理

3.5.1　城市语义网络对偶

3.5.1.1　概念阐释

城市语义网络的对偶(Dual)是一种基于二元对立思想的模型反转模式。城市中充满了各种对偶关系，如地块与道路的对偶、空间与实体的对偶、形态与意象的对偶等等。

参照数学定义，这里为城市语义网络的对偶关系做如下规定：

假设一组 USN 是连通平面，且无孤立节点，那么 USN 中关系链就会形成 k 个面 F_1、F_2……F_k，这里称有界的面为内部面，无界的面为外部面，用 F_0 表示。

然后把每个面设成一个节点 v_i（$1 \leqslant i \leqslant k$），经过 F_i 和 F_j 的每一条公共关系链 e_{ij} 做一条新关系链 $e'_{ij}=\{v_i, v_j\}$（$1 \leqslant i, j \leqslant k$），当然二者是交叉的，于是出现了一组新的城市语义网络 USN*，如图 3-54 中空心圈与虚线组成的图。它与原有的以空间为节点所形成的空间语义网络(实心圈与实线组成的图)形成对偶，也就是说，通过上述过程所得到的 USN* 称为 USN 的对偶。

如果 USN* 和 USN 是同构的，则称 USN 是自对偶的(Self Dual)。

3.5.1.2 空间对偶

在城市设计理论中，图底关系可以看作一种空间对偶关系，这里以中国传统合院图底关系为例，如图 3-55 中 A 和 B。如果进一步对中国传统合院的空间语义网络进行对偶分析，会发现在 A、B 的语义网络模型之间存在一种近似同构的倾向。如果忽略 A 图中最上面的点以及外部面，二者就呈现出近似的同构关系，也就是自对偶关系。

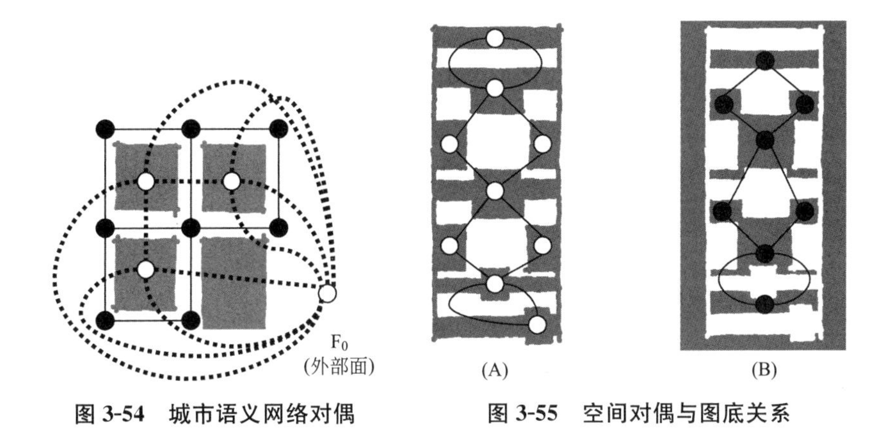

图 3-54 城市语义网络对偶　　图 3-55 空间对偶与图底关系

假如这种现象真的是此类空间组织的一种内在特质的话，那么对其进行量化分析就有了一定的意义。如果用某种公式表示这种空间性质，可以称之为“自对偶度”，那么就多了一种量化空间的指标。暂且不谈隐藏在形式下面的哲学奥秘，单就此种反转自相似状态，就可以感觉到此类空间存在一种高阶的空间统一与秩序。

3.5.1.3 城市语义网络着色

我们仍参考数学定义，为城市语义网络进行所谓的“着色”。数学概念的“着色”要求不存在一对邻接节点或关系链的指定颜色相同，如果这些颜色出自拥有 k 种颜色的集合，则称为“k—节点”着色或“K—关系链”着色，无论 k 种颜色是否都用到。其中，对于一组城市语义网络 USN 进行这样的着色所需最少颜色数，称为节点色数或关系链色数，分别记作 x(USN)和 x′(USN)。

目前所面对的城市设计策划问题，并不严格要求像数学概念中规定“任意两个相邻的节点或关系链颜色必须不同”。这里的着色实际上是对城市语义网络节点与关系链赋予一定的属性或量值，所以对于城市语义网络的着色技术，需要单独开发与应用设计。

以上节的某街区对偶图为例，对于五个地块功能性质，由于要求闹静分区导致有两项功能绝对不能相邻(分别以粗边圈和实心圈表示)。那么不难看出要满足这一要求的最小色数为 x(USN)=3。如果用地面积没有限制的话，其功能分布有以下部分可能，如图 3-56。

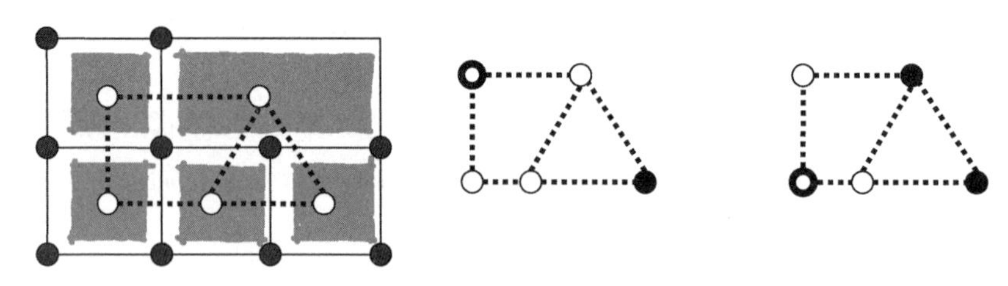

图 3-56　语义网络的着色

3.5.2　城市语义网络耦合

3.5.2.1　概念阐释

我们称指两个(包含两个)以上的元素相互依赖的量度是耦合，城市语义网络的耦合关系是基于一种普遍联系的模型关联模式。城市中包含各种层面的耦合，如新区与旧城[109]，空间、社会、经济等[110]。

对于城市设计要素的耦合性，丹下建三、稹文彦及培根等人已经在理论上将之形成一种重要的空间研究方法。如桢文彦认为“耦合是外部空间的基本特性”，从传统聚落到现代都市，它一直植根于物质空间的建设。从这些看似偶然的原因中，也许会挖掘出原因背后某种必然的耦合作用[111]。对于城市设计学者 Roger Trancik 提出的“Linkage Theory”，也就是“联系理论”[112]，也可以认为是源自耦合理论。

由于城市语义网络与联系理论天然的相似性，必然也存在网元要素之间的耦合作用。而且这种耦合作用存在于城市语义网络的空间要素，也广义地存在于非空间的各种抽象概念要素。

以热门话题“城市”和“可持续发展”为例，二者也是一个开放的非空概念集合，其内容与影响范围是巨大的，存在各种耦合关系。假如经济可持续性会促进社会发展的可持续性，可能会制约、影响环境的可持续性；而环境与生态也会制约和影响城市的物质环境，会直接或间接地影响城市文化和城市意向等方面，并产生耦合作用，如图 3-57。

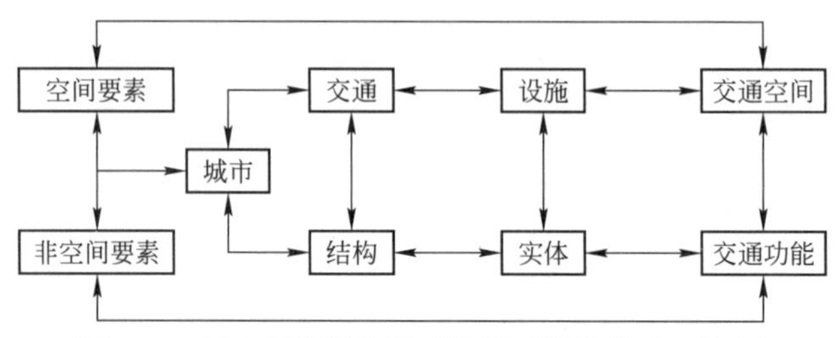

图 3-57　城市语义网络耦合模型（默认关系：耦合）

在图中发现，如果从广义的关联来考虑城市语义网络中的要素，几乎所有的网元节点之间都会存在耦合作用，如交通设施和实体建筑、交通要素和城市结构，以及交通功能与城市非空间要素等等。

现实情况中城市的耦合现象几乎都是非线性的、复杂的。城市及其要素有其丰富的内涵，单纯分析某一点很难揭示出复杂的整体关系。但为了容易理解，这里仅以线性方式讨论城市语义网络中的耦合现象。

3.5.2.2　城市语义网络耦合模式

曾经有人把耦合关联的类型概括为三种，即代数耦合、向量耦合和覆盖耦合三种形式。耦合向量包括社会、科技、自然等方面，以及某些特定的专业性向量等等[113]，如图 3-58。

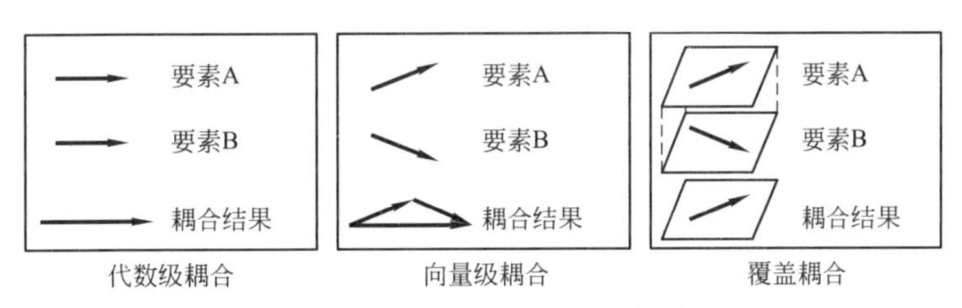

图 3-58　城市要素耦合形式[113]66

以上考虑的是城市要素耦合的具体形式，是根据城市要素之间的依赖规律和影响结果进行划分的耦合类型。但鉴于语义网络的组织结构特点，参照亚历山大的要素两相独立法则，这里把城市语义网络模型的要素和要素集的耦合现象大致可以分为以下几种情况：

（1）平行耦合。当一个独立城市要素的变化影响另一个独立要素时，称之为平行耦合。如城市结构的发展引起城市意象的变化，而城市结构与城市意象为两相独立的模块，这种情况下就属于平行耦合。

（2）嵌套耦合。当一个城市要素的变化影响到其内部子节点时发生的耦合作用，称之为嵌套耦合。如果城市文脉作为城市的一个概念节点，其内部必然包含众多的子节点，在不同的城市设计维度可以形成某些城市文脉的子语义网络，形成一个单层或多层次的嵌套结构，这种耦合作用就属于嵌套耦合。

（3）间接耦合。两个城市要素的变化无直接关系，二者之间的影响完全是依赖其他要素实现的，则称之为间接耦合。如城市交通或城市意象，它们之间有些作用是通过城市结构和空间传导到城市意象方面的，所以这是一种间接耦合。

耦合作用在城市发展过程中以关联性、继承性以及传导性的模式发生，其复杂性和偶然性不是一般方法能够描述和操作的。而语义网络利用人工智能和计算机的帮助，也许可以表达城市的复杂耦合作用，这是自然语言与图示方法很难做到的。

3.5.2.3　城市语义网络耦合度分析

下面我们建立一个城市语义网络，来简单分析一下城市语义网络要素的耦合关联。为了清晰起见，谓词逻辑的有向关系链被简化，如图 3-59 中 A(实线有向链代表良性耦合，虚线有向链代表不良耦合，箭头表示作用方向)。在图中我们认为经济发展与城市开发、能源开发存在一种良性互动的耦合关系，并以双向粗实线表示。例如，经济发展可以促进能源开发，能源开发反过来支持经济发展；而能源开发(指非清洁能源)与环境污染存在一种单向负面的耦合关系，如一些不可再生能源的开发一般会导致环境的恶化，而这种负面作用趋势会传导到生态环境，其他耦合关系的表述如此类推。于是构建的城市语义网络也就成了语义网络耦合模型，并得到一个耦合邻接矩阵，如图中 B。其中良性耦合值为 1，不良耦合值为−1，无直接耦合的值为 0。

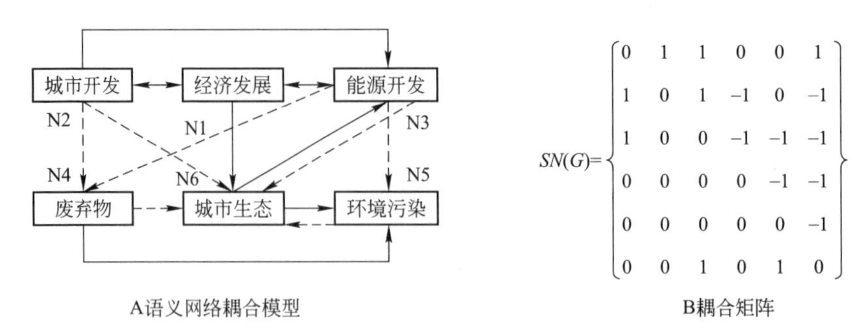

图 3-59　城市语义网络耦合模型及其矩阵

通过图中的矩阵值，比较一下能源开发 N3、经济发展 N1 分别与城市生态 N6 间的耦合度，并建立多级耦合关系表，如表 3-1。

多级耦合关系表　　**表 3-1**

耦合关系始端	N3	N1
一阶耦合度	(1)(−1)	(1)
二阶耦合度	(−1，−1)(1，1)(−1，−1)	(1，−1)(1，−1)
三阶耦合度	(1，1，−1)(−1，−1，−1)	(1，−1，−1)(1，−1，−1)
四阶耦合度	(1，1，−1，−1)	(1，−1，−1，−1)
五阶耦合度	(1，1，−1，−1，−1)	
耦合关系末端	N6	

在表中可以看到，首先，N3→N6 在一阶耦合度上要高于 N1→N6，同时在二阶、五阶耦合度也要高于 N1→N6，在三阶、四阶耦合度的绝对值是相等的。所以，第一步可以认为，N3→N6 的耦合度要高于 N1→N6。其次，我们观察到 N3→N6 的不良耦合总量的绝对值是 14，而 N1→N6 的则为 9，所以要解决 N3 问题的优先度要高于 N1，也就是说能源开发与利用的改良对于生态改良作用更大(此判断仅基于此静态模型，不作为完整意义上的结论)。再有，在观察 N6 的末端耦合中，我们发现 N3→N6 除了一阶耦合要高于 N1→N6，五阶耦合也高于 N1→N6，所以前者的耦合作用更为直接。

这次试验只是抽象的布尔量值比较，仅仅是通过一个简化的、静态的语义网络模型讨论城市要素之间耦合度，未考虑耦合度系数和耦合衰减度，没有引入多向量进行代数级的量化评价。

3.6　城市语义网络同构与分形原理

3.6.1　城市语义网络同构

3.6.1.1　语义网络同构

在讨论语义网络同构之前，先说说异构。从赫拉克利特说过的“人不能两次踏进同一条河流”到辩证法提出矛盾的普遍性与特殊性，即“世界上不存在两个完全相同的事物”，我们可以这么认为，异构是绝对的，而同构是相对的、有条件的。这里讨论同构的哲学问题必然会力不从心，但可以通过综合归纳把事物的元素组建起来，然后依靠语言、符号等工具将其抽象成类同的事物，这些工具中就包括语义网络。无论是通过何种手段，我们都是在绝对异构中，忽略某些不关注的要素而求得所谓的同构，甚至得到所谓的原型。下面就语义网络同构问题做一次演示，如图 3-60。

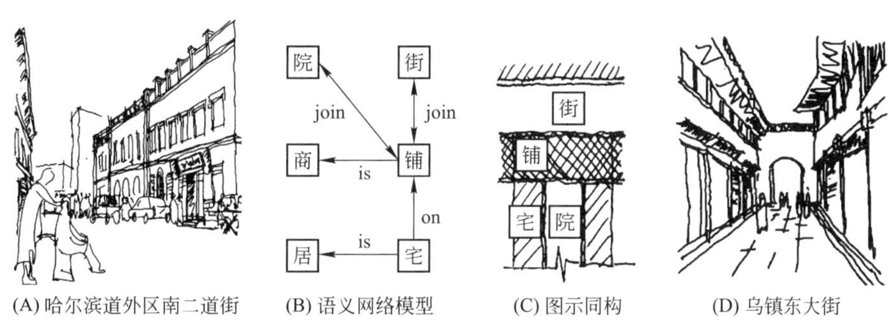

(A) 哈尔滨道外区南二道街　(B) 语义网络模型　(C) 图示同构　(D) 乌镇东大街

图 3-60　城市语义网络的同构

从上图中可以看到，A、D 街区虽然风格各异，但从图示中可以看到，在所关注内容范围内二者是同构的。同时从图中的语义网络模型也可以看到二者的同构性，而且对于要素属性的关系也表达得比较直观。

通过传统图示研究同构比较直观、形象，但对于有些意义的表达有时并不方便，而语义网络可以把各种关系和要素(图示要素、语言要素、符号等)组织起来，所以它的功能更加强大。这为研究同构问题乃至城市设计策划问题提供了一个新的工具及思路，能够发现隐含在形态下面的要素抽象同构。

在城市设计的空间研究中，有些理论在探讨空间本质的时候，经常会分析空间拓扑结构的差异性。空间句法对于空间的理解就是一个例子，空间句法把空间单元与空间之间的关系通过拓扑结构表示，来研究空间的某种本质特征。这里如果要研究城市语义网络的拓扑同构性，需要对其进一步抽象化。同时鉴于数学图论领域中，判断图同构还没有简便实用的方法，目前先对城市语义网络的简单图进行同构研究。

这里设定，两个城市语义网络 $USN_1=\langle V_1, E_1\rangle$ 和 $USN_2=\langle V_2, E_2\rangle$，它们不存在闭环和平行链，在简化为抽象的图论结构后，若存在一个从 V_1 到 V_2 的双射函数 f，且 f 使得 USN_1 和 USN_2 的节点之间保持一一对应的连接关系，那么称 USN_1 和 USN_2 是同构的，记作 $USN_1 \cong USN_2$，f 称为同构函数。

如图 3-61，A 与 B 同构，C 与 D 同构。

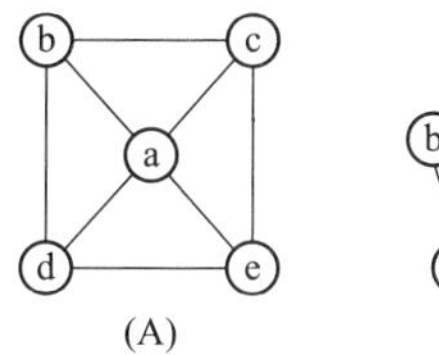

(A)

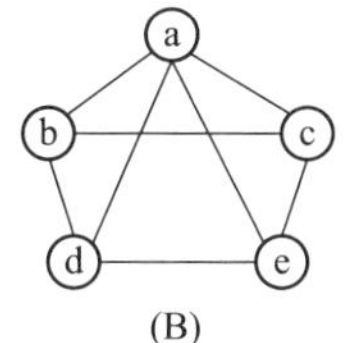

(B)

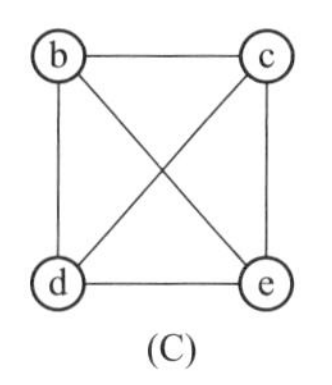

(C)

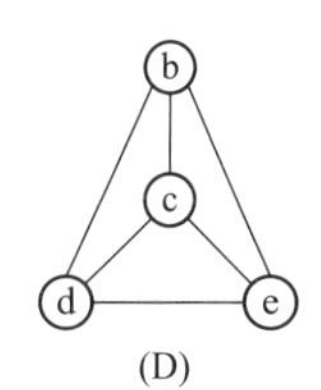

(D)

图 3-61　同构

目前仅能通过定义在一定程度上判断语义网络的同构。两组城市语义网络同构的必要条件是：

(1) 两组城市语义网络的节点和关系链可同一化，或者分别同一化，也就是说语义网络模型要有可比性；

(2) 两组城市语义网络的节点数相等；

(3) 两组城市语义网络的关系链相等；

(4) 两组城市语义网络对应节点的度数相等。且相同度数的节点数量相等。

以上仅是必要条件，而不是充分条件。

3.6.1.2 同维同构

在城市设计领域，对于空间本质的研究有很多，如国内有学者就曾对城镇空间进行过拓扑解析。在《城镇空间解析》[114]一书中，学者们运用了准数理的方式对城镇空间进行了拓扑结构与拓扑关系的研究，在形式表达方面与本书的语义网络方法有相似之处。但语义网络所处理的城市设计问题，主要面向策划方面，所以其涉及的内容更加广泛。这里首先以空间同构为例，来讨论同维度城市语义网络的同构问题，如图3-62。

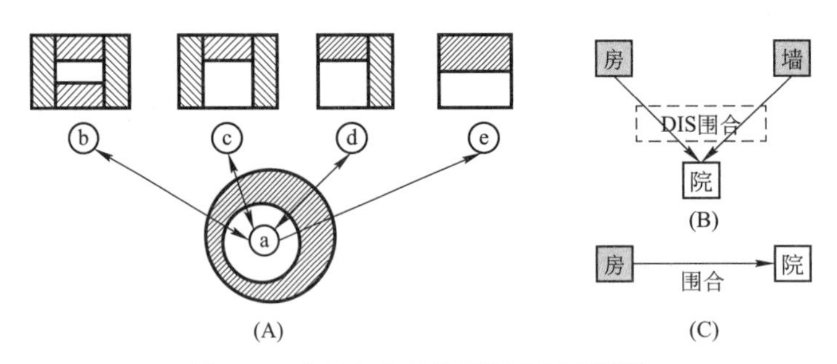

图 3-62 合院拓扑结构及语义网络[114]59

按照同构的表达方式，图中A图b、c、d、e的合院拓扑结构与a等价，也就是同构，可表示为$b \cong a \wedge c \cong a \wedge d \cong a \wedge e \cong a$。当然这是在忽略其他拓扑要素的前提下得出的结论，如院墙、院门等要素。所以所谓的同构是有前提的，存在一定的主观因素，也就是关注了哪些关系与要素，忽略了哪些关系与要素。

在上面的图中，A图的拓扑同构可以用语义网络来表达，也就是C图。由A到B表达方式的改变，就使得上一节判断同构的定义方法变得可行。其实两种表达方式各有优劣，或者说各有千秋，就如同代数中空间坐标的表达一样，极坐标和笛卡尔坐标也同样各有优势，如认知的优势、运算的优势等等。运用语义网络来分析城市要素的同构或异构，也会有相应的特点与优势，空间句法理论就是一例，并且在数学原理层面与语义网络方法类似，如图3-63。

在图中发现，如果把空间域各自归纳为若干节点后，其空间拓扑关系就会形成空间语义网络。若忽略方位、坐向、尺度等性质，仅关注某种最基本的空间关联(如路径或视线等)，就会得到图中C式的简化语义网络。而且我们发现，在上述前提下A与B的空间语义网络简图是相同的，也就是所谓的同维同构。

实体与空间的关系历来是建筑师、城市设计师探讨的主题，情理兼容的阐释不胜枚

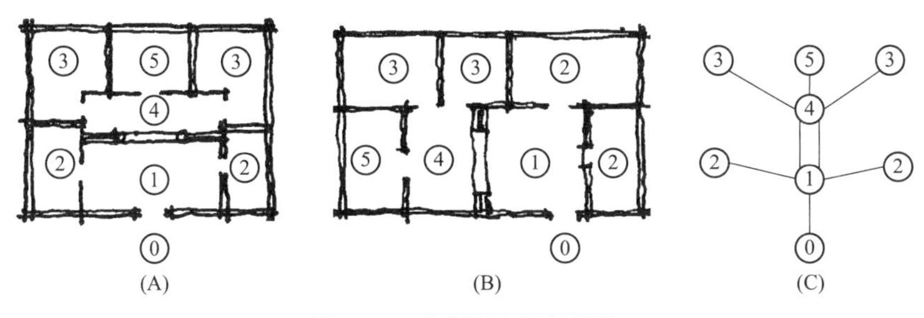

图 3-63　空间语义网络同构

举，有人甚至用“太极双鱼”、“点、线、面”等形式语言来诠释空间的原型。以上手段仅用来解释或类比是没有问题的，但涉及策划层面，这里就存在一个是否可行的问题，也就是推演的“可运算”的基本算子。

3.6.1.3　异维同构

异维度同构表达起来比较困难，特别是文字表述，但以建筑师等为代表的专家群体由于其基本专业素质具备亦文亦理、情理兼顾的能力，所以在形式化表达方面并不困难。

在城市及建筑的发展过程中，实体、方位、数量等空间因素经常会影响非空间因素的组织和构成，有时文化、习俗及观念等因素也会影响空间要素的组织与构成。例如中国传统的家族等级制，就直接影响了建筑空间的结构，包括西藏那曲民居的碉房以及明清典型的合院等等。这些民居形态与文化、宗教、家族组织关系就存在着一定程度的异维同构关系，如图 3-64。

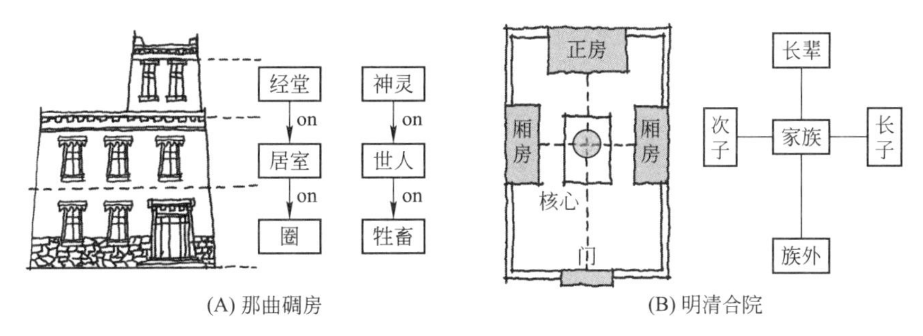

图 3-64　异维同构

图中 A 碉房顶层(三层)最为神圣，一般作经堂，供佛像之用，二层(中间层)是居室、储藏室等，底层有时用作牲畜的圈。从经堂—居室—圈到神灵—世人—牲畜，完成了一个从功能维度到象征维度的同构过程，这一同构关系可以从图中 A 的语义网络表示中看到。另外，通过语义网络还能够析出社会维度与空间维度的同构关系。如图中 B 的家族关系与院落建筑的语义网络模型就是另外一种异维度同构。

利用语义网络方法表达跨维度的同构，与许多建筑师的抽象草图类似，可以把图示与文字不方便表达的概念简明地表示出来，是一种好用的研究城市的形式化工具，这就像为建筑师提供一只削好的扁头铅笔一样。

3.6.2 城市语义网络分形

3.6.2.1 分形

通过语义网络表示的分形自相似，相对几何分形更为抽象，也更具包容性。这种抽象的分形解析不仅会对具体设计提供很大的演绎空间，而且这种方式能将多维度要素之间的分形自相似关系表达出来，并且生成的模型具有一定的可操作性。

L·B·阿尔伯蒂早就说过："在哲学家们看来，城市是一座大房子，而反过来一座房子即是一个小城市。"

这里的房子、城市、国家之所以被互相比喻，就是因为它们之间存在一种"自相似性"。自相似是分形几何（Fractal）的一个概念，是城市形态研究的一种方法，Mandelbrot对分形的定义如下：

$$\mathrm{Dim}(X) \rangle \mathrm{dim}(X)$$

集合X为分形集，dim(X)是其拓扑维数，Dim(X)是其分维数(Hausdoff维数)，满足上式即为分形。如果用自然语言来描述分形，按照Mandelbrot的说法就是"分形集具有某种自相似形式，包括近似自相似和统计自相似。分形集的分形维数严格大于其对应的拓扑维数，具有任意小尺度下的比例细节，且不能用传统的几何语言来描述。"

按照上述定义，我们不难发现城市中存在大量的分形现象，如城市天际线、植被、水岸线、街区结构、城市肌理的几何特征都可以用分形来解析和描述。甚至有的建筑师把分形理论当作一种与自然和谐互动的创作手段[115]，所以把这种理论作为一种分析原理也很自然。

3.6.2.2 分形解析

这里，先以中国传统城市为例进行分形解析，如图3-65。

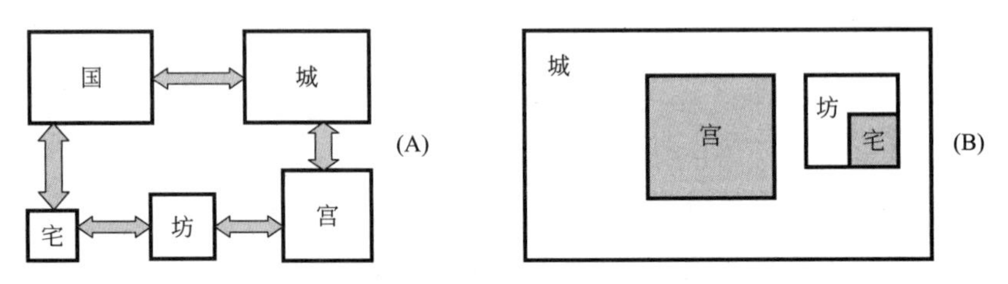

图3-65 中国传统城市分形系统

除了院落，"墙"也是中华民族历史中重要的城市和空间的"边界原型"。从宅、坊、宫、城，很多城市都有墙的存留遗迹，甚至整个国家为了内外之分，修筑了万里之遥的城墙[116]。这种二元独立的思想渗透至城市的每个角落，乃至思想、文化和思维模式。所以这种以墙为主的构形元素成为了我国传统城市分形自相似系统的主要因素。

由墙构成的矩形围合空间内，有着极为相似的形式系统。从宅、坊、宫、城，都存在着大致一样的"一主两从"、"中轴对称"的格局。

如果单从几何形态角度分析当然直观和形象，但有些关系却是图示难以表达的(如包含和并列)。文字虽然能够表达这些概念，但又不能单独起作用。即便二者共同完成分形概念的阐释，又由于符号的通用性障碍，其效果也可能会打折扣。所以这里仍然用语义网络来解析这种自相似现象，作为以上两种表示方法的补充，如图3-66。

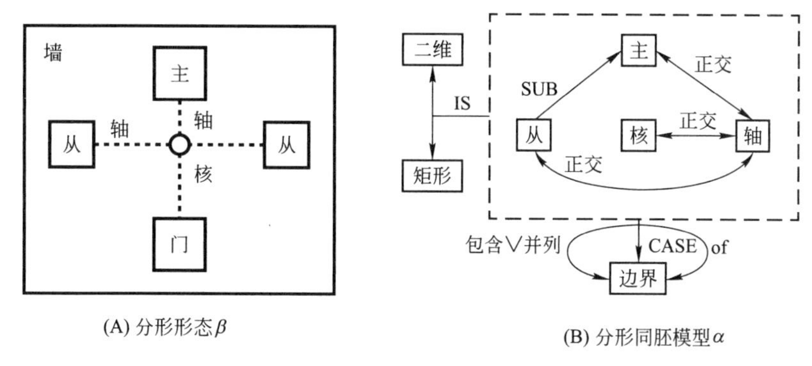

(A) 分形形态β

(B) 分形同胚模型α

图 3-66 分形形态与语义网络同胚

虽然每一层级的元素都有其特性，如许多合院入口并不处于正位，与城墙“旁三门”(周礼考工记)特征存在差异。但如果忽略这些因素，通过语义网络的信息过滤，宅、坊、宫、城的分形结构都同胚于语义网络模型 α。

根据匹配推理机制，我们发现城的“城墙”、“宫城”、“左祖右社”、“正交轴线确定的核”以及“正交”、“SUB”、“二维矩形”等属性、动作，会分别与模型 α 的节点槽、链槽匹配；对于一般的合院住宅，如“院墙”、“正房”、“厢房”、“核心院”以及相应的属性和动作，也与 α 的节点槽、链槽匹配。

这一过程与前面提到的同构模型一样，也是通过 skolem 标准型消去前束范式存在量词等各类槽值完成的。这样，每给定一组城市实例语义网络和 α，就会存在一个特定的分形自相似的事件与之对应，对于宫城和坊也是如此。于是就完成了分形自相似的证明过程，在此期间我们或多或少地增减了一些差异因素。

3.6.2.3 异维分形

通过语义网络，可以把不同维度概念的抽象形态进行解析，找到相互间的分形自相似关系。例如一个国家的政权系统或者一个宅院的家族系统，通过大致的语义网络匹配，会发现社会维度之间以及社会维度与形态维度之间也存在着大体的自相似现象，如图 3-67。

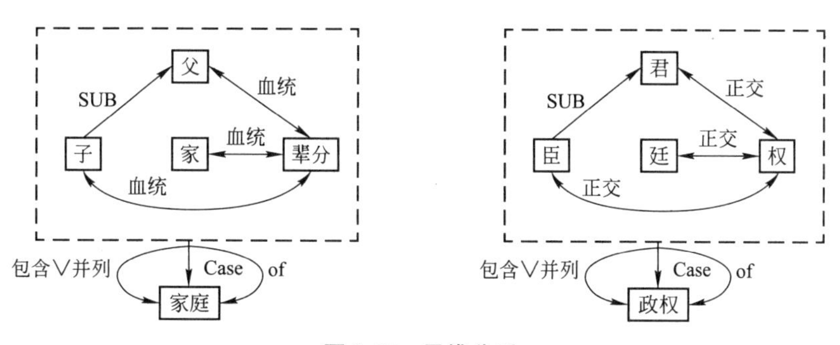

图 3-67 异维分形

从图中可以发现，两个传统社会系统除了存在相似性之外，还同胚于语义网络模型 α。这里，一个是“国”，一个是“家”，“国家”一词似乎也暗示着自身的分形关系。如果把二者与之前提到的城或合院进行语义网络比较的话，会发现它们之间存在一种近似自相似的现象。所以通过城市语义网络，可以从分形角度沟通不同维度概念之间的联系，使我们能够深入准确地挖掘城市各种变化的内因，辅助城市设计策划工作，提高其科学性。

3.6.2.4 分维

维数首先是描述空间几何的一个重要概念，例如我们可以称点是 0 维度的，线是 1 维度的，面是 2 维度的，空间是 3 维度的。但对于自然现象中混沌不规则形式的描述，整数维就力不从心了，则就有了分维(Fractal Dimention)概念。

分维是度量自相似的尺度，这里把城市语义网络作为分维的描述对象，并令 Dim(USN)为城市语义网络的分形维数，dim(USN)为其拓扑维数。那么，虽然宅、坊、宫、城都同胚于 α，但由于形态之间的差异，如果语义网络模型需要加入若干形态类节点，则仍有 $Dim(USNx) \geqslant dim(USNx)$，X 为实例。

虽然城市语义网络分形维数可以与拓扑维数相近甚至相同，但由于每一实例都有其异质元素，所以语义网络分形维数绝大多数情况都是大于拓扑维数的，除非令所有实例元素的语义网络模型与其拓扑结构完全一样。于是可以尝试给曼德勃罗分形公式做如下补充，即：

$$Dim(X) > Dim(USNx) \geqslant dim(X)$$

3.7 小结

城市语义网络由于其自身的形式化特征，可以融入各种相关学科的原理。这些原理是城市设计的语义网络策划方法与技术实施的重要基础和手段，可以实现策划过程中的数理运算、数据操作和问题分析。

在城市语义网络研究的基础上，本章首先从图的角度提出了城市语义网络的图论原理，通过城市语义网络矩阵原理和运算原理的研究，使城市语义网络具备了基本的运算能力。

其中矩阵原理实现了城市语义网络组群数据的操作与分析，能够把城市设计要素以阵列形式进行转化，为面向计算机辅助策划提供一个接口形式。运算原理部分实现了城市语义网络的计算能力，这在形式化操作和数据挖掘等方面提供了一系列方法。

同时通过城市语义网络序列度、连通性、可达性以及城市语义网络圈、乘方等方面的研究，发现了城市语义网络各种属性和规律，说明了在表征之下，城市设计要素存在着种种潜在的原理系统。这为城市设计策划的研究提供了一种新的视角和方式。

作为一种策划方法，城市语义网络利用其他学科既有的成果，要根据不同的策划目的采取不同的算图形式。而赋权原理使得这种策划方法向客观性和合理性更进一步。

作为一个开放式的系统方法，在基本原理基础上，城市设计的语义网络策划方法又引入了对偶与耦合原理，以及拓扑和分形原理，以点带面说明这种方法的外延性。

第4章 基于语义网络的城市设计策划技术

有了形式化策划平台，在城市设计的语义网络策划基本原理基础上，还需要具体的操作技术，才能最终实现策划工作的实施。

和其他方法一样，语义网络策划技术必须要与其他学科进行综合，对一系列其他独立科学的具体技术进行相互移植、交叉，吸取有用的部分，才能解决城市设计策划的复杂课题。本章首先从基本的数据处理技术入手进行研究，融入逻辑策划技术与可拓策划技术，作为策划问题的重要处理器。特定的方法必定对应特定的技术，没有一种方法可以运用所有技术，所以最后本章又归纳了一些典型的关键技术作为补充。

4.1 城市语义网络数据处理技术

4.1.1 基础数据处理技术

4.1.1.1 基础数据处理

大数据背景下，数据处理的作用可见一斑。作为一般性大数据的处理技术，有助于从经验策划向理性策划转化，并能够满足价值观和利益的协调[117]。相关的法律法规、社会文化、社会行为、经济活动等多元化大数据，会影响到城市设计策划工作的流程、方法与方式，是挑战也是机遇[118-121]。而通过城市语义网络进行城市设计策划，必然要涉及各种专业数据，如地理信息系统的数据、规划数据，或者3D城市模型空间数据等。但这些数据仅仅是提供语义网络策划的基础数据，还不能被视为城市设计的语义网络策划的直接数据，所以要对基础数据进行语义网络化。

城市设计策划前期调研的数据一般有文字形式、符号形式和图像形式。对于语义网络数据形式来讲，不外乎存在两种主要的数据库，即关系数据库和对象数据库。前者通过关系存储和表达数据，后者以对象概念、属性代码进行存储和表达。对于文字、符号形式数据向语义网络形式的转化比较简单，具体方式是以城市语义网络三元组的形式，把基础数据通过关系库数据和函数数据进行关联，存储成基本的语义网络数据。这一过程比较简单，在第二章实际上已经说明了一般性数据的语义网络处理，这里不再详述。

4.1.1.2 图像数据处理

对于城市设计策划来讲，各阶段都可能需要处理大量的图像问题。由于图像和图示内涵需要一个模糊转译的过程，处理起来相对难度较大，需要一些附加的处理过程。

例如有人通过与图像连接的关键字构成语义网络，根据关键字与图像的相关度在关系链上赋值、加权。在图像集和关键字集引入关联度和关联权值作为衡量指标，衡量指标反映了图像语义表达的程度。参照相关做法，可以通过语义网络四元组进行特殊处理，即 USN=(T，K，W，R)。其中 T 为图像集；K 为关键字集；W 为权集，表示关键字与图像的匹配程度；R 为关系链集，连接 T、K，R= {relation(t，k)|t∈I，k∈K}。然后通过 K 集的聚合和 T 集的归类，对 T 集进行语义标注合和语义网络的简化，在一定条件下将某些关键字聚合成语义[122]。上述过程就是图像数据语义网络处理的方法之一，如图 4-1。

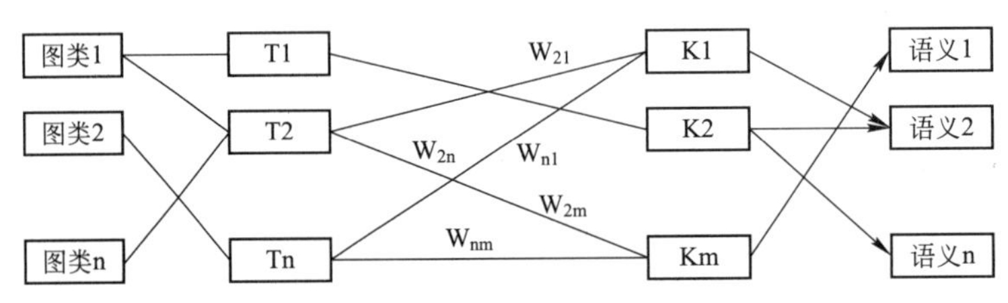

图 4-1 图像的语义网络处理

除此之外，在建筑学领域也有人进行过建筑图形元素的语义网络处理研究。这是一种在知识库(包括本体库)和规则库的支持下完成的，通过语义网络技术可以根据用户描述自动生成三维图像，并能以动画形式表示搭建过程[123]。以上两种语义网络处理技术说明了城市语义网络数据从正反两个方向的生成和处理都是可以实现的。

4.1.2 地理信息数据处理技术

4.1.2.1 语义网络数据的提取

GIS 是管理地理信息的系统，它具有分析精度高和处理效率快的特点，而且其评价权重调节的灵活性和简便性，对于城市设计策划有直接作用[124]。它通常包含一个几何实体数据库，可以通过几何拓扑的搜索执行操作。从这些数据中获取一个相应的信息包(如产权、形态等)，就可以分析得到一些策划结论。如需要多少数量、多大规模的停车场，街区尺度与机动车交通是否存在矛盾，甚至整个城市的历史演变规律对局部区段的设计参考[125]。关丽在硕士学位论文中解决了关于地理信息语义网络转化的问题，即通过影像数据构建城市语义网络模型。具体做法是从地理信息中，提取区域内空间实体要素的典型特征，从位图数据转化为语义网络的符号描述形式[126]，如图 4-2。

图中为大庆市东部地区的 Quick Bird 影像图(成像时间：2005 年 8 月)。地区内包含几个居住小区、一些公共建筑，以及水渠、绿地、广场、道路等类型的地物。通过影像融合，对需要数据提取的区域进行分割，然后进行边缘数据的提取，最终形成一系列

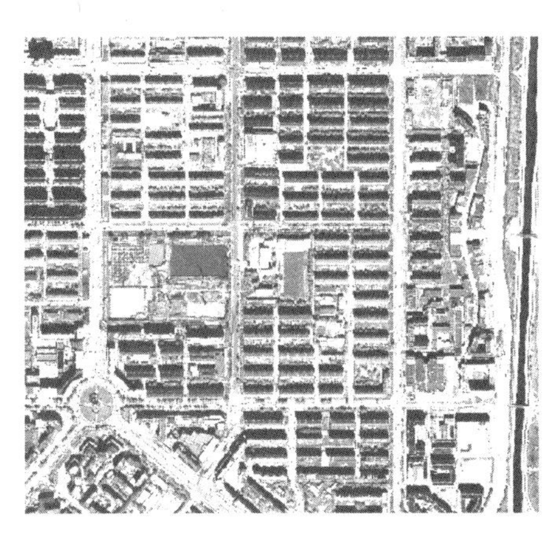
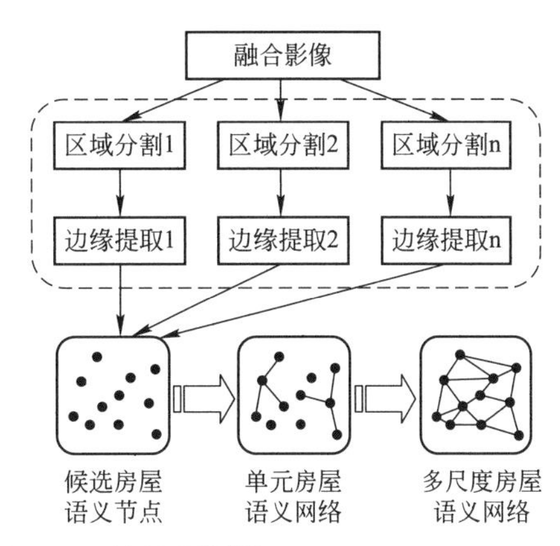

图 4-2 地理信息数据的语义网络转化[126]33

语义节点，然后把基础数据组合成单位语义网络和复合语义网络模型。经过一系列处理过程，地理信息数据被提取成为了语义网络数据。

4.1.2.2 数据的语义网络处理

根据地理信息位图数据的处理结果以及语义网络节点所表达事物尺度的差异，先把候选语义网络节点分为各种类型，以图表形式进行统计，如表 4-1。

类节点表示[126] **表 4-1**

类或子类	功能节点	属性节点	量值节点	动作节点
街区类	街区 1、街区 2……	结构、尺度……	……	一般以关系链表示(略)
建筑类	居住建筑、办公建筑……	高度、形态……	……	
非建筑类	水体、绿地……	形态、尺度……	……	

通过图表归纳对相关数据经行处理，把候选节点分为建筑子类、建筑物、道路子类、道路、街区、绿地、广场等类型；对于空间实体可以分为构筑物、建筑子类、建筑、组团、街区等若干级别的粒度。如果在建筑子类和建筑两个层次上进行分析，按照二维空间语义网络节点的划分，建筑物节点则包括功能、实体、属性、量值和动作等节点，并可以通过表格来统计[126]。

在此基础上，可以进行下一步的语义网络化处理。首先，通过在位图层次的实物边缘的检测和跟踪，利用某些知识数据的理解提取地物特征；然后再根据语义和具体尺寸、间距等条件，对数据进行初步筛选，形成初级的语义网络节点群；再根据相应的语义关系对各类语义网络基元进行表示，建立初步的语义网络模型；最后，再应用语义网络的复杂关系链将语义网络基元和二元结构等片段结合成复杂的语义网络模型。过程中还包含了一系列其他地理信息处理技术，如几何校正、影响融合与强化、区域分割等数据的预处理，色彩区域、色彩合成、波段合成等区域分割处理，以及边缘检测等技术处理[126]。经过上述信息数据的处理，可以得到一系列城市语义网络数据，如图 4-3。

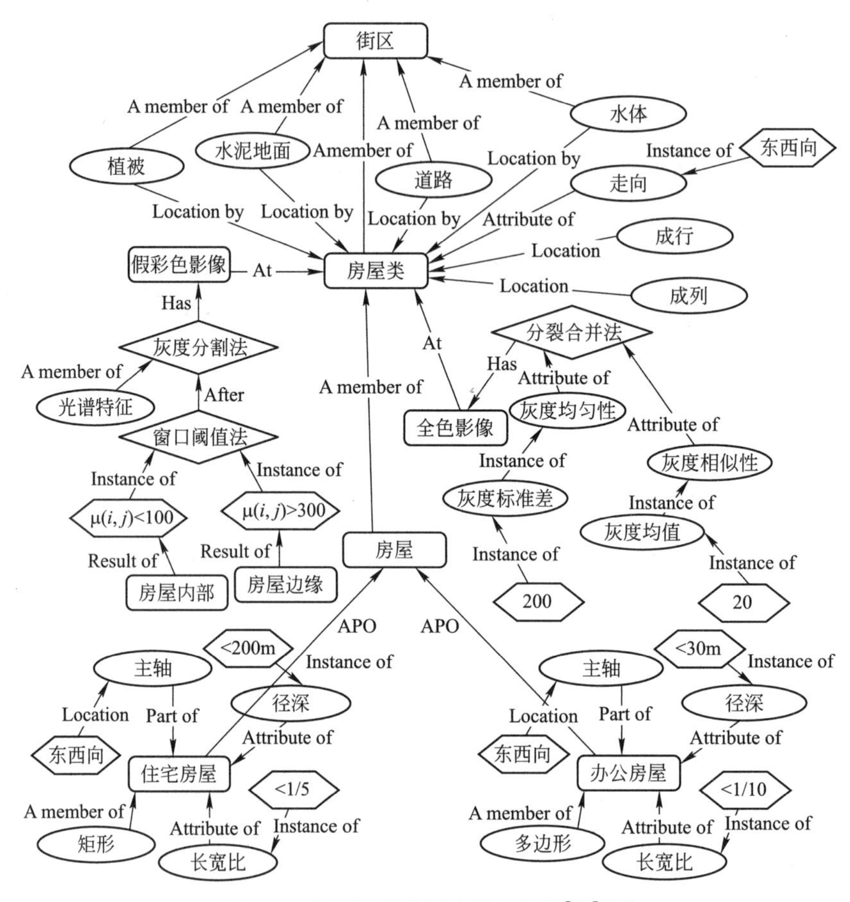

图 4-3 房屋子类的层次语义网络[126]54,58

4.1.3 本体数据处理技术

4.1.3.1 本体数据语义网络处理

对于本体数据的语义网络化，是自然而然的，因为本体库本身就是一个巨型的语义网络。对于城市设计策划来讲，通过本体数据构建城市语义网络，需要一个从中间向两端对接的过程。这里的两端，一方面是指上一层级或顶层的一般概念，另一方面指的是底层的特殊概念或实例。另外，通过本体数据进行城市语义网络的构造和处理，前提是需要有完善的城市本体数据库，有了这些数据才能实现城市本体与城市语义网络的相互转化。

如通过 Beaulieu 等人综合几个技术词典为道路系统总结的 1000 条左右术语[127]，在这些概念定义当中，Chantal Berdier 和 Catherine Roussey 结合了 21 种类型的关系，进行了道路本体的语义网络建模，实际上就是从本体数据到城市语义网络数据的转化，如图 4-4。

从图中可以看到，作为城市设计要素之一的道路本体系统是在概念与特性之间的关系上建立的，但同时也能通过语义网络和图片来说明概念。

另外，带注释的图像能够访问相关的语义网络，也可以通过图像浏览器实现道路或

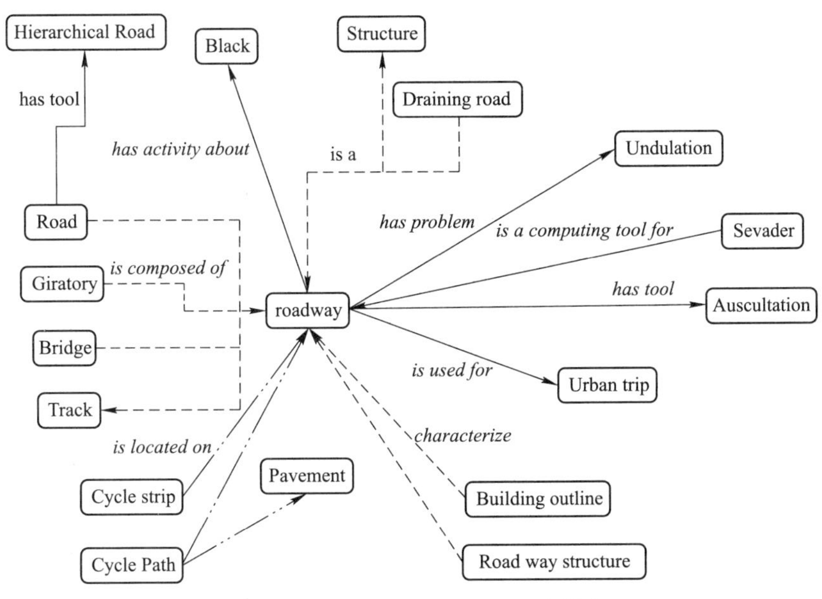

图 4-4 本体数据的语义网络化[128]150

者其他系统概念的可视化[128]，如图 4-5。

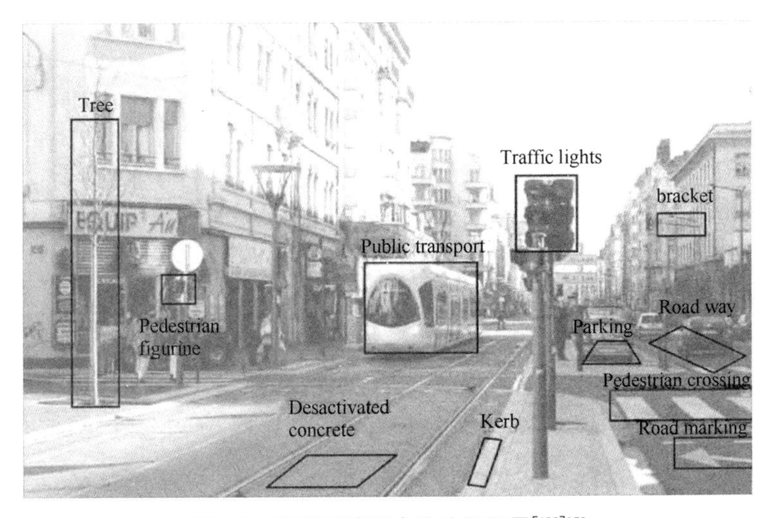

图 4-5 道路系统概念的注释场景[128]150

从图中可以看到，带注释的场景图片可以通过概念链接形成本体数据，而这种本体数据通过类型关系可以进行语义网络化处理，并且这类带注释的图片可以视为城市语义网络的图示节点，只不过这些图示节点内部嵌套着其他一些空间数据。可视化数据的语义网络处理，为构建城市语义网络提供了一种更加直观形象的工具。

4.1.3.2 语义网络数据歧义处理

数字城市拥有大量的空间信息技术平台，如 GIS、RS、WebGIS、GPS、LBS、VR 等，除此之外还有通讯、规范政策、数据、服务、管理等平台。由于领域众多，采用各种不同的数据类型和标准，所以产生了许多的信息孤岛。在城市建设领域，城乡规划部门、房产部门、国土部门和勘测部门也存在技术标准不统一的问题，如同名异义、同义异名、语义交叉、相互包含的语义异构的现象普遍存在[129]。

我们经常会发现在城市建设技术术语中，不同部门对同一概念有着不同的理解，体系之间缺乏协调[130]。例如“道路”，城建部门对于“道路”关注的是它的长度、宽度、市政管线等信息，而交通管理部的理解主要在于道路的通行能力、行车方式、路面结构、辅助设施、交通运输方面的内容。这两个部门对“道路”的概念化有很大的差异，原因就是这些部门的技术体系缺少上层本体数据的控制，如在多维用地分类方面，缺乏相应的体系构建[131]。

在《土地利用现状分类》(GB/T 21010—2007)国家标准的二级层次的分类体系中，“公共设施用地”(086)指用于城乡基础设施的用地，包括给排水、供电、供热、供气、邮政、电信、消防、环卫、公用设施维修等用地。但是在《城市用地分类与规划建设用地标准》(GB 50137—2011)中，“公共设施用地”却是城市建设用地首层的 8 大类之一。

显然前者含义很窄，是“公共管理与公共服务用地”(08)的下位术语，同时也是后者(U 公共设施用地)的下义词。这属于本体系统中同名异构和同名异义现象。假如用语义网络对二者的概念进行部分简单处理，就会明显发现二者之间的异义关系，如图 4-6。

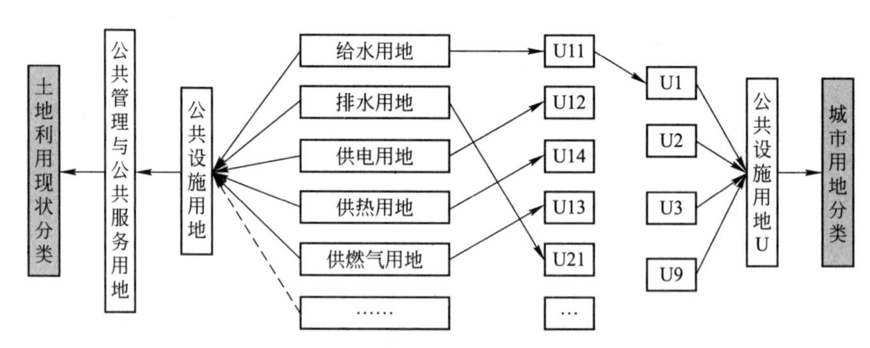

图 4-6 歧义数据的语义网络处理

通过语义网络模型的比对，可以为任何一方的数据名称加以注释，明确名称所处的语境和技术体系，明确数据之间的异同和计算数据之间的相似程度。虽然目前我们无法对各部门的技术术语统一化做过多要求，但是通过数据内容的语义网络处理，起码能够在使用数据时注意到这些歧义问题。

对于术语本体语义网络处理的另外一个意义在于，一方面可以求同存异，也就是明确界定技术标准的术语差异，避免概念的误读；另一方面可以促进技术体系的标准化、统一化，配合“三规合一”、“三规叠合”[132]、“多规合一”，甚至为“协调其他规划的规划”[133]提供一种选择性的技术支撑。

4.1.3.3 MDA 语义网络数据处理

在城市设计信息的计算机处理方面，为便于使用，有些专家建议开发核心参考本体，专为不同用户定制自动的信息系统界面。如 Metral 等人(2007 年)提出的几种系统管理的异构信息源，包括文本文件(如规范、法律文本等)、地理信息系统(如能搜索相关的法律数据的制图系统，以及与土地相关的法规等)、专家系统和地方规划(如我国的总体规划、控制性详细规划等)，以及可用来模拟城市的 3D 模型。但这些专用的用户界面只能够访问有限的数据信息资源，一个用户专用界面就是一个网站，数据信息并不适合所有用户群。例如，过于专业技术数据就不适合城市居民。于是 Cutting Decelle 等人(2006 年)提出了一种软件开发方法，称为模型驱动构架(MDA)。MDA 致力于模型(或概念构架)和模型转换，并将它们作为开发过程中的主要步骤。由于地方语义网络本体和核心语义网络本体之间存在的匹配关系，系统能够计算出所有适合用户组群使用的信息资源，并且自动建立用户适用的系统界面[87]。例如一个实际城市设计项目与一个 OUPP(Ontology of Urban Planning Process)概念之间通过语义网络的语义关系连接，包括等价、特化或泛化关系，如图 4-7。

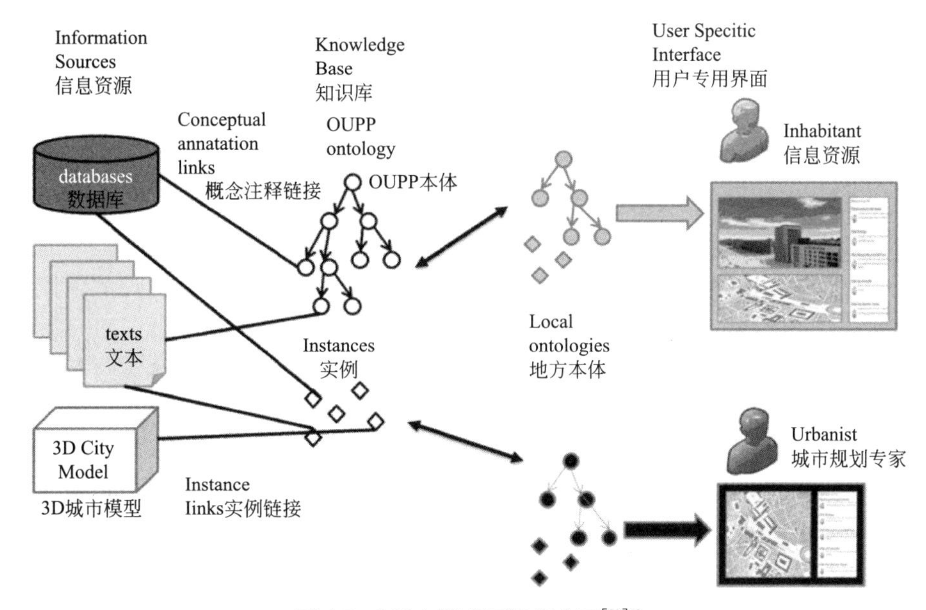

图 4-7 MDA 模式下数据交互[87]49

通过 MDA 技术，数据库、文本数据、城市模型数据分别与 OUPP 和实例建立联系，形成不同的语义网络模式。在这种模式下，各种用户通过各自的数据资源进行数据交互，解决了数据处理在不同语境下的矛盾问题。

MDA 技术与综合集成研讨厅体系(HWME)基本目的相似，都是为了解决多用户、多数据的处理与决策问题。另外在 MDA 技术下，城市语义网络模型根据一系列的转换原则，可以把指定的语义网络模型组成部分转化为另外一种形式的模型。而且 MDA 技术允许根据程序模型之间不同的应用程序进行整合，从而支持系统的集成，促进城市设计策划的相互操作和发展。

除了上述有关城市语义网络的数据处理技术，还需要兼容其他的数据处理方式。城市设计策划的各种数据在使用前都需要对概念进行定义，需要对策划者面临的杂乱无章但十分具体的问题组织化。但令人遗憾的是，城市设计中还没有关于诸如“美”、“比较美”和“丑陋”等数据的严格尺度和定义。在力求科学的努力中，这些不可量化的变量往往被无奈地搁置。有时一厢情愿地为其赋以数值尺度，但实际上量值与亲身体验又往往不十分吻合，这就使得某些所谓的数据操作起来十分困难。但有些学者仍然在做各种尝试，如埃德蒙·N·培根在《Design of Cities》里一个设想中的秩序系统下，用节点和连线构造了一种形式化的模型，把整个策划数据和决策程序以一种图解形式表达出来。再有，克里斯托弗·亚历山大在《形式综合论》中，通过一系列共 141 个数据节点的关联，形成了一个潜在的网络化的复杂数据体系，并融入了大量非量化数据。

总之，与城市设计策划领域相关的数据技术众多，而且发展迅速，只要能够把城市语义网络数据形成体系，保持与其他技术领域的沟通，那么无论是信息数据挖掘还是数据处理，都能够找到或创造合适的工具。

4.2 城市设计的语义网络逻辑策划技术

4.2.1 原理与程序

4.2.1.1 逻辑策划原理

在城市语义网络模型的构建中，特别是命题化的语义网络，经常会遇到推理判断的问题。设计师在进行策划构思时，感性或经验性思维偶尔会干扰基本的逻辑判断，甚至在多专业集体讨论时，会出现基本的逻辑错误。逻辑方法在语义网络策划法中的应用就是要通过逻辑推理和演算，检验和修正城市语义网络中关系链的有效性和准确性，校正人在复杂模型构建中出现的主观性和判断性误差，提高工作效率。

在城市语义网络构建中，会出现大量的命题逻辑、谓词逻辑等经典逻辑结构，同时也会存在模态逻辑、多值逻辑、非单调逻辑等非经典逻辑问题。由于非经典逻辑目前还存在一些学派上的差异，方法、标准尚未完全统一，所以这里主要以经典逻辑来研究城市设计的语义网络策划方法。关于命题逻辑的基本原理应用主要有语义网络命题及其对应的命题公式，以及城市语义网络中逻辑的等值演算与推理演算等。对于谓词逻辑而言，是在城市语义网络中，通过节点、关系链和槽表示个体、谓词和量词，然后通过谓词公式进行相应的等值演算与推理演算。

逻辑推理策划的方法有很多，既可以用公式、真值表进行简单的推理，也可以用直接或间接的证明法验证推理的正确性，同时也可以利用经过证明合理的推理公式对策划命题进行顺序推理，还可以重复使用既有的策划命题推理公式进行逆序验证。逻辑推理和运算的格式和标准有很多，本书将统一参照蔡之华先生的《离散数学》（中国地质大学出版社，2008 年）的逻辑计算标准与过程。

4.2.1.2 逻辑策划程序

构建城市语义网络的意义之一在于，城市设计策划的问题只要形成命题化的语义网络，就可以用谓词逻辑公式表示出来，这样就可以利用计算机求解城市设计策划中的众多逻辑问题，如 Prolog（Programming in Logic，Alain Colmerauer，1972 年）程序。通过逻辑命题，能够把各种维度的城市设计策划要素关联起来，进行逻辑运算，这对于复杂的问题尤为重要。引入逻辑方法不仅可以使策划结论的准确性得以保证，也能使策划者从复杂的推理判断中得以解脱，着力于关键问题的判断与思考。

在城市设计的语义网络策划方法过程中，逻辑方法会起到相应的作用，是要实现一种“循证策划”的理念。本书将通过实验，介绍逻辑策划中的逻辑判断、逻辑筛选和逻辑求解等方法的原理和应用。其基本程序是构建城市语义网络、逻辑表达、逻辑演算、计算机实现以及校验和反馈，如图 4-8。

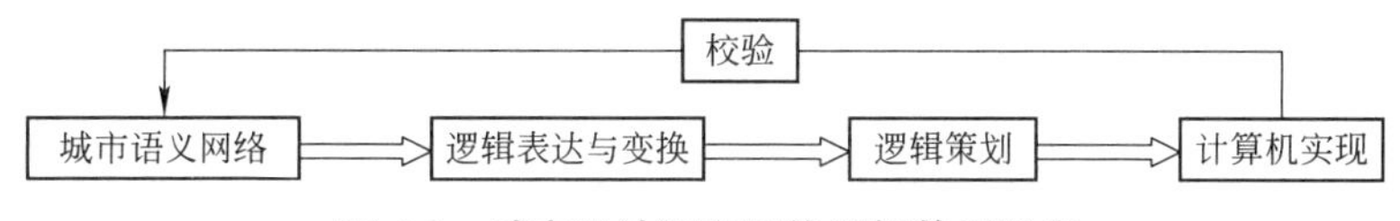

图 4-8 城市设计语义网络逻辑策划程序

接下来先说明一下逻辑表达、变换环节和逻辑校验环节，然后再举例说明逻辑策划环节的技术与方法。

4.2.1.3 逻辑表达与变换

在城市语义网络的逻辑表达过程中，为了适应逻辑策划，会存在相应语义链的逻辑转换。有时这种转换是为了简化语义网络结构，有时是为了方便构造逻辑公式，使逻辑策划方法得以实施。下面以某一城市 CBD 的微观实例说明城市语义网络的逻辑表达，然后运用公式法对某一语义网络语义链进行变换来说明这一过程，如图 4-9。

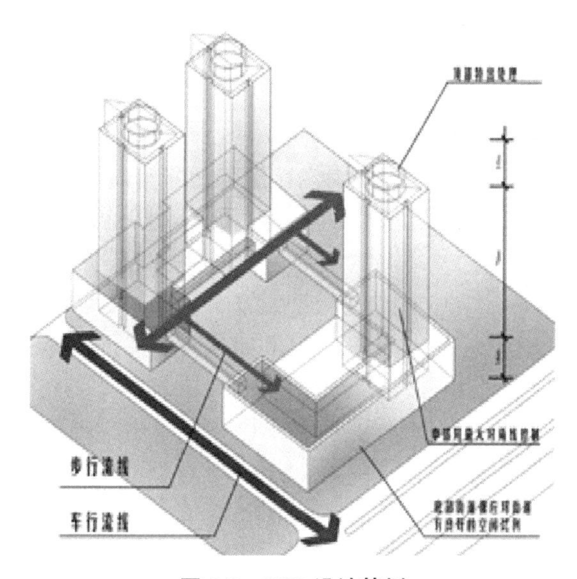

图 4-9 CBD 设计策划

如果把实例的语义网络网元进行命题化，则会得到一些逻辑命题，依次如下：

P：地块内建写字楼；

Q：地块内建公寓；

S：地块内设停车场；

R：地块内建商场；

T：地块 is a part of 办公区。

然后构建若干语义网络链，再利用假言三段论进行某一语义链的变换，即$(T\rightarrow P)\wedge(P\rightarrow S)\Rightarrow(T\rightarrow S)$，如图 4-10。

在语义链逻辑表达的基础上，把三段语义网络合并成一组语义链，而没有改变基本事实。类似这样的公式有很多，各有特点和专长。如可以利用蕴含等值式，即 $\alpha\rightarrow\beta\Rightarrow\neg\alpha\vee\beta$，在城市语义网络中实现蕴含关系和析取关系的转换；也可以用假言易位公式在语

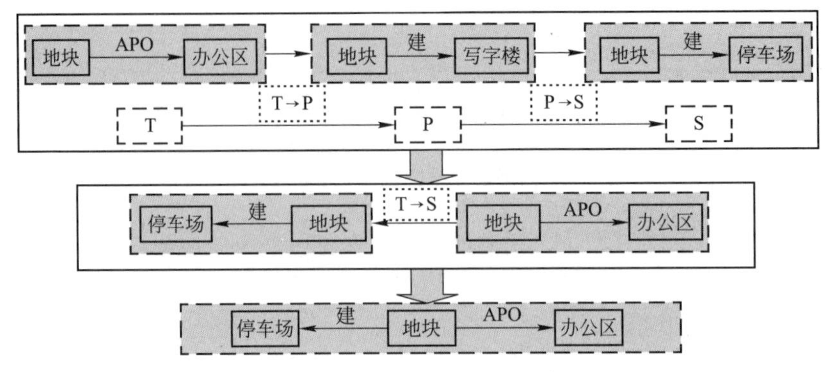

图 4-10　逻辑语义链表达与转换

义网络中传导基本的否定关系，即 $\alpha\to\beta\Rightarrow\beta\to\neg\alpha$。

4.2.1.4　逻辑校验

城市语义网络自然形成的逻辑链，有时会出现逻辑的矛盾式。为了验证语义网络中的推理形式是否成立，一般使用三种常规的推理方法，即真值表法、直接证法和间接证法[134]。

在上节案例中，写字楼或公寓等功能会因为各种原因可能实现也可能不实现。在因素不确定的情况下，如果利用真值表法则会得出若干准确的可满足式，也就是校验语义网络策划结论的可行性。这样，设计师在城市设计策划过程中就会迅速提取经过校验过的可行策划方案。

P	Q	R	P∨¬Q	¬P∧Q∧R	γ
0	0	0	1	0	0
0	0	1	1	0	0
0	1	0	0	0	1
0	1	1	0	1	1
1	0	0	1	0	0
1	0	1	1	0	0
1	1	0	0	0	0
1	1	1	1	0	0

成真指派

图 4-11　真值表校验

例如令：$\gamma=(P\vee\neg Q)\to(\neg P\wedge Q\wedge R)$，则公式 γ 的真值表如图 4-11。

从图中可以看出 γ 的真值表有 2 组成真指派，所以 γ 为可满足式。

由于真值表中的第一组成真指派没有实际意义，所以从第二组成真指派中可以看出，如果 $P\vee\neg Q$ 为假，则相应合乎逻辑的语义网络逻辑链应为 $(\neg P\wedge Q\wedge R)$。通过校验过程，我们可以确定哪些城市语义网络链是可行的，在满足逻辑的策划方案中选择合理的或喜欢的方案。

4.2.2　间接推理策划技术

4.2.2.1　案例分析

在城市设计过程中，有时会在设计前期对局部地块的指标、功能等因素进行策划分析，并提出各种可能策划的方案。这些策划建议中，有些建议是相容的，有些是矛盾的，对于某一策划命题的判断，我们可以通过逻辑间接推理来验证。

例如，在上述某 CBD 地块进行土地使用策划的时候，有时会根据城市景观控制的需求来落实实际的使用功能。如果总体城市设计要求该地块以点式高层建筑为主，那么通过讨论分析，会存在几种功能定位的可能，如建写字楼和公寓。同时，由于空中步行系统的存在，将有条件设置地面停车场。另外，考虑到该区域的生活便利性，裙房部分也可能建小型超市等等。这里为上述问题建模，如图 4-12。

在图中，根据策划意象构建城市语义网络，并出现一个逻辑判断问题，也就是“超市”是否需要“停车场”，也就是图中命题语义网络中灰色待判断区域。这里，将采用间接证法来说明语义网络策划的逻辑判断。假如经过讨论，语义网络中如下几个命题必须要满足：

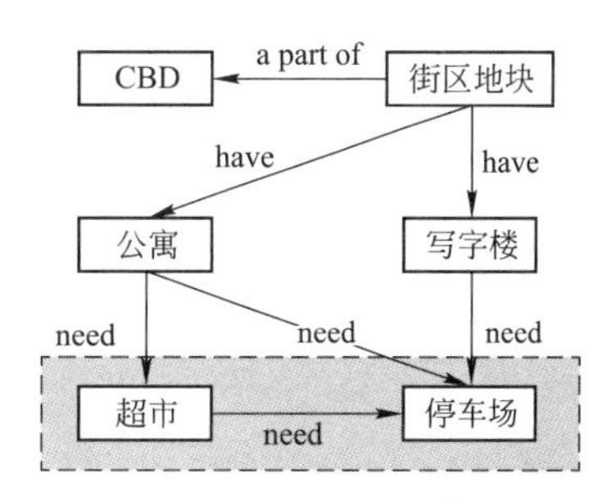

图 4-12 CBD 语义网络策划模型

（1）如果建写字楼和公寓，则必须附带停车场；

（2）不建商场或者建写字楼；

（3）建公寓。

那么在满足以上三个前提下，可以通过 CP 规则（前提规则）判断，来验证灰色区域的网元命题是否成立。

4.2.2.2 间接推理判断

首先，把语义节点或网元命题化，则有：

P：建写字楼；Q：建公寓；S：设停车场；R：建商场。

前提：$(P \wedge Q) \rightarrow S$，$\neg R \vee P$，Q。

结论：$R \rightarrow S$。

然后用推理规则证明结论的有效性：

(1) R	P(附加)
(2) $\neg R \vee P$	P
(3) P	T，I，(1)，(2)
(4) Q	P
(5) $P \wedge Q$	T，I，(3)，(4)
(6) $(P \wedge Q) \rightarrow S$	P
(7) R	T，I，(5)，(6)
(8) $R \rightarrow S$	CP 规则

由 $R \rightarrow S$ 可知该逻辑判断正确，灰色区域的网元命题推理成立，也就是说“超市”需要“停车场”。

4.2.3 直接推理策划技术

4.2.3.1 案例分析

这里，仍然用上一节的案例做研究。例如，在上述城市设计策划案例中，设计师或开发商在该地块功能策划中将功能限定在写字楼或公寓范围内，即 $Q \vee P$。这是语义网络逻辑策划方法的一个重要程序，也就是明确条件或制定前提。类似的前提还可能有 $Q \rightarrow R$ 或 $P \rightarrow S$，也就是建公寓就必须有商场，建写字楼就必须有停车场。那么在这些前提下，也许可以得到一个推理，也就是在上述地块中“如果建写字楼或公寓，就会有停车场或（兼可或）商场”，如果将其转化为逻辑推理形式，即为：$(Q \vee P) \wedge (Q \rightarrow R) \wedge (P$

$\rightarrow S) \Rightarrow S \vee R$。

4.2.3.2 直接推理判断

这里将运用逻辑直接证明法来做一个推理验证：

证明：(1) $Q \vee P$　　P

(2) $\neg Q \rightarrow P$　　R，E，(1)

(3) $P \rightarrow S$　　P

(4) $\neg Q \rightarrow S$　　T，I，(2)，(3)

(5) $\neg S \rightarrow Q$　　R，E，(4)

(6) $Q \rightarrow R$　　P

(7) $\neg S \rightarrow R$　　T，I，(5)，(6)

(8) $S \vee R$　　R，E，(7)

由 $S \vee R$ 可知，上述判断 $(Q \vee P) \wedge (Q \rightarrow R) \wedge (P \rightarrow S) \Rightarrow S \vee R$ 是正确的。这是个简单的逻辑推理，有时是可以通过人脑的天然逻辑能力判别出来的，但在问题复杂的情况下，要保证城市语义网络逻辑推理的正确性，利用逻辑工具还是必要的，而且计算机的应用会帮助我们显著提高复杂问题的推理效率。

4.2.4 逻辑求解策划技术

4.2.4.1 案例分析

在逻辑学中，如果存在已知的等值式，则可以由此推导出若干等值式，我们称这一过程为等值演算(Equivalent Calculation)。等值演算是数理逻辑的重要组成部分，既可以证明公式是否等值，也可以判别命题公式。这里将以等值演算为例，结合代入定理和置换定理，解决城市设计策划中逻辑求解的问题。

由于本研究针对的是在城市语义网络模式下进行的城市设计策划，在对城市语义网络操作的过程中，要面对大量的语义网元所形成的蕴含命题，所以在进行城市设计的语义网络策划求解时，由蕴含式转化为析取式和合取式是很重要的。例如下面两个命题定律(Law of Proposition)：

蕴含等值式：$\alpha \rightarrow \beta \Leftrightarrow \alpha \vee \beta$；

假言易位：$\alpha \rightarrow \beta \Leftrightarrow \beta \vee \neg \alpha$。

接下来，我们分析一个策划示例。假设某一地块有 A、B、C、D 四部分，且规划要求容纳停车场、商业、办公和绿地四项功能，如图 4-13。

设计师甲从场地分析角度认为：C 应为停车场，B 应为商业。

居民代表乙和开发商丙从各自的需求和利益出发，分别对地块功能分布表达了意见：

居民代表乙要求：C 应为商业，D 应为办公；

开发商丙要求：A 应为商业，D 应为绿地。

这是典型的城市设计策划博弈问题，在各方期望和利益诉求中，存在若干矛盾。如果不考虑权重，在一个粗略的普遍满意的前提下，也就是设计师、社区居民、开发商每人的期望各满足一半，我则们可以通过逻辑求解来尝试解决问题。

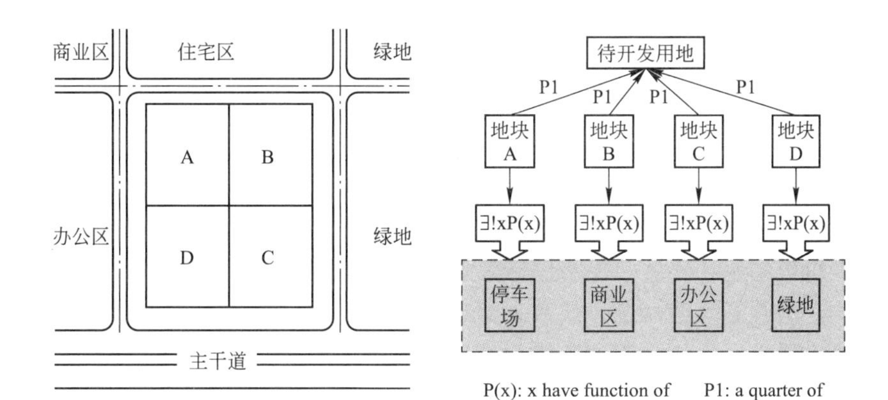

图 4-13 某地块及其语义网络模型

4.2.4.2 逻辑求解

首先建立相应的语义网络命题，然后通过逻辑运算求解。设 Pi、Qi、Ri、Si 分别表示 A、B、C、D 地块容纳第 i 项功能(i=1，2，3，4)，由于甲、乙、丙每人的期望都满足一半，故有下面三个等值式：

(1) $(R1 \wedge \neg Q2) \vee (\neg R1 \wedge Q2) \Leftrightarrow 1$；

(2) $(R2 \wedge \neg S3) \vee (\neg R2 \wedge S3) \Leftrightarrow 1$；

(3) $(P2 \wedge \neg S4) \vee (\neg P2 \wedge S4) \Leftrightarrow 1$。

因为重言式的合取仍为重言式，所以①∧②⇔1。即：

$1 \Leftrightarrow ((R1 \wedge \neg Q2) \vee (\neg R1 \wedge Q2)) \wedge ((R2 \wedge \neg S3) \wedge (\neg R2 \wedge S3)) \Leftrightarrow (R1 \wedge \neg Q2 \wedge R2 \wedge \neg S3) \vee (R1 \wedge \neg Q2 \wedge \neg R2 \wedge S3) \vee (\neg R1 \wedge Q2 \wedge R2 \wedge \neg S3) \vee (\neg R1 \wedge Q2 \wedge \neg R2 \wedge S3)$

由于 C 不能既是停车场又是商业用地，且 B 和 C 不能同时作为商业用地，所以：

$R1 \wedge \neg Q2 \wedge R2 \wedge \neg S3 \Leftrightarrow 0$

$\neg R1 \wedge Q2 \wedge R2 \wedge \neg S3 \Leftrightarrow 0$

于是得到：

(4) $(R1 \wedge \neg Q2 \wedge \neg R2 \wedge S3) \vee (\neg R1 \wedge Q2 \wedge \neg R2 \wedge S3) \Leftrightarrow 1$

再将③与④合取得③∧④⇔1，即：

$1 \Leftrightarrow ((P2 \wedge \neg S4) \vee (\neg P2 \wedge S4)) \wedge ((R1 \wedge Q2 \wedge \neg R2 \wedge S3) \vee (\neg R1 \wedge Q2 \wedge \neg R2 \wedge S3))$
$\Leftrightarrow (P2 \wedge \neg S4 \wedge R1 \wedge \neg Q2 \wedge \neg R2 \wedge S3) \vee (P2 \wedge \neg S4 \wedge \neg R1 \wedge Q2 \wedge \neg R2 \wedge S3) \vee (\neg P2 \wedge S4 \wedge R1 \wedge \neg Q2 \wedge \neg R2 \wedge S3) \vee (\neg P2 \wedge S4 \wedge \neg R1 \wedge Q2 \wedge \neg R2 \wedge S3)$

由于 A、B 也不能同时作为商业，且 D 不能是办公用地又是绿地，所以：

$P2 \wedge \neg S4 \wedge \neg R1 \wedge Q2 \wedge \neg R2 \wedge S3 \Leftrightarrow 0$

$\neg P2 \wedge S4 \wedge R1 \wedge \neg Q2 \wedge \neg R2 \wedge S3 \Leftrightarrow 0$

$\neg P2 \wedge S4 \wedge \neg R1 \wedge Q2 \wedge \neg R2 \wedge S3 \Leftrightarrow 0$

于是可得：

(5) $P2 \wedge \neg S4 \wedge R1 \wedge \neg Q2 \wedge \neg R2 \wedge S3 \Leftrightarrow 1$

因此，我们得到一个解决方案，C 区作停车场，A 区作商业，D 区作办公，B 区作绿地。于是，上述每一方的期望和利益诉求均得到同等程度的满足。通过逻辑求解，有时可以得到唯一确定的语义网络，有时会得到若干较为满意的结论。如果是第二种情况，则需要根据情况，通过人为取舍进行策划满意的平衡。

4.2.5 逻辑多解策划技术

4.2.5.1 案例研究

在城市语义网络命题中判断一个公式是否为重言式或矛盾式，可以利用合取范式和析取范式来得出结论。不过，城市设计策划命题公式中的合取范式和析取范式可以有若干表达形式，给判断等值命题公式带来困难，从城市设计策划的实用性角度来看，也是没有必要的。所以，这里采用主范式的唯一性特点，来表达命题公式。由于语义网络策划的逻辑筛选目的是要筛选出可行的策划方案，为下一步优化选择提供选项，所以在这里不讨论主合取范式，而仅研究主析取范式。N 个命题变元的“质合取式”，也就是“极小项”，一共是 2^n 个。因为每个极小项有且仅有一个成真指派，因此在城市设计策划时，可以通过极小项来获取相应的合乎逻辑的策划选项，提高城市设计策划的准确性和效率，并且不容易遗漏可行方案。下面通过一个案例来介绍如何通过主析取范式的极小项来获取有效策划方案的多解集合。

例如某街区原有建筑拆除后，需要小型的市民休闲公园，主要服务于周边的社区居民，需要进行入口位置的设计策划。以下是该项目的环境现状及其语义网络模型，如图 4-14。

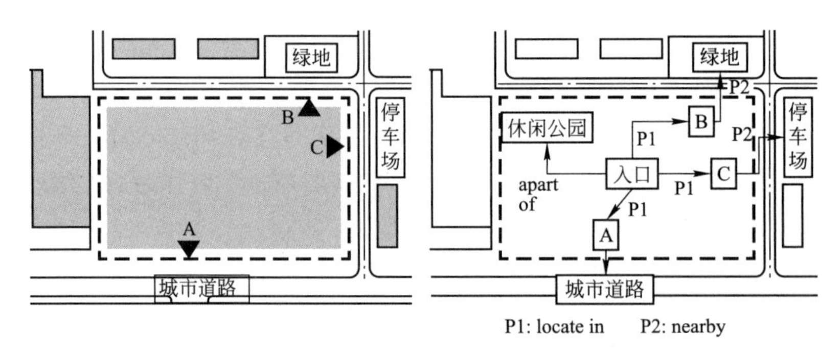

图 4-14 某休闲公园及其语义网络模型

A 位置能够突出公园入口的形象性，B 和 C 位置便于周边居民的使用。但为了管理方便，在 A、B、C 三个位置中选出最多 2 个出入口。假如经过研究，在若干条件限制下，公园入口的设置需要满足如下三个条件：

(1) 若考虑 A 位置设置出入口，则 C 位置应设置便民入口；

(2) 若 B 位置设置出入口，C 位置距离过近，则 C 位置不能设置出入口；

(3) 若 C 位置不能设置出入口，则 A 或 B 位置需要设置出入口(可兼或)。

由图示得到如下具体命题：

设P：A 位置设置出入口；

Q：B 位置设置出入口；

R：C 位置设置出入口。

通过上述准备，可以进行下一步逻辑多解计算。

4.2.5.2 逻辑多解

在上述条件限定下，可以运用逻辑演算求出满足上述条件的几种方案。由已知条件可得公式：

$(P \to R) \land (Q \to \neg R) \land (\neg R \to (P \lor Q))$

经过演算可得

$$(P \to R) \land (Q \to \neg R) \land (\neg R \to (P \lor Q)) \Leftrightarrow (\neg P \lor R) \land (\neg Q \lor R) \land (R \lor (P \lor Q)) \Leftrightarrow (\neg P \land \neg Q \land R) \lor (\neg P \land Q \land \neg R) \lor (P \land \neg Q \land R)$$

该公式主析取范式包含3个极小项，因此可知有3种备选方案：

(1) C设出口，A和B不设出口；

(2) B设出口，A和C不设出口；

(3) A和C设出口，B不设出口。

由于条件(3)也是一种符合条件的命题，所以条件(3)也可以作为第四个备选方案。于是，通过逻辑运算手段，会得到多个满足条件的策划方案，选取优选方案，并最终确定优选方案的语义网络图。这是一个比较简单的逻辑策划问题，但如果制约因素较多，就会难免出现误判。所以这种技术的应用，会帮助策划者摆脱困难的智力问题，把精力投入到关键问题的思考中去。

4.3 城市设计的语义网络可拓策划技术

4.3.1 可拓与语义网络技术

4.3.1.1 可拓学原理

可拓学(Extentics)是由我国学者创立的贯穿于社会科学和自然科学的横断科学，也是一种形式化的方法，可以用来分析事物，拓展潜在的因素，形成解决矛盾问题的方法[135]。由于可拓方法和语义网络方法二者之间内在原理、运作机制方面比较相似，所以存在协同工作的可能性。

可拓技术与语义网络法相比有一些相同点，但在形式化方法上存在差异。与语义网络网元相比，可拓学的物元、事元、关系元可以看作事物的高度概括，也就是类，可以认为是对世间万物提供了一种新形式的抽象算符。可拓学已经形成了完善的理论系统，如它形成了一系列基本原理，如拓展原理、共轭原理等[136]。

可拓学的研究最初是面向普适的矛盾问题。和语义网络方法一样，如果涉及具体专业，还需要进一步的专业化研究。如有国内研究机构(APDI of HIT)把可拓学应用到建筑理论中时，就提出了“空间元”[69]这一概念。这是为特定专业提炼出的特殊原始算子，对于城市设计领域来讲，空间元仍然适用。从可拓学应用于建筑学的已有经验可知，可拓原理应用于城市设计及其策划也将具有可行性。

4.3.1.2 应用模式与思路

可拓学方法和语义网络方法在形式化算符方面存在一定的互通性，使得二者之间对于城市设计策划的规则与操作也可以做到互通。但由于可拓学面向的是更广泛的综合领域，着重研究普遍事物内部及事物之间的拓展性和可拓变换等规律，其基本的形式化结构对于城市设计来讲，在表达方面缺乏直观性和形象性。所以本书认为虽然可拓学策划技术可以应用于城市设计策划，但应用于语义网络策划则是一种间接的模式，并需要解决如下几个问题。

第一，要解决基本算子形式化表达方面的互通问题。这是两种方法协同工作的最基本前提，也就是要解决可拓基元和城市语义网络网元之间的形式化互通问题。

第二，要针对城市语义网络的特点，从可拓学中提取与之相吻合的技术方法，如可拓语义网络和相关网方法。在基本元模型和综合结构模型做到融合互通后，才能更好地应用可拓学的各种策划技术。

第三，在城市设计的语义网络策划环节中，应用可拓学的各种策划技术。

可拓学经过长期的研究和积累，已经在策划、设计、管理与数据挖掘等方面有了较为全面的成果，特别是“可拓引擎”将会成为语义网络策划方法的重要工具。如《可拓学》一文提出了可拓变换、共轭分析与共轭变换等方法[122]。这些方法对于城市语义网络中矛盾问题的解决会起到辅助作用。接下来，我们对上述几点进行逐步探讨。

4.3.2 基元与网元应用技术

4.3.2.1 可拓基元

可拓基元(Basic-element)是可拓学的逻辑细胞，是用形式化的语言来描述问题的基本元。可拓基元的表达可以是一个独立的概念，但为了进一步的形式化描述，可拓学把基元划分为物元(Matter-element)、事元(Affair-element)和关系元(Relation-element)。

如果通过有序三元组表示则有，物元 $M=(O_m，C_m，V_m)$，事元 $A=(O_a，C_a，V_a)$，关系元 $R=(O_r，C_r，V_r)$。其中 O 为对象，C 为特征，V 为 O 关于特征 C 的量值。下面举例表示典型的可拓基元阵列，如下：

$$M=\begin{bmatrix}\text{街区} & \text{包含} & \text{建筑}\\ & \text{包含} & \text{道路}\\ & \text{相邻} & \text{水体}\end{bmatrix}\quad A=\begin{bmatrix}\text{连接} & \text{方式} & \text{轴线}\\ & \text{形态} & \text{折线}\\ & \text{对象} & \text{节点}\end{bmatrix}\quad R=\begin{bmatrix}\text{协调关系} & \text{前项} & \text{立面}\\ & \text{后项} & \text{街墙}\\ & \text{方式} & \text{色彩}\end{bmatrix}$$

4.3.2.2 基元的网元转化

城市设计的语义网络策划方法是根据城市设计的工作特点，有意识地把框架法和图示法结合形成的形式化方法。语义网络法与可拓学在某种程度上讲都是形式化方法，特别是在知识表达与问题分析方面，其原理和基本表达方式有一定的相通性。对于语义网络网元而言，可拓基元可以用网元的复合结构来表示，也就是基元向网元转化的过程。

网元的节点与关系链在形式化表达式时一般不独立存在，并且第二章已经提到节点和关系链可以互换，所以用网元表示基元具有更大的灵活性。

例如，可以对上述基元进行语义网络表示，如图 4-15。

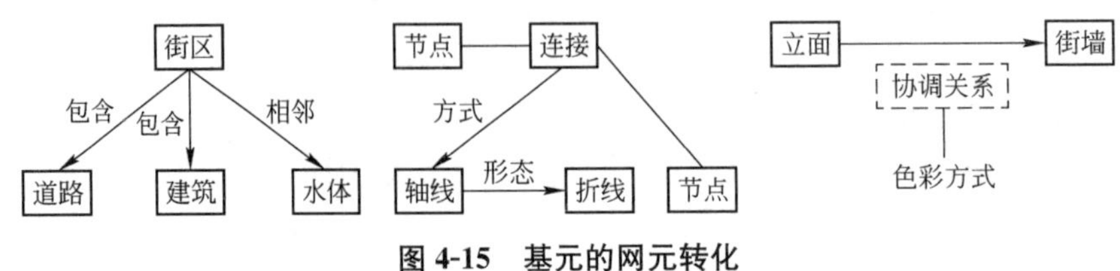

图 4-15 基元的网元转化

图中所示“街区”基元是复合网元的直译。根据不同的策划要求，基元还可以通过语义网络的陈述式或嵌套式等结构进行表示，如图中事元“连接”和关系元“协调关系”。其中“协调关系”是以量值的形式出现在“槽”中，对于“色彩方式”这一属性来讲，“协调关系”又成为了上位节点，所以这是一个简单的嵌套结构。

4.3.3　可拓语义网络与相关网技术

4.3.3.1　可拓语义网络

可拓语义网络的提出，是两种技术相结合的理论实践[61]，进一步说明了可拓方法和语义网络法相结合的可行性。

在概念表示方面，语义网络具有层次性、自然性的特点，可以对复杂概念进行深化表达，但是语义网络由于没有标准的结构和符号上的约定，缺乏可拓学的有效性和清晰性，所以其推理过程的操作性较弱。为了加强清晰性，可拓语义网络规范了一些符号，如用方框、椭圆、菱形分别表示实体集、特征和量值、作用和联系等，通过此方式也能实现基元与网元之间的转化，如图 4-16。

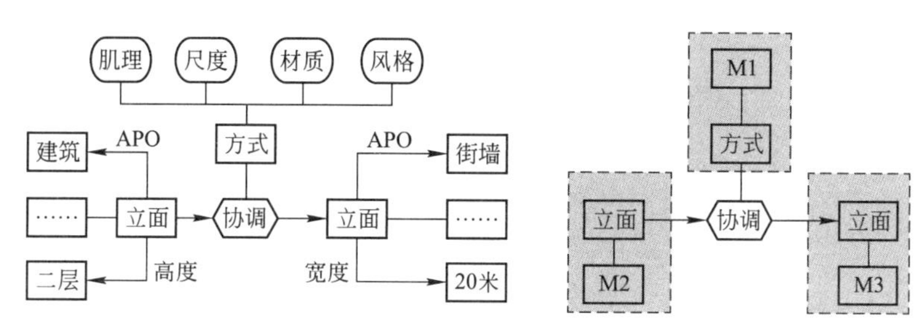

图 4-16　基元的网元转化

图中左图是可拓语义网络模型，右图是其简化结构。简化结构更加简单、直观，在语义解释上更加清晰、易读。其中 M1、M2、M3 分别表示协调关系中，立面和协调方式的特征、属性或量值，代表各自的可拓阵列，具体表示如下：

$$M1=\begin{bmatrix}\text{协调} & \text{方式} & \text{肌理}\\ & \text{方式} & \text{尺度}\\ & \text{方式} & \text{材质}\\ & \text{方式} & \text{风格}\end{bmatrix}\quad M2=\begin{bmatrix}\text{立面} & \text{APO} & \text{建筑}\\ & \text{高度} & \text{二层}\\ & \text{风格} & \text{古典}\\ & \cdots\cdots & \cdots\cdots\end{bmatrix}\quad M3=\begin{bmatrix}\text{立面} & \text{APO} & \text{街墙}\\ & \text{宽度} & \text{20 米}\\ & \text{高宽比} & 1:2\\ & \cdots\cdots & \cdots\cdots\end{bmatrix}$$

通过可拓语义网络技术，可以把语义网络模型规范、简化成清晰易懂的模式，并能够对网元节点进行可拓挖掘和数据存储。除此之外，语义网络法结合可拓技术的优点还在于，单个问题的操作不受模型结构的制约，可以对语义网络网元进行可拓处理和可拓操作，如可拓变换和共轭分析等等，最大限度地发挥两种技术的性能。

4.3.3.2　相关网

事物及其特征或者量值之间存在某种关联，在可拓学中称为相关性。根据相关分析的原理，可以把任何概念用基元表达或形式化方法描述出一种网状结构，可拓学称之为相关网(Correlative Net)[135]。

相关网与语义网络在形态上最为相似。城市语义网络具有复杂的嵌套和平行结构，允许节点、关系链甚至量值的互换，可以充分描述城市结构的抽象概念。城市要素基元之间的相关绝不是单级的，可拓学的相关网可以表述城市中事物间的错综复杂的联系，可以存在平行和嵌套形式，所以二者在结构化方面是相通的。

利用可拓语义网络形式进行策划时，可以先构建出相关网，把需要关注的相关关系和相关基元模型化[57]。例如，在表达市域用地分类过程时，通过相关网方法，可以得到如下的图示，如图 4-17。

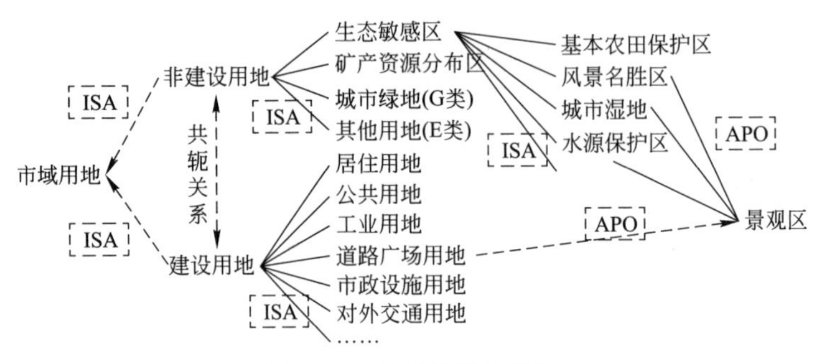

图 4-17 基元的网元转化

通过相关网的建立，可以比较容易地得到相应的语义网络结构图。具体措施是把联系线转化为具有上下位的关系链，并在槽中赋值，如图中虚线所示的符号元素。通过实验可以看到，相关网方法可以为城市语义网络的建构提供原始的模型，进一步促进两种形式化方法的沟通和协同工作。

4.3.4 可拓技术应用

4.3.4.1 发散树方法

可拓学的研究已经形成了系统的学术体系，存在一系列的方法和技术。由于篇幅有限，本书仅就拓展分析方法展开讨论。拓展分析是利用基元的可拓性提供分析问题的方法，其中相关网方法已经介绍过，下面将就其他三种技术在语义网络法中的应用展开讨论，它们是发散树(Divergent Tree)方法、分合链(Chain of Resolving)方法和蕴含系(Implication)方法。

可拓基元具有发散性，每个事物可以存在多个特征、量值，每一种量值或特征也可以对应多种事物，应用这种特性解决问题的方法称为发散树方法。如果研究一栋建筑的属性，通过发散树方法可以将其进行可拓发散，即：

$$M=(\text{属性},\ c,\ v)\dashv\begin{cases}\text{属性}_1=(\text{属性},\text{色彩},\text{灰色})\\\text{属性}_2=(\text{属性},\text{肌理},\text{平滑})\\\text{属性}_3=(\text{属性},\text{风格},\text{古典})\\\text{属性}_4=(\text{属性},\text{尺度},\text{小})\\\text{属性}_5=(\text{属性},\text{材质},\text{石材})\end{cases}$$

上述可拓发散可以看作一种可拓引擎的处理过程，通过可拓技术的处理，可以把一组网元拓展成另外一组城市语义网络，如图 4-18。

通过发散处理，网元节点被拓展成一组嵌套的城市语义网络，并增加了更多的数据

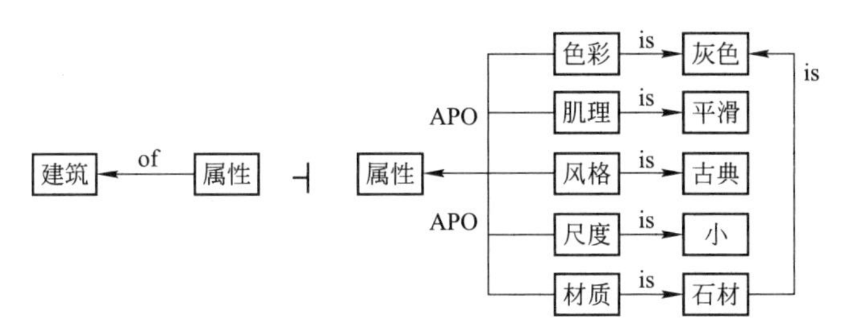

图 4-18 网元的发散处理

和信息，为城市设计策划提供了更多的处理手段。但是也可以从图中看出，语义网络法在概念表示的方面更加直观，特别是在要素关系表达上更清晰，而可拓发散树方法在挖掘潜在数据方面优势更强，所以不同方法的结合使用是必要的。除了发散树技术，还存在更多的可拓技术处理引擎。

4.3.4.2 蕴含系方法

在可拓学中，如果甲实现，必有乙实现，则称甲蕴含乙，记作甲→乙。乙称为上位元素，甲称为下位元素。我们可以通过这种叫做蕴含系的方法解决问题，语义网络形成的命题逻辑中也存在这类方式。如在城市设计策划中的两个实体，如果 M1 的色彩、材质、风格三方面与 M2 存在协调关系，则认为 M1 与 M2 存在某种程度的关系 Cdt_i，其中 Cdt_i 代表某种协调方式，那么就形成了蕴含系，处理过程如下：

$$Cdt_i=\begin{Bmatrix}\text{协调} & \text{方式} & \text{色彩}\\ & \text{方式} & \text{材质}\\ & \text{方式} & \text{风格}\end{Bmatrix}\rightarrow M1=[\text{协调}, M2, Cdt_i]$$

可拓技术的蕴含系中实际上存在一系列的命题和命题逻辑，实质上是一种逻辑公式并符合逻辑原理。通过前面的城市语义网络逻辑原理可知，逻辑形式下的蕴含系技术可以处理城市语义网络问题，如图 4-19。

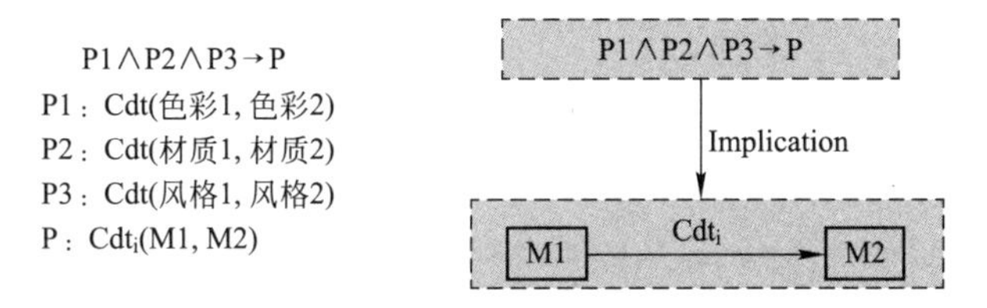

图 4-19 蕴含系处理

4.3.4.3 分合链方法

城市要素可以进行各种形式的结合与分解，可拓学把这种可能性称为可扩性，可扩性包括可加性(⊕)、可积性(⊗)和可分性(⊖)，通过这种特性研究问题的方式称为分合链方法。由于可拓基元可以通过语义链进行表示，所以分合链方法亦将能够作用于城市语义网络。例如，当处理一条街道的多个建筑立面与整条街立面的协调问题时，会得到如下组合链：

L1－1＝(建筑 1，色彩，灰色)，L1－2＝(建筑 1，风格，现代)；

L2－1＝(建筑 2，色彩，白色)，L2－2＝(建筑 2，风格，现代)；

L3－1＝(建筑 3，色彩，深灰)，L3－2＝(建筑 3，风格，古典)；

La－1＝(街道 a，色彩，灰色)，La －2＝(街道 a，风格，现代)。

于是可以利用语义网络链的可加性 L1⊕L2⊕L3，得到多种解决立面协调问题的途径。如单体建筑立面可以通过色彩与整条街协调，也可以通过风格进行协调，并形成相应的城市语义网络，如图 4-20。

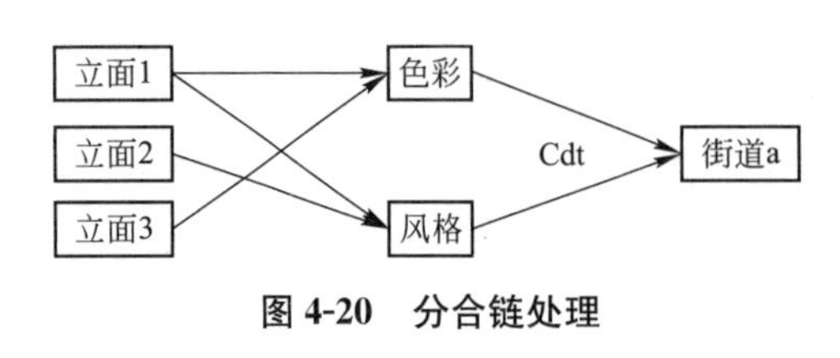

图 4-20　分合链处理

通过分合链技术，不仅可以在语义网络法中得到多个策划方案，进行比较和优选，还可以通过它转换抵达目标的路径，寻找新的潜在的解决问题的方案，提高城市设计语义网络策划的性能。

4.4　其他关键技术

4.4.1　多阶段群体策划技术

4.4.1.1　多阶段群体策划模型

动态性是当今城市设计的基本共识之一[137]。同时城市设计策划存在多人员参与的特点，如有 n 个包括规划师或建筑师的策划主体，这个决策群体用 $G=\{g_1, g_2, g_3, \cdots\cdots, g_n\}$ 表示。影响策划的因素之间存在相互的影响度，这些影响度在这里定义为多阶段群体策划过程的(包括 T＋1)有限策划结论，那么第 t 个策划状态为 $t=(0, 1, 2, \cdots\cdots, T)$。也就是说，当第 t 个状态满足某城市设计策划要求时，那么要实现这个状态就要经过 t－1 次各个影响因素之间的策划调节。

如果在策划中各个策划影响因子的相互影响顺序，以及它们所处的状态确定下来，那么就可以把这些因素及其关系用语义网络表示出来。在构建这种模型时，这些策划因子 X_t^i 需要满足一些条件，即 X_t^i 策划状态确定以后，其后续一系列策划备选方案 X_{t+1}^j 要确定下来。同时，任何一个策划主体在不同的层面对于策划中各个影响因子之间的评价值(用 g_p 表示)也需要确定。其中，g_p 表示在 X_t^i 策划状态下策划方案 X_{t+1}^j 的评价值和有效性。

根据城市设计策划的目标、策划因素及相互间的关系，建立相应的多阶段群体决策语义网络模型 G＝(V，G)。具体内容如下：

(1) 令 $V(G)=X_0 \cup X_1 \cup X_2 \cup \cdots \cup X_T$，作为 G＝(V，G)的语义网络节点集，也就是模型中的策划影响因素；

(2) 令 $X_0=\{x_0\}$，作为策划对象的初始状态或策划需要解决的原始问题，如在城市设计开始时，功能区分布存在的矛盾问题；

(3) 令 $X_T=\{x_T\}$ 为某个策划过程的最后结果，即通过策划所要达到的目标状态；

(4) 令 $e=\{x_t^i, x_{t+1}^j\}$，$e \in E(G)$，当且仅当后续策划方案 x_{t+1}^j 是上一层策划 x_t^i 的备选方案，由此组成图 V(V，G)的边集；

(5) 这时 n 个策划主体对每个方案及其后续备选方案进行测评，得到决策权重 λ_t^p，于是构成了 G 中边 e 的权向量。

由此，一个相应的多阶段群体策划问题模型的主要内容都具备了，也就是形成了一个有权向量(T+1)的有向语义网络图。其中满足：

$0 \leqslant \lambda_t^p \leqslant 1$，$\Sigma\lambda_t^p = 1$，(t=1，2，……，T)。

决策权重 λ_t^p 反映了每个策划者在某个策划阶段的地位和决策权力的程度，由于每一个策划者在不策划阶段的专业能力、权威、价值观和利益倾向有所不同，所以 λ_t^p 在每个阶段是变化的。

4.4.1.2 多阶段群体策划方案综合

在多阶段群体策划语义网络模型构建完毕后，接下来就要依据模型进行相应的策划工作。n个策划主体会有不同的策划意见，特别是公众参与方式由“线性”向“齿轮”模式的转变，使参与过程变得复杂，也就是说公众参与权并非越大越好[138]。但通过对语义网络的每一个网元进行分解讨论、测评，则可以在分环节平衡这一矛盾。也就是说每个策划者(包括公众)可以根据某一既定影响因素进行测评，也可以根据某几种影响因素进行分别测评，记为 $f_{tij}^p(x_t^i, x_{t+1}^j)$。例如，在哈尔滨儿童公园开放式改造中，园区与周边住宅区的边界设计就存在类似问题，如图 4-21。

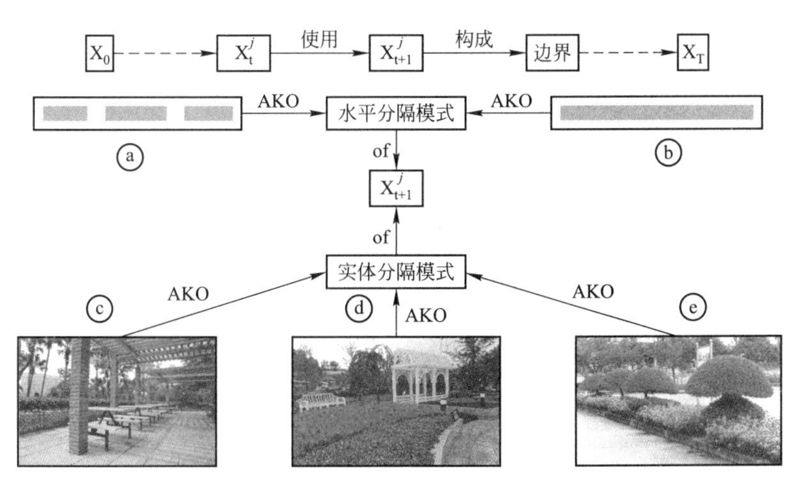

图 4-21 语义网络评测模型

其中 x_t^i 为 t 层问题模型中的 i 节点，可以指代公园与住区之间某段原来的围墙区域；而 x_{t+1}^j 包括各种策划模式，是语义网络策划模型的嵌套结构。如可以令 x_{t+1}^j 为“c 连廊加乔木”、“d 花池加小品”或“e 绿篱加灌木”等分隔模式，当然也可以进一步细化为“a 分散式通透”和“b 集中式通透”模式，形成 $C_3^1 \times C_2^1$ 个组合模式，即 ac、ad、ae 和 bc、bd、be。坚持 ac 方案的策划者(如该区居民)认为，ac 方案可以为住区提供休闲活动场所，可以使受欢迎的行为活动延伸至园区内部；坚持 ad 的策划者(如设计师)认为，在考虑行为活动渗透的情况下，ad 方案可以为相邻路径营造各种主题景观，为景观设计师提供创作空间；坚持 be 方案的策划参与者(如原有公园管理人员)可能认为有限的开放式出入口对于方便管理是很重要的，建设成本也是需要考虑的因素。

这些矛盾是城市设计策划实践中经常遇到的情形，由于城市设计“多主顾”的特点，在不同价值观、利益博弈上不免会存在分歧。这时候就需要通盘考虑所有利益主体的需求，然后进行相应的策划。这里面有些策划方案可能与上一层次或下一层次的语义网元发生矛盾，不过有时也是统一的。如在上一层次的语义网络策划模型中，对原有路径的行道树有强烈的保留需要，那么 be 方案就是一个矛盾现象，相应的语义网络网元则需要调整，如 c 和 e 的结合；但是 c 策划中连廊聚集的人群会受到相邻机动车道路噪音和尾气的污染，连廊的设置又是不适宜的，所以 ce 方案又需要进一步调节；原有 c 方案乔木的保留是符合整体策划意见的，所以关于这一点是统一的。

由于每个阶段的语义网络都存在上下关联的问题，这些关联都成为单个网元的评测的依据。至于没有关联和关系微弱的关系链(如绿篱、小品的形式)则可以通过测评取得各自的权重值。也就是将 $\lambda_t^p f_{tij}^p(x_t^i, x_{t+1}^j)$ 进行求和运算，求出语义网络 G=(V，E)中每一组网元关系链的权值。

4.4.1.3 多阶段群体满意决策

该决策原理是，由空间语义网络和其他策划网络构建具有针对性的问题语义网络，然后分别统计出各个网元(如策划方案)在不同因素影响下的权重值，之后求和，并将其所构成的权值在同一维度进行再次求和。

其中一条语义网络链(x，x′)中的权和称为 x 到 x′之间的距离，记 d(x，x′)，称策划 $Q(x_t^j)$为状态 x_i 下的一个群体满意策划，如果策划 x_t^j 的评价值最高，则认为此策划 x_t^j 和之前策划 $P(x_t^j)$的距离 d 最大。那么 $\Sigma X = x_0\ x_t^j \cdots\cdots x_{T-1}^j\ x_T$ 所对应的各个多级语义网络链就是解决多阶段群体满意策划问题的策划方案集。为此，首先做一个单问题策划语义网络模型，如图 4-22。

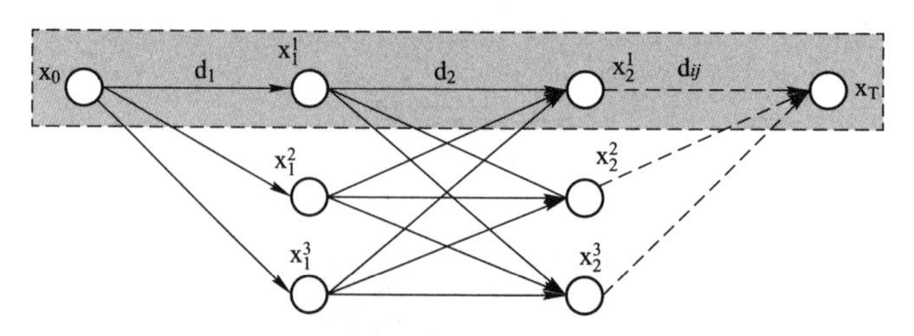

图 4-22 单问题语义网络策划模型

根据上述步骤，群体满意策划问题就可以转化一个多部有向赋权语义网络图。如果图中灰色区域内的语义网络链的综合权和值最大，也就是存在一条权值最大的路，即 $d_1 + d_2 + \cdots + d_{ij}$ 值最大，那么这条语义链就是优选的策划方案。对于多个策划者的意见，如有 n 个策划者，那么就会有 n 部赋权语义网络图，通过综合评测，得到群体满意策划方案。

4.4.2 最大匹配策划技术

4.4.2.1 技术原理

利用最大匹配法决城市设计策划问题之前，先介绍一下相关的基本概念与原理。

(1) 针对策划问题构建语义网络，并转化为图 E(G)。

(2) 假如 M 是 E(G)的一个子集，并且 M 中任意两个网元在 G 中均无相同节点，那么称 M 是 G 的一个匹配。如图 4-23，M= $\{v_1v_2\}$ 或 M= $\{v_1v_2, v_3v_4, v_5v_6\}$ 就是一个匹配。

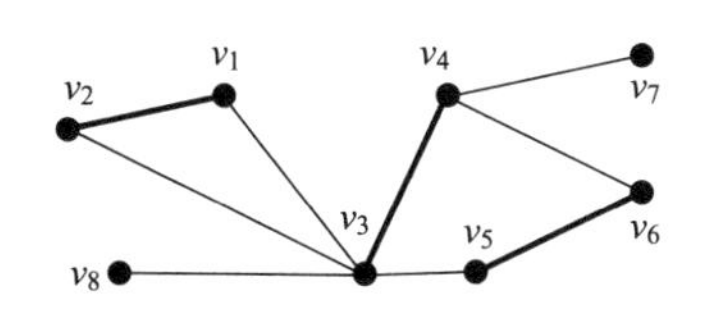

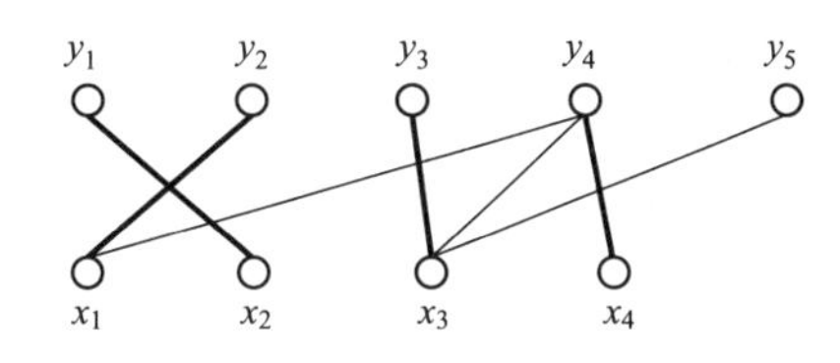

图 4-23　简单匹配模型

(3) 渗透点与非渗透点。若在图中某一顶点 v 与匹配 M 相关联，则称 v 为 M 渗透点，否则称为 M 非渗透点[139]。例如图中所示，v_1、v_2、v_3、v_4、v_5、v_6均为 M 的渗透点，而 v_7、v_8则为 M 的非渗透点。

(4) 若 M 是 G 中含边数最多的匹配，则称 M 为 G 的最大匹配。图中所示 $M=\{x_1y_2, x_2y_1, x_3y_3, x_4y_4\}$ 就是 G 的一个最大匹配。

(5) M 交错链。对于已经确定的 M 的二分图 $G=(X\Delta Y)$，其中 $x_i\in X$，$y_i\in Y$，那么从 x_i 到 y_i所形成的链中 L，若奇数条边不在 M 中，偶数条边在 M 中，且 x_i与 y_i均为非渗透点，那么 L 定义为 M 的交错链。

4.4.2.2　策划步骤

扫描最大匹配的具体步骤是：

首先在构建的二分图 $G=(X\Delta Y)$中随机选择 n 组匹配 M 作为初始匹配组合，这里 $0<n\leqslant m$。并且 X 中将非渗透点标记为(＊)。若不存在非渗透点，则 M 为最大匹配。

然后依次在 X 中以非渗透点(＊)为起点，向 Y 中不经过 M 的连线进行扫描并且标记为 x_i，接着依次选取 Y 中被标记且未被扫描的点，经过 M 向 X 进行再次扫描标记为 y_i，以此循环直到 X 与 Y 所有标记点均被扫描。

最后通过 M 交错链验证最后标记的点，从中挑选出不属于 M 交错链的结束点作为最大匹配的突破点，进行反向操作，形成 M′交错链。在操作过程中可以结合方案之间的重要程度进行突破点连线的选取，通过公式$\overline{U}=(M\cup M')-(M\cap M')$，$\overline{U}$为新的初始匹配组合进行的再次匹配操作。若通过操作无法形成 M 交错链，即$\overline{U}$为图 G 的最大匹配，若操作过程中还会形成 M 交错链，则要继续更新初始匹配组合，再次操作，直到操作的结果不产生 M 交错链为止，那么最后的到的$\overline{U}$为最大匹配。

4.4.2.3　实务要点

最大匹配法是基于图论的重要方法之一，是在 1965 年由 Edmonds 提出的概念。语义网络策划可以应用最大匹配法，是因为语义网络可以通过调整转化为图论的二分图 $G=(X\Delta Y)$，X、Y 分别为策划目标和策划方案，然后对于二分图 X 与 Y 之间进行分析论证，找出两者内部要素匹配数量的最大值。

利用语义网络最大匹配法决城市设计策划问题之前，先要选定二分图 G 中的一组或 n 组匹配(M)作为初始匹配组合，进行操作。在 Edmonds 的算法中选取 M 这一过程可以是随机的，也可以是有目的的，无论运用哪种方法得出最大匹配的数量值都是统一的。但是随着 M 的不同以及计算过程中突破点选取的不同，势必造成最大匹配要素内容的差异。在运用语义网络最大匹配法解决城市设计策划问题的过程中，应该通过前期分析，选出优先或重要的二分图节点对，尽可能将它们作为最终的突破点，使得最大匹配的结果保留该节点对。或者通过 M 选择的不同与突破点的变化，将多个的最大匹配方案进行比较，根据语义网络模型中明显重要或明显占优势的关联要素设定最优匹配方案，所以在城市设计策划中应用最大匹配法与一般性的匹配问题是有一定差别的。

在城市设计语义网络策划中运用最大匹配法，要选择优先级的二分图 M，如果模型中语义网络节点并不都是渗透点时，则要在 X 或 Y 中选取不与 M 相关联的节点，并将非渗透点标记（*），然后从这些非渗透点扫描其他可增长路径，称为 Δp，直至所有的策划目标和策划方案都经过扫描，则称 $M \cup \Delta p$ 为语义网络 G 的最大匹配。需要注意的是，Δp 也应存在一定的优先序，同时 M 和 Δp 同时要符合城市设计策划中的一般规律，具有一定的合理性。在城市设计策划中构造的问题模型中，要素之间的关系一般比较复杂，所以在构造二分图时一方面需要构造两部要素集合，且集合内语义网络节点的关联暂时忽略或不表示；另一方面，要使集合间语义网络节点以同一方式相互关联，使得各种策划方案与策划目标构成相应的语义网络，然后最大限度地实现一一映射，也就是一对一的策划方案。

4.4.3 最稳定匹配策划技术

4.4.3.1 技术原理

美国数学家 David Gale 和 Lloyd Shapley 在 1962 年提出了最稳定匹配方法，即 Gale-Shapley 算法。最稳定匹配策划方法与最大匹配策划方法不同，最大匹配法主要是根据策划方案与决策目标之间的匹配性，在可行性的范围内将决策目标与策划方案进行最大程度上的配对。而最稳定匹配策划法则是以两组城市语义网络策划节点为基础，通过适应程度或权值排序，在决策目标与拟实施方案之间，寻找一种最稳定匹配的方案。最稳定匹配策划方法的前提是，两组节点集合无论以哪一方为出发点，都有一系列可行的匹配，在此基础上找到满足双方要求的策划方案。当然，最稳定是这种方法的最大特点。这种最初来源于婚姻配对问题的方法，后来在就业、排课等很多领域得到应用，在城市设计相近领域国内近期也有相关研究，如将最稳定匹配方法应用在控制性详细规划要素调节方面[140]。

对于城市设计语义网络策划来讲，应用最稳定匹配策划方法最主要的算图是城市语义网络偶图。其基本原理是通过语义网络偶图构造策划模型，然后确定优先集，再通过排序构造出相应的优先秩矩阵，在 Gale-Shapley 算法之下求取最大化的稳定匹配结果。

4.4.3.2 模型建构

在城市设计语义网络策划的最稳定匹配方法中，典型的策划模型一般是一组语义网络偶图，通过偶图把策划节点集合分成两部分，如策划方案、对应元素，或者是决策目标等等。然后令该组城市语义网络偶图 USN＝(X△Y)，其中 $X=\{x_1, x_2, \cdots\cdots, x_n\}$，$Y=\{y_1, y_2, \cdots\cdots, y_n\}$，X 和 Y 分别代表备选方案和策划目标。然后将偶图 X 集合中节点与 Y 集合节点进行随机匹配，但是此时的匹配是不稳定的，如图 4-24。

在图中有 a、b 待选地块，对应休息区和绿地区。假如策划主体仅为设计师，那么对于 a 地块而言，策划者可能认为应优先匹配绿地区，其次为休息区；对于 b 地块，具体意见可能也是优先匹配绿地区，其次为休息区。但反过来对于绿地区来讲，设计师可能会因为景观视线原因，认为不能匹配 b 区，但可匹配 a 区；对于休息区来讲二者皆

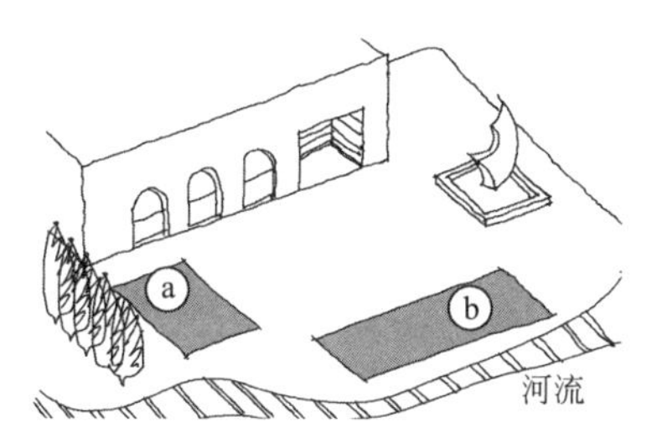

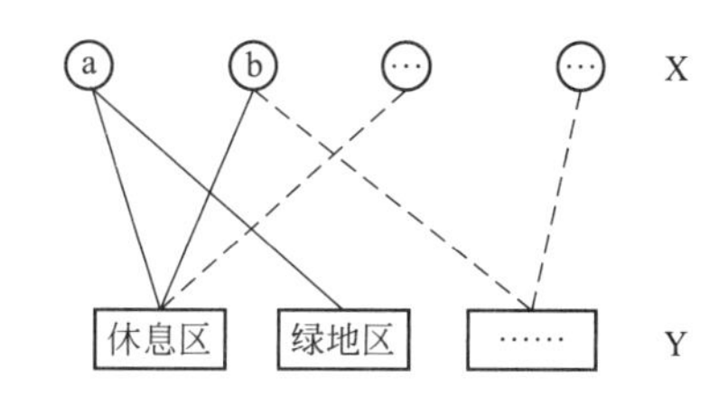

图 4-24 偶图的随机匹配

可，但排序是 b 优先，a 其次。对于有限的元素可能从直观经验就可判断出合理结果，但对于复杂问题则需要一个好的解决方法。这里为了得到语义网络偶图的稳定匹配，需要引入优先秩评定方法。

4.4.3.3 优先秩评定

优先秩的评定需要一个优先秩评定矩阵 A，同时带来 p 与 q 两个变量。如 p 代表 X 变量对 Y 的匹配排序，q 是 Y 变量对 X 的匹配排序。此时，无论是以 p 排序优先还是 q 排序优先，通过 Gale-Shapley 算法必然会得到至少一组稳定匹配。不过如果以 p 排序优先，也就是先满足 X 集合元素要求，Y 集其次，那么计算结果也会偏重 X 一方。反过来，如果以 q 排序优先，其计算结果往往与前者有一定差异。此时就需要提到下一个概念，即优先集。

如以 X 为优先集，并代表上节所示的各个空间区域，通过“X 优先集”得出的稳定匹配使得 X 内的 a、b 等区域能够在最大程度上获得所适合的 Y 集功能或性质。此时 Y 集处于一个备选状态，y_i 在 x_i 中所适合的排序不会比 X 集优先的选择方式靠前。换句话说，通过 X 集优先得到的稳定匹配，对于 Y 集来讲得到的 X 集是最不理想的。反之，如果以 Y 集优先，则结果相反。对于这个问题，要通过优先秩矩阵来分析和解决。以上节图示语义网络偶图为例，仅考虑两对网元节点，令 x_1＝a、x_2＝b，y_1＝休息区、y_2＝绿地区，如图 4-25。

$$X=\begin{bmatrix} & y_1 & y_2 \\ x_1 & 2 & 1 \\ x_2 & 2 & 1 \end{bmatrix} \quad Y=\begin{bmatrix} & y_1 & y_2 \\ x_1 & 2 & 1 \\ x_2 & 1 & 2 \end{bmatrix} \quad \begin{array}{c|c} & y_i \\ \hline x_i & (p_i, q_i) \end{array} \quad A=\begin{bmatrix} & y_1 & y_2 \\ x_1 & 2,2 & 1,1 \\ x_2 & 2,1 & 1,2 \end{bmatrix}$$

图 4-25 优先秩矩阵

图中的 A 是构造出来的优先秩矩阵，通过 A 就可以进行下一步最稳定匹配的计算。

4.4.3.4 计算方法与步骤

在优先秩矩阵基础上，最稳定匹配需要进行 Gale-Shapley 算法的计算，其基本步骤为：

(1) 选择优先的稳定匹配方式。在实际操作过程中，对于策划的问题节点需要从实际需要选择优先集，这可以通过人为判断或量化评测进行选择，如策划主体认为休息区因满足人的生理需求而优先，就会以 Y 集优先的方式进行选择；

(2) 在 Y 集中依次使每一未进行选择的 y_i 寻找排序靠前的 x_i，已经被选定的除外；

(3) y_i 与 x_i 交替进行，在所有已经选择 x_i 且尚未拒绝的 y_i 中，也选择排序靠前的，

同时拒绝其他 y_i 的选择。

以上(2)、(3)步骤进行持续操作，直到全部循环，并形成 Y 与 X 的一一映射。至此，一组最稳定匹配的策划结论就形成了。

如果以 X 集为优先，匹配结果可能会有所不同，但如果二者结果一致，则这种匹配是完美的。这一方法将在最后一章进行的详细过程演示。

4.4.4 差异度分析技术

4.4.4.1 对称相异度

在城市设计研究中，有时需要对空间、实体的原型进行分析。如果用语义网络描绘城市的抽象结构，就会得到相应的城市语义网络，如 $G_1=(V_1, E_1)$ 或 $G_2=(V_2, E_2)$。如果需要进行比较分析，那么就可以引入一种对称相异度算法，并把这种差异度定义为：

$$G_1 \oplus G_2=((V_1 \cup V_2),(E_1 \cup E_2)-(E_1 \cap E_2))$$ [141]

每一组城市语义网络 G_1 和 G_2，根据第三章的邻接矩阵原理，可以形成对应的矩阵 $Matrix_1$ 和 $Matrix_2$。然后令：

$$D=|Matrix_1-Matrix_2|$$ [141]

D 表示 $Matrix_i$ 之间差异的非零元素的数量。于是可以计算出 G_1 和 G_2 的相异度 S_{12}，公式如下：

$$S_{12}=\frac{G_1 \oplus G_2}{|Matrix_1 \cup Matrix_2|^2}=\frac{D_j}{n^2}$$ [141]

D_j 表示非零元素个数。S_{12} 越小，表示 G_1 和 G_2 的相似度越高，反之亦然。

城市是一个开放的系统，城市要素包罗万象，而且不断变化。各种各样的要素会随机地纳入某一个体系或集合。也就是说，有时候会针对某个城市设计问题构建一个城市语义网络模型。进行比较分析时必须要有一定的参照物，所以有时会需要某些“语义网络母版”。有了这个母版，也就是若干语义网络模型的并集 $Matrix_0$，就会得到一个相对稳定的共用参照物，相应的差异度结果才会有参考价值。

在任何一个城市语义网络的分析过程中，语义网络节点的排列是不统一的。为了避免由于语义网络子树的顺序差异而引起的误差，需要通过补差确立城市语义网络母版 $Matrix_0$。然后通过对若干子图的邻接矩阵进行行变换和列变换，经过 n！次变换，初步得到母版和子图之间的拓扑差异[142]。

4.4.4.2 最小拓扑差异度

由于语义网络是人为构建的数据结构，其自身会存在拓扑结构的不一致性。针对这种情况，一般有两种解决方式，一种是构建母版，一种是行列变换。

通过构建城市语义网络母版和语义网络矩阵的行列变换，在面对大量比较对象时会存在一定的不足。如逐一调整每一组城市语义网络，会导致编辑(移动、删除和增加)算法开销十分巨大。于是国内学者进一步提出了最小拓扑差异的计算方法。公式如下：

$$\min G_1 \oplus G_2=\min_{j=1}^{n!}\frac{|Matrix_1-Matrix_2|}{n^2}$$ [141]

具体做法就是对 G_1 和 G_2 采用相同的遍历方式构造邻接矩阵，且 G_1 的邻接矩阵 Ma-

$trix_1$保持不变，通过对G_2的邻接矩阵$Matrix_2$进行行变换或列变换，变换方式为n!，则可找到G_1和G_2之间的最小拓扑差异。这一公式研究具体的城市语义网络相异度会更加全面，对于有些类型的设计策划具有较大的参考价值，如旧城改造更新、新老建筑协调以及城市文脉传承等，这些类型的城市设计策划一般都需要各种比较分析。

不过，本书采用这种方法的目的是为了研究城市设计要素的拓扑差异，为了城市设计策划而进行的比较，同时也考虑要为下一步的景观设计和建筑设计留有足够的自由度。因而有时不必考虑空间、实体的节点内容的差异性，取而代之的是一个通用节点概念。

4.4.4.3 最小赋权对称相异度

当我们从城市设计要素中抽象出城市语义网络时，它们之间的完全匹配的情况极少发生。除了以拓扑结构作为相似性的衡量指标，还需要在语义网络赋权图基础上赋予关键度的权值。这是因为人们对于不同的城市要素的关注度和理解有所差别，这是由于人的心理、生理，以及社会、历史、经济等因素造成的。

在城市语义网络形成的时候，人们会不自觉地在节点内容、权重匹配中融入主观因素，如需要考虑什么、需要重视什么等，实际上这就是一个初始赋权阶段。对于具体的赋权量值计算，可以通过传统的方式统计得出，如打分法、量值法，甚至还可以设定某些绝对权重，以满足城市设计中诸如美、情感等要求。

对于这种最小赋权对称差异度计算问题，国内有学者提出过一种解决办法，公式如下：

$$\min G_1 \oplus G_2 = \min_j\left(\frac{1}{n^2}\sum_{G_{1-i}G_{2-j}} w_{1-i,2-j} \times x_{1-i,2-j}\right)$$ [141]

其中$w_{1-i,2-j}$表示语义网络节点上的相似权重，它能够体现城市设计要素在内容上的相似程度，满足$0 \leqslant w_{1-i,2-j} \leqslant 1$，0表示完全相同，1表示完全不同，是递减的模糊函数。$x_{1-i,2-j}$表示语义网络G_1和G_2之间的匹配情况，如果能够匹配则为1，否则为0。

4.4.5 层次分析技术

4.4.5.1 AHP技术

AHP层次分析法（Analytic Hierarchy Process）是美国运筹学家Saaty提出的，是一种结合定量和定性的多属性决策分析方法。对于城市设计语义网络策划而言，很多策划问题是难以量化的，而且参考的数据无论在数量上和类型上往往也不能满足策划要求。

在一般的城市设计策划过程中，策划主体经常是通过直观判断或专业经验对策划方案进行比对分析。AHP方法利用层次结构方式来描述策划问题，并对经验和直观感受进行量化，如空间感受、行为认知、综合效益以及便利性、美观性等等，在一定程度上能够解决城市设计策划复杂性的特点。

针对某一类策划问题，结合AHP法可以构建相应的城市语义网络模型。如对于任意目标语义网络节点，通过语义网络形式，可以把已知城市设计知识作为策划的准则层或其子准则层，然后把结束层作为策划方案层，如图4-26。

在这个模型中，要求上层节点控制下层节点，通过判断矩阵进行两两比较，确定下层对上层的重要程度。这一环节可以通过权重比较得出结论，如最后一章区段层面策划

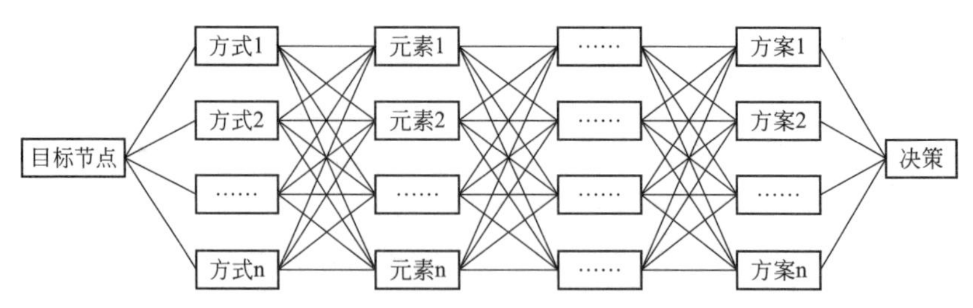

图 4-26 城市语义网络 AHP 形态

实务中，策划过程把策划者的职业、能力水平等因素作为影响度的参考。然后在由AHP中的准则权重进行一致性检测，即 CR=CI/RI，统计各层语义网络元素对策划方案层的合成权重，并对其排序再次进行一致性检测，最终进行决策分析。

4.4.5.2 ANP 技术

层次分析法的思维组织特征符合人的分解—判断—综合的习惯。由于这种特点，很多研究都有类似的组织方法，如前面提到的可拓学中就有一种叫做“菱形模式”解析方式。但 AHP 方法也存在一些争议，如没有经过合理性论证的“九分法”、区间值与比率标度不符、子层分解权重和往往大于未分解权重等等，特别是当有新的策划方案时，会出现“逆序现象”。由于上述原因，后来又出现了 ANP 方法。

ANP 方法放弃了 AHP 方法互相独立的层次结构，考虑了同一层次元素之间的关联影响。而语义网络模型则可以很容易地表达这种关联影响，并且还能够表达子层、下层对上一层元素的反馈作用。

ANP 方法由控制层和网络层构成。如果把语义网络策划法与 ANP 结合起来，同样会具备 ANP 的一些技术特点。例如，在形式表示方面，允许策划者构造动态复杂的策划模型，保留系统中元素之间的关联性，同时任何一个语义网络节点都可能成为影响元素或被影响元素。另外，通过语义网络构建城市设计策划模型，理论上策划准则与语义网络节点可以相互转化，根据不同的策划目的在一组模型基础上转换成若干策划形式。为了说明这一点这里以图示为例，如图 4-27。

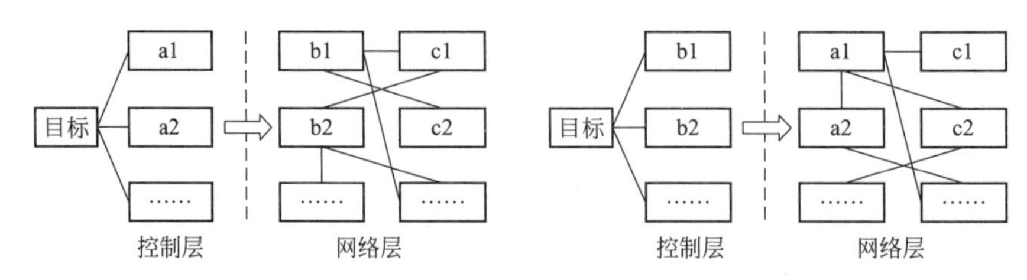

图 4-27 城市语义网络下的 ANP 转化

对于策划准则和语义网络节点的相互转化，我们可以举例说明。例如“比例协调”可以作为“建筑形态”的控制节点，但反过来，“建筑形态”又可以成为建筑立面细节比例的控制节点。

由于语义网络方法的灵活性，还可以融入众多其他策划方法，如级别不劣于多属性决策法、传统 MADM 方法、GP 目标规划法等等。语义网络策划方法需要其他学科的支撑，同时也需要其他学科的完善和发展。

4.5 小结

本章是基于语义网络的城市设计策划方法的核心，是在提出城市语义网络及其原理之后，面向具体操作的技术研究。

数据处理是本方法的基础。结合专业特点和既有的技术、方法，本章首先归纳了一些与语义网络方法相关的数据处理技术，通过研究表明，在数据层面该方法是可以与专业数据处理技术进行对接和转化的。

语义网络方法具备天然的逻辑能力，这也使得城市设计的语义网络策划技术可以融入逻辑技术进行策划。在逻辑策划技术方面，我们可以进行各种问题推理和矛盾求解，并且可以对城市语义网络进行逻辑校验。

语义网络方法可以结合其他平行的技术，与可拓学技术相结合的研究说明了形式化方法的互通性。可拓语义网络为该方法提供了规范性的参考和经验，其他各种可拓技术为城市语义网络的策划操作提供了重要的技术处理引擎。

作为一个开放式的技术体系，城市设计的语义网络策划还能够引入更多的策划技术。多阶段群体策划技术为策划的满意平衡和合理性提供了技术支持；稳定匹配和最大匹配技术为得出稳定结果和最优结果提供了一种操作技术；差异度分析技术和层次分析技术为某些特定的城市设计策划问题提供了技术支撑。

通过研究表明，语义网络策划方法可以结合其他学科方法，可以融入各种策划技术，提高了这种城市设计策划方法的能力。

第5章 基于语义网络的城市设计策划实务

任何一种新方法和新理论在其初期研究阶段，都需要在相关研究和分析的基础上提出一种假设，通过思考和设想提出解决问题的思路，然后再通过实验检验其可行性。如果预期目标与实验结果相符，则说明这种方法和理论具有一定的价值。基于语义网络的城市设计策划方法同样也需要相应的设计实务进行实验验证，这是符合现代科学规律的一种研究过程。

5.1 组织模式与策划程序

5.1.1 策划组织模式

5.1.1.1 多人员组织模式

城市设计工作量很大，设计面很广，一般情况下不是由一个人能完成的工作，所以多人员参与是城市设计的主要特点之一。对于城市设计的前期策划来讲，多人员参与策划工作尤为重要。

首先，多人员参与在一定程度上能够减少个人偏见和决策武断。对于任何一个策划问题及策划目标，多个设计师会有多种想法。虽然有时真理会掌握在少数人手里，但从整个行业的科学概率上看，多人员参与策划工作的客观性还是相对可靠的。这一点在群体满意策划方法中会得到部分体现。

其次，多人员参与策划工作会形成集体智慧。个人的力量是有限的，每个人的能力也存在差异，如果我们能够通过有效的组织方式，将每个人的良好建议综合起来，将会极大促进城市设计策划工作。例如，文中第三章提到的思维导图就存在一种集体创新的方法与机制。

另外，由于城市设计工作量较大，周期也比较长，这也是导致城市设计策划工作需要多人员参与的主要原因。就以城市设计前期调研来说，在这个阶段经常会遇到专业人力资源短缺的情况，导致城市设计及其策划产生许多缺陷和漏洞。

针对这一特点，城市语义网络概念的提出，就是要提供一种策划平台，使策划人员的思想与工作成果在一个理想的系统模型中进行和保存，在解决了组织矛盾问题和配合问题后，实现一种多人员协同的工作模式。

5.1.1.2 多学科组织模式

城市设计策划是综合性的科学，不可能用一种理论、一个学科来完成。在实际的城市设计工作中，许多学者和专家逐渐意识到城市设计工作绝非传统知识体系所能完成的，必须要融入经济学、社会学、数学、地理学等相关学科的内容。例如在某城市滨海景观带的城市设计策划中，就需要对潮汐规律、雾日天数、流动人口统计等方面进行相关的研究，以便使城市设计策划成果更加科学、更加合理，此时多专业协同工作的必要性就体现出来。

学科、专业之间需要进行必要的相互移植与交叉，可以促进城市设计策划工作的合理性。所幸的是计算机、互联网以及人工智能的发展，为城市语义网络策划方法提供了技术支撑。通过城市语义网络我们可以突破专业瓶颈，解决城市设计的复杂策划问题，提供一种有效的多学科结合的协作工具。

5.1.1.3 多阶段组织模式

首先，城市设计项目持续时间有时会很长，存在多个设计策划阶段和设计周期。甚至对于同一地段的城市设计项目，随着时间的推移，所要处理的核心问题与环境情况也会发生相应的变化。本书之前所提到的动态多阶段策划技术就体现了这一观点。

例如哈尔滨道外区中华巴洛克街区的城市设计就经历了若干设计阶段。早在20世纪90年代末，地方政府就从历史街区复原的角度出发，进行了城市设计工作，到如今，该项目的城市设计工作无论从理念、需求和社会综合角度都发生了转变，由最初简单的形式复原到如今的街区更新与复兴，经历了几次本质上的变化。这种现象显然是受到学科进步、理念更新的影响，但也反映出了城市设计策划的多阶段组织特征。

正是由于这种阶段性，使得城市设计策划工作很难保持连续性，每次策划都需要一次重复工作。这不仅大大降低了效率，也会导致前期的某些工作成果被遗漏，造成工作脱节。城市语义网络概念的提出，实际上也是为了提供一种持续性的策划、决策的技术模型。我们可以在这个模型中对新旧数据进行存储和更新，每一次数据操作都要求相应的记录与处理，即使策划主体发生改变，策划工作也能有序进行。

5.1.1.4 多部门组织模式

城市设计需要设计机构来完成，但是策划工作则是一个集体行为，这个集体包括了各个相关的技术部门、行政部门和开发主体等。多部门的策划组织形式有效地吸纳了不同来源的意见与利益诉求，为城市设计成果的实施取得一个平衡的作用。例如在哈尔滨市儿童公园周边的城市设计策划过程中，当地建委、规划局与产权单位和周边居民都对该改造项目提出了意见，这里存在一些共同利益，但尽管任何参与方都希望环境有所改善，实际过程中也存在大量的利益矛盾问题。其中业态转变就会与该区域业户和居民的利益发生冲突，另外开发投资主体的经济效益也与城市设计的用地模式和改造范围发生碰撞。此时就需要一个利益平衡的契约平台，城市语义网络为这一平台的实现提供了一种有效方式。本书第4章的模型匹配技术与多阶段群体满意策划方法，就在一定程度上提供了这种技术支持。

除了矛盾问题，多部门的策划工作组织也需要一个技术平台，并且这种平台除了汇总意见、收集数据之外，还需要具备组织策划、评价反馈的能力。这种能力的形成有赖于语义网络策划方法的完善与深入研究，如需要建立相应的专家系统、数据处理系统、评价系统等，但无论如何城市语义网络将会具备与城市设计框架同样的组织能力。

5.1.2 策划基本程序

5.1.2.1 阶段与定位

Jon Lang 认为城市设计可以分为立项阶段(Intelligence Phase)、设计阶段(Design Phase)、选择阶段(Choice Phase)、执行阶段(Implementation Phase)、操作阶段(Operational Phase)或使用评价阶段(Postoccupancy Evaluationphase)[143]。在整个城市设计过程中，城市设计语义网络策划集中工作阶段则处于所谓的立项阶段，并同时与其他阶段相关联，如图 5-1。

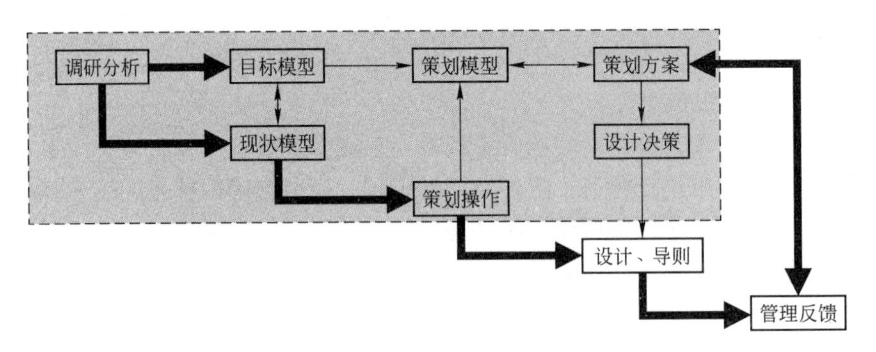

图 5-1 阶段与定位

城市语义网络模型是本策划方法的核心，除了各阶段模型本身之外，还直接影响策划方案成果和设计决策。另外设计实施及后期管理、评价反馈也会间接地促使城市语义网络模型的调整。因此，通过城市语义网络进行城市设计策划是在一个多阶段互动的形式下进行的。

5.1.2.2 前期调研与数据处理

城市设计策划与城市设计在前期调研与资料分析阶段是基本一致的，包括城市历史发展过程和城市总体规划情况，以及地段环境空间情况、经济社会方面的情况等等。首先，对于城市设计语义网络策划来讲，存在一个策划主体人的理解过程和一个信息形式化的过程。这一过程仍然是利用与之相关的知识背景及感知经验来进行推断和解释的，需要借助语义网络的特点使调研数据与语义网络模型相匹配，也就是经过处理后与城市语义网络模型的目标及关注内容相匹配。

其次，情景理解也是一个重要的前期过程，需要经验、感受和认知的支持。其根本任务是通过情景去认识或解释所感知的世界，最终以语义网络的形式给出形式化的解释。由于情景本身存在解释的模糊性，存在关注点的错位，很难直接由一般人的认知图像建立语义网络，所以需要“专业人员”利用专业经验去消除模糊语义和语义歧义，并弥补部分目标或信息的缺失。

由于城市语义网络对数据无特殊要求，任何数据形式只要是语言能够表达的事实，都可以由若干网元进行解构与建构。而且，语义网络本身就是人工智能与计算机科学的一项关键技术，所以对于数字化数据的获取与处理没有任何障碍。

另外，除了一般性资料，通过 GIS 和图像理解(Image Understand，IU)等技术，也能获取部分数字化的调研信息。如图像理解就是从图像中自动提取信息的一门科学，它是在数字图像处理、计算机技术和人工智能基础上产生的一种模拟人的图像识别机理的理论。

5.1.2.3 模型建构与调整

语义网络模型建构在城市设计语义网络策划中是一个核心准备阶段。

首先要根据前期调研的数据构建目标语义网络(城市设计策划的目标)与问题语义网络(矛盾问题)，其中包含语义网络信息演绎，向树形、网络模式的转化，框架、网络模式的转化，逻辑推导与语义网络模式的转化，图示与文字的语义网络转化等等。在这一环节，很重要的一点就是要针对策划的类型与问题的特点，从基础城市语义网络中提取针对某一策划问题的模型片段，如析出各种策划运算的算图。具体的操作方法可以通过城市语义网络的交集、并集、环合、乘积等方式进行，如果需要，则要变换成适合各种策划要求的结构，如偶图、语义网络树等。

在策划操过程中会出现一些模型变动的情况，一方面这些变动需要记录，另一方面也影响了城市语义网络的分解与调整。引起模型变动的原因，有时是网元要素的变化，如对某一要素进行可拓拓展时，要素蕴含内容的出现会引起城市语义网络的变化，这种变化不一定是本质上的变化，有可能是对城市要素的分析程度加深引起的。有时这些变化与调整可能是由于策划观点的变动引起的，如对于一个夜市所造成的卫生环境恶化，在管理措施因素到位后，夜市所提供的生活活力就使得夜市成为一个社区的积极因素。

5.1.2.4 策划操作与成果输出

有了城市语义网络，就可以进行一系列的策划工作。例如根据策划思路进行思维导图式的模型变化，对城市语义网络模型进行各种加权、运算，在城市语义网络上进行逻辑推理，根据不同策划问题对城市语义网络进行各种变换等等。通过城市语义网络的若干操作，可以辅助城市设计策划的最终决策，根据策划方案指导城市设计。

目前在缺少专门策划软件支持的情况下，可以先从分节的策划方式开始。每一次分节策划都会使城市语义网络发生一些变化，当变化发生时要对模型进行相应的调整，保证策划过程的连续性和完整性，理论上这一具体策划操作的过程，如图 5-2。

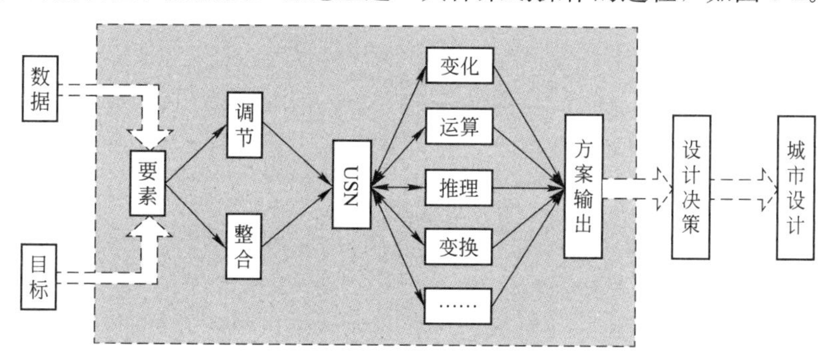

图 5-2 策划操作过程

复杂的城市语义网络并不适合阅读与理解，所以城市语义网络的成果还需要其他的输出方式。第一种是城市语义网络向自然语言的转化，也就是策划的文字成果；第二种是模型成果，也就是可视化的模拟图；第三种是图示成果，也就是把城市语义网络通过特定的图示表现出来，形象直观地反映策划意图；第四种是把城市语义网络中的策划结果通过框架表示出来，这对于一些计划性、统计性成果比较适用，如具有时间维度的甘特图等等；另外，通过城市语义网络还会附加产生一些策划项目库和初步的设计导则。

5.2 总体层面策划实务

2016年3月份住房与城乡建设部在国内专家起草的《城市设计技术导则》试行办法里的城市设计层次与类型中，将城市设计分为总体层面、区段层面和专项城市设计三种类型与层次，我们暂且以这三种类型进行相应的实务策划研究，来验证城市设计的语义网络策划方法在策划实践中的实效性。为了节约篇幅，每个案例分别采用不同的技术与方法来解决某一层面的某个策划问题，以点带面说明此方法的可行性。

5.2.1 开发型策划实务

5.2.1.1 案例分析

首先我们在总体层面对应的开发型语义网络策划实务中，选取设计实例，从实验性的角度来考察城市设计策划语义网络策划方法的应用效果。这里我们参照深圳市龙岗整体城市设计中的“领域圈”策划模式[144]，以岔路河中新食品城总体城市设计为例进行假想领域圈布局策划。该项目地处长吉走廊的中间部位，总面积为57平方公里，其中建设用地面积为36平方公里，中部为丘陵，北侧毗邻铁路，南部有一水库，如图5-3。

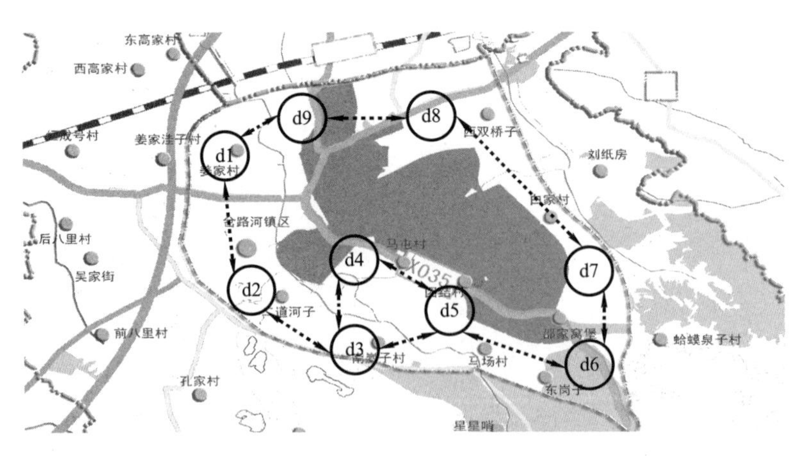

图5-3 岔路河项目的简单匹配图

（资料来源：在哈尔滨工业大学城市规划设计研究院设计六所提供的原图基础上绘制）

在此次实务研究中，我们采用最大匹配技术对弹性区域的功能进行策划。通过语义网络转化的偶图，将目标因素和对象因素划分成两大部类。集合间语义网络节点以同一方式“X，Y，位于”或“Y，X，is”相互关联，如“产业提升型公共生活领域区，d_1区，位于”。

接下来我们设定公共生活领域区：g_1为旅游服务型公共生活领域区；g_2为产业服务型公共生活领域区；g_3为综合型公共生活领域区；g_4为旧区更新型公共生活领域区；g_5为产业升级型公共生活领域区；g_6为科研型公共生活领域区；g_7为产业集中型公共生活领域区；g_8为行政办公型公共生活领域区；g_9为仓储物流型公共生活领域区。

我们以九组语义网络节点对g_i-d_i为例，假如通过产业与新城发展、人口与社会服务、功能与生态等因素进行多元匹配[145]，确定每一领域区的区位，如：

g_1旅游服务型公共生活领域区宜远离城市核心区，适宜区位为d_6和d_7；

g_2产业服务型公共生活领域区应距离物流区较近，适宜区位为d_1和d_2；

……

g_9仓储物流型公共生活领域区应紧临铁路、公路，适宜区位为d_9。

于是把g和d的各种可能关联通过语义网络关系链相连，连接值为“位于”，于是我们便得到一步语义网络偶图，如图5-4。

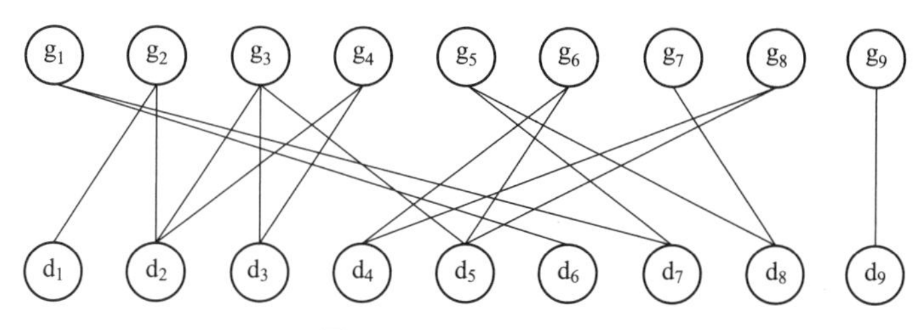

图5-4 语义网络偶图

当城市设计策划面对这样一个相对复杂的策划问题时，策划者往往凭借经验，选取重要的要素匹配作为策划结论，在细节和整体的配比过程中经常会出现主观随意的情况，而缺乏相对科学的策略，这也是人脑的生理局限导致的结果。这一事实最终会导致选取的匹配较为粗放，不能发挥地块的应有职能，造成变相的“浪费资源”。而通过语义网络最大匹配方法可以最大限度地保证在条件适合的情况下，达到匹配数量的最大化和合理化。

5.2.1.2 实务操作

实务操作具体步骤如下：

（1）选取初始匹配M

对于该策划案例来讲，所设定的功能与用地的数量相对较少，可以人为主观判定初始匹配M，如对于g_9和d_9来说，仓储物流型公共生活领域区应紧临铁路、公路，而旅游服务型公共生活领域区g_1可以配置在d_6区等，这样就得到了一组初始匹配$g_9 \rightarrow d_9$和$g_1 \rightarrow d_6$。虽然手算能够在局部层面提高一些工作效率，但是对于一些数据庞大的策划问题来说，利用人为手算会使得计算量过大且准确性较低，很可能需要计算机的帮助，所以本次计算步骤将从计算机运算的角度出发进行求解，然后在若干解中选取最优解。

首先只选取角标靠前的$M'=\{g_1, d_6\}$作为本次策划的初始匹配，如图5-5中粗线所示。

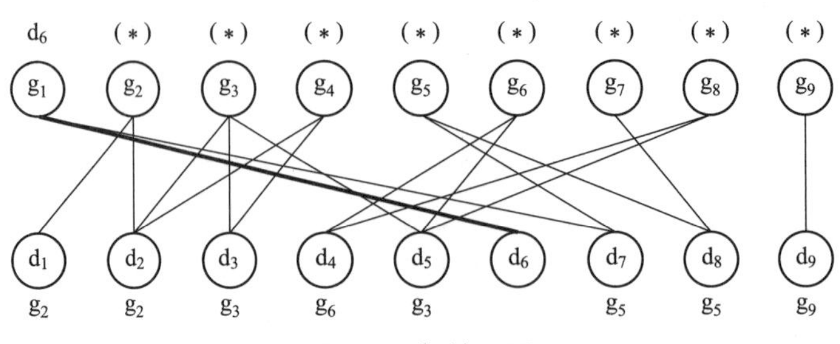

图 5-5 初始匹配

（2）对偶图进行扫描

将 D 集合｛d1…… d9｝中的非渗透点全部标（ * ），并且依次从（ * ）开始不经过 M 向 G 集合进行扫描且标记为 d_i，在集合 D 中将被标记的点进行经过 M 的反向扫描标记 g_i，如图 5-5 所示。此时发现图 G 中所有非渗透点均被扫描，所以此次扫描结束。

（3）选取突破点组成新的初始匹配$\overline{U}$

对于上图来说，通过对(0-1)M 交错链的筛选，突破点为 d_1、d_2、d_3、d_4、d_5、d_7、d_8、d_9，按照角标顺序选取 g_1 作为突破点，与之相对应的被扫描的顶点为 d_6，则新形成的交错链 $M'=\{d_1, g_2\}$，通过公式$(M\cup M')-(M\cap M')$，则新的初始匹配为｛d_6g_1，d_1g_2｝，从而再次循环进行第一步，直到无法形成 M 交错链为止，即得到本次策划的最大匹配方案。

5.2.1.3 策划结论

值得注意的是，由于对初始匹配 M 与突破点的选取没有统一的规则，所以最大匹配结果在数量值固定的情况下，要素之间的匹配情况也存在着不同，可能形成多种匹配方案。规划专家要通过城市策划区域的具体经济状况、土地现状，以及该区域对建设的需求度等因素进行分析，通过专家论证与公众参与的方式，对不同的匹配策划方案进行综合论证，以制定最符合该区域特点的城市设计策划方案。同时在实际的城市设计策划过程中，往往决策变量与决策目标的数量并不完全相等，即便相等，也无法保证每个要素都有与之相应的匹配。当出现这种情况时，就要对网元要素进行再次权衡，进行调整及再次匹配。

上述案例经过最大匹配的计算得到的最大匹配数量为 9，即没有落选地块或者用地性质，所以两组语义网络节点之间形成了完美匹配，匹配备选方案为：

$$M_1=\{g_1d_6, g_2d_1, g_3d_2, g_4d_3, g_5d_7, g_6d_4, g_7d_8, g_8d_5, g_9d_9\}$$

$$M_2=\{g_1d_6, g_2d_1, g_3d_3, g_4d_2, g_5d_7, g_6d_4, g_7d_8, g_8d_5, g_9d_9\}$$

$$M_3=\{g_1d_6, g_2d_1, g_3d_2, g_4d_3, g_5d_7, g_6d_5, g_7d_8, g_8d_4, g_9d_9\}$$

以上三组匹配还存在优劣差异，如 M_1、M_3策划方案中，综合型公共生活领域区 g_3 虽然可以位于 d_2位置，但存在产业服务型公共生活领域区 g_2的环境干扰，而作为居住品质定位稍弱的 g_4却位于较好的 d_3位置，所以三组策划方案存在一定的优劣。通过对三种策划方案差异项的综合论证，最终选取 M_2为本次策划的方案。然后对 M_2策划结果进行图示输出，最终确定此次总体城市设计的功能区定位，如图 5-6。

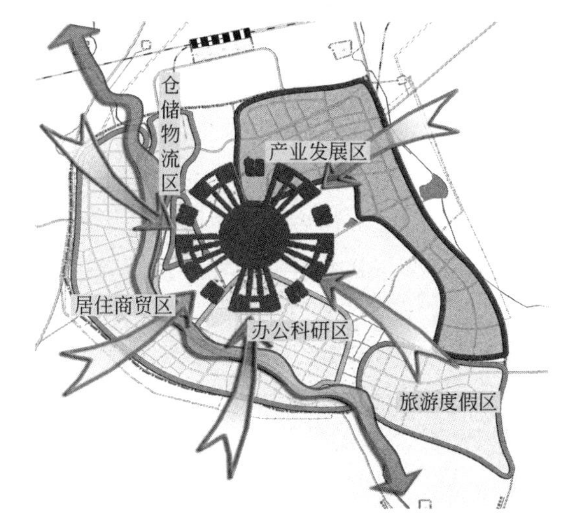

图 5-6 岔路河城区功能定位

（资料来源：哈尔滨工业大学城市规划设计研究院设计六所提供）

5.2.2 更新型策划实务

5.2.2.1 实例分析

在总体层面的更新型策划研究中，我们以哈尔滨市为例。哈尔滨这座城市历史背景复杂，在外来文化和本土传统的交叠作用下，很多城市区域的结构具有很明显的独特性。这些区域随着城市的发展与扩张，城市结构不可避免地要受到冲击，相邻区域之间充满了拼贴和互补现象，这些特征都是需要保护和更新的内容。这里，我们将把 2004 年的一个哈尔滨市总体规划方案与 2011 年通过审批的哈尔滨城市总体规划进行比较。由于句法论工具在城市空间更新策略中有较大的作用，且在原理方面与语义网络方法类同，所以这里将以空间句法“集成度”为考量指标，在宏观层面研究历史街区和城市结构变迁对于城市空间语义网络的影响，在优劣分析的基础上辅助策划。首先，我们建立一个仅由节点与路径构成的空间结构模型，形成相应的城市语义网络，如图 5-7。

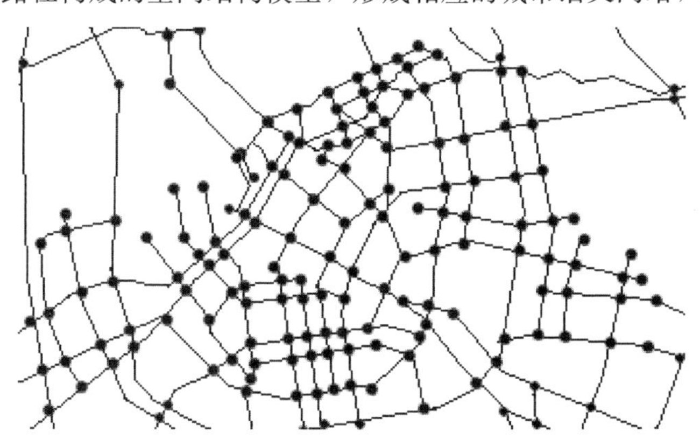

图 5-7 哈尔滨主城区二维空间语义网络模型

然后通过语义网络模型，分析哈尔滨城市的抽象结构特征，借此探析哈尔滨市历史街区所面临的压力，为历史街区的改造更新提供宏观层面的策划意见。由于缺少专门的研究工具，这里借用空间句法 Depthmap 软件和 SPSS 软件进行分析，从城市设计策划的一个侧面来说明语义网络策划方法的实效性。

5.2.2.2 应用算法

在篇幅和资料有限的情况下，为了说明问题，我们不采用线段分析法，而采用轴线分析法来研究城市的整合度和集成度。首先我们将哈尔滨主城区二维空间语义网络模型转化为图论的节点与弧，去除节点与关系链的属性、量值，这样空间语义网络就具备了“出入度”和“连通度”等特征，成为图。由于我们要使用空间句法相关的一些工具，所以我们用轴线表示城市路网，道路的折点、交叉点作为节点，每条道路用若干直线表达，直线的数目尽量少、长度尽量长，以提高分析的准确性。其次，我们将 2004 年和 2011 年哈尔滨总体规划图以光栅文件的格式转化为相应格式，形成 Axial Map，如图 5-8。

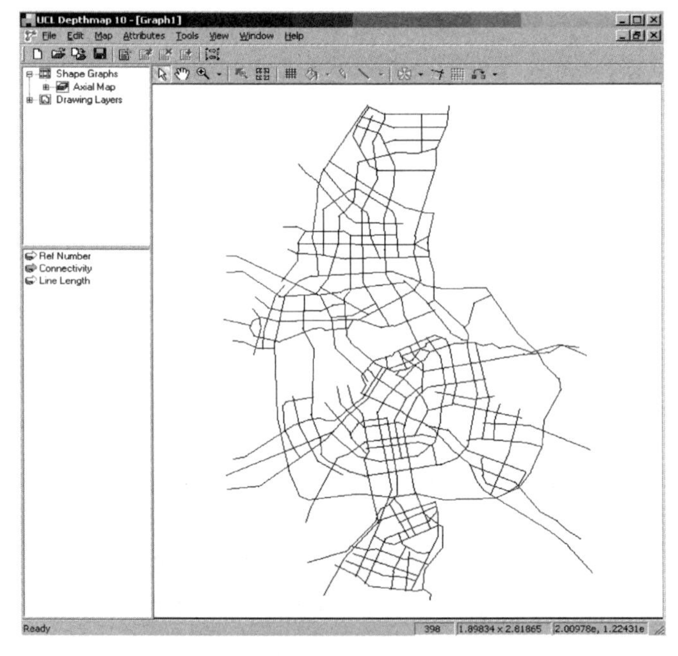

图 5-8 Axial 图 2004(UCL Depthmap10)

最后，要设定定量描述的类型。这里我们主要对 2004 年和 2011 年哈尔滨总体规划进行整合度和集成度的比计较分析。在 UCL Depthmap 中分别导入 2004 年和 2011 的语义网络模型的绘图交换文件并进行转换[146]，如图 5-9。

根据句法论原理，空间集成度 Ii 的计算公式为：

$$Ii=(n-2)/2\times(D-1)$$

这里的 Ii 反映了某空间与城市其他空间的“离散程度”。在许多相关研究中，一般认为如果空间的 Ii 值较高，则它对应的“空间渗透性”也较好[147]。

我们从城市总体语义网络模型比对中可以发现，2004～2011 年城市集成核有向西

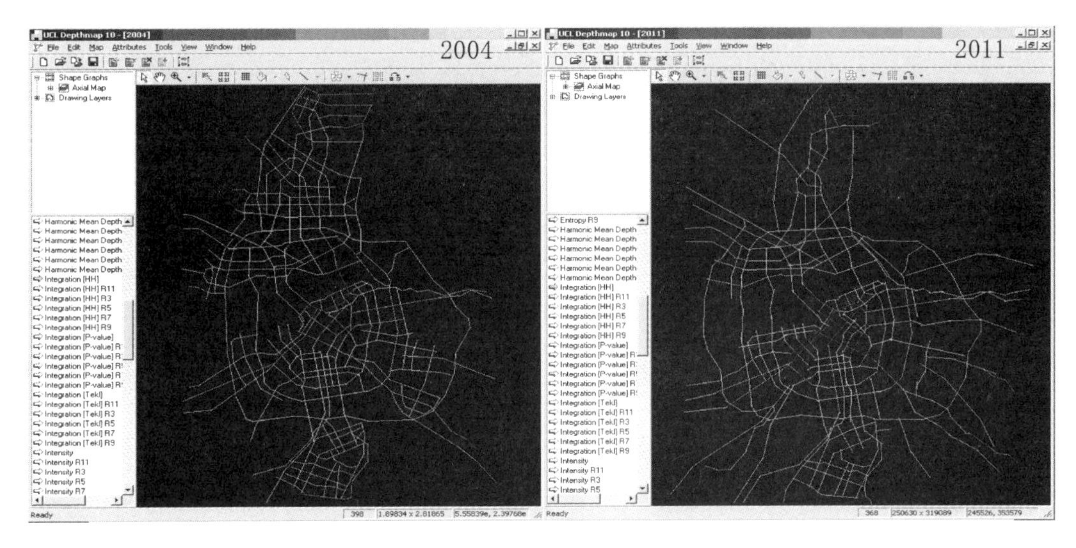

图 5-9 语义网络的空间句法分析(UCL Depthmap10)

南向延伸的趋势，其中学府路、二环、机场路、西大直街的集成度都有一定程度的增加。2004 年的全局集成核区域集中在内环传统核心区范围内，而 2011 年的全局集成核区域则呈现离散现象。

5.2.2.3 计算分析

接下来，我们通过计算机软件进行句法分析，并得到各种特征量值，包括集成度量值 Integration [HH]（全局集成度）和其他一些数据量值，如 Connetivity(连接度)、Control(控制值)、Mean Depth(平均深度值)、Total Depth(局部深度值)等。通过这些量值，间接反映城市空间的各种潜在变化。在计算机的帮助下，我们得到一系列数据分析表，这里我们选取部分数据来说明问题。

首先是 2004 年中心城区全局集成核分析，如表 5-1。在表中我们发现中华巴洛克附近承德街的全局集成度最高，为 1.075062。

2004 年中心城区全局集成核分析表 **表 5-1**

Ref	Street	Integration	Connectivity	Control	Mean Depth	T. D
……	……	……	……	……	……	……
332	中山路	0.96305	5	1.75	7.3098235	2902
41	友谊路	0.962666	5	2.1666667	7.3123426	2903
233	滨江桥	0.959602	4	1.5833334	7.3324938	2911
116	景阳街	0.958078	4	0.6761905	7.3425694	2915
235	滨江桥	0.956179	4	0.84285712	7.3551636	2920
101	经纬街	1.025261	5	1.3666667	6.9269524	2750
115	西大直街	1.010234	4	0.73333335	7.0151134	2785
163	承德街	1.075062	6	1.1761905	6.6523929	2641
300	教化街	0.986683	5	1.5	7.15869	2842
……	……	……	……	……	……	……

然后再对 2011 年中心城区全局集成核进行分析，如表 5-2。在表中我们明显发现和

兴路的全局集成度已经大于承德街。

2011 年哈尔滨市中心城区全局集成核分析表　　表 5-2

Ref	Street	Integration	Connectivity	Control	Mean Depth	T. D
……	……	……	……	……	……	……
30	和兴路	1. 237582	10	2. 25119	5. 820163	2136
128	教化街	1. 157738	7	1. 55	6. 152588	2258
5	西大直街	1. 208213	6	1. 22619	5. 93733	2179
298	景阳街	1. 107376	4	0. 783333	6. 386921	2344
18	中宣路	1. 106816	4	0. 816667	6. 389646	2345
305	承德街	1. 189181	5	0. 97619	6. 016349	2208
73	文昌街	1. 101249	5	1. 009524	6. 416894	2355
19	长江路	1. 076873	5	1. 416667	6. 53951	2400
92	经纬街	1. 17262	7	1. 85	6. 087194	2234
……	……	……	……	……	……	……

以上是截取分析表中的部分数据。从整体数据表中我们发现，虽然两次计算出的全局集成核还集中在传统商业区域，但是在此基础之上又增加了教化街等新的集成核。

另外，在表 5-1 中集成度较高的街道中，集成度量值最相对较小的是经纬街街区，数值为 1. 025261，最大为承德街街区，数值为 1. 075062。而在表 5-2 中集成度较高的街道中，文昌街的 Ii 值相对最小，数值为 1. 101249，最大为康安路延伸至三大动力路区段，数值为 1. 237582。此时我们发现，这些数据说明承德街已经脱离了高集成度核心，同时附近的中华巴洛克街区逐渐削弱了作为主要集成核的地位。

这一现象存在于许多城市，如洛杉矶在城市蔓延过程中也形成了“多中心”结构[148]，这可能与城市向西南方向快速发展有很大的关系。我们也能看出哈尔滨新的商业核心区也具备了“空间生产”的能力[149]。这些变化和数值特征显示出传统街区的核心作用在逐渐淡化，这对于城市传统街区的改造和更新有一定的警示作用，作为哈尔滨独具特色的一些历史街区在整体城市层面需要有一个总体策划意见。如果再进一步深入研究，我们还可以通过全局集成度变化曲线跨度，来分析全局和局部城市语义网络的变化趋势。下面我们进一步用 SPSS 分析软件对全局集成度做一个分析，如图 5-10。

从图中我们可以看出 2004 版曲线图与 2011 版有明显差异。2004 版全局集成度的数值跨度在［0. 48，1. 08］区间，空间集成核的数值大约主要集中在［0. 67，0. 97］之间。而 2011 年的全局集成度的数值跨度在［0. 38，1. 24］区间，空间集成核的数值主要集中在［0. 59，1. 21］之间。后者相对于前者曲线波动较大。形成这种结果一般有两个原因，一个是城市传统核心区发生了较大变化，另一个原因就是在其他区域形成了新的核心区。

5. 2. 2. 4　策划结论

为了判断上述变化出于何种原因，我们随机取样作数据分析，以承德街和景阳街等传统街区为样本进行计算，如表 5-3。

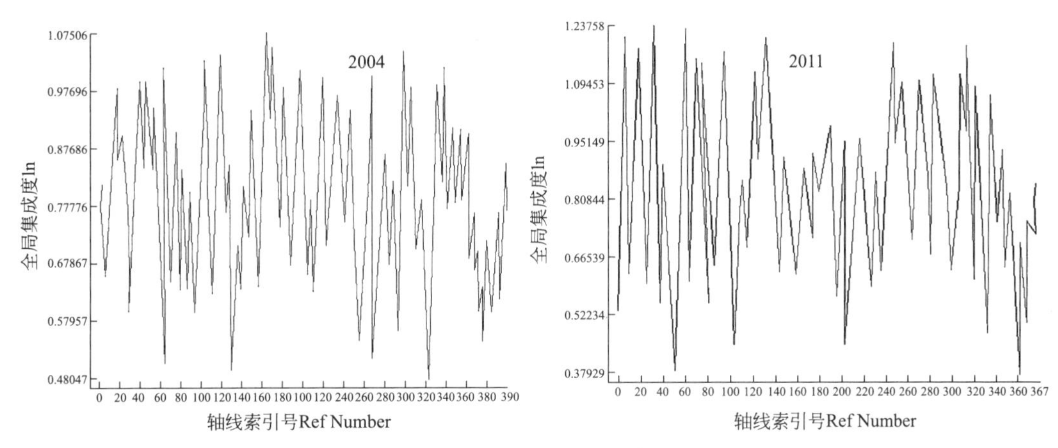

图 5-10 2004 与 2011 全局集成度变化曲线(SPSS)

传统街区集成度分析表(2004 与 2011) **表 5-3**

Street	Integration [HH] of 2004	level of 2004	Integration [HH] of 2011	level of 2011
承德街	1.075062	1	1.189181	6
景阳街	0.958078	6	1.107376	8
南勋街	1.049800	2	1.197638	5

从表中可以看到，承德街、景阳街、南勋街的集成度从 2004 到 2011 年虽然有所增加，但总体地位有明显下降趋势。这说明随着传统核心街区的变迁，其他城区正在以更快的速度发展。这一点我们可以通过 2011 版的城市语义网络句法分析可以证明，如图 5-11。

图中城区局部集成度核心(图中粗实线)已经呈现分散状态，具体包括带状中心城区、哈西新区、松北新城等区域，而图中虚线内的老城区已显衰退趋势。所以该区域的网络结构需要进行调整，提高该区集成度和整合性，进而提升该区域的可理解度和可识别性，增强局部与整体的紧密程度。如果我们对此区域内地块做城市设计，首先要考虑的策划问题之一就是要改良该区的街区结构。我们以中华巴洛克附近的景阳街为例，如图 5-12。

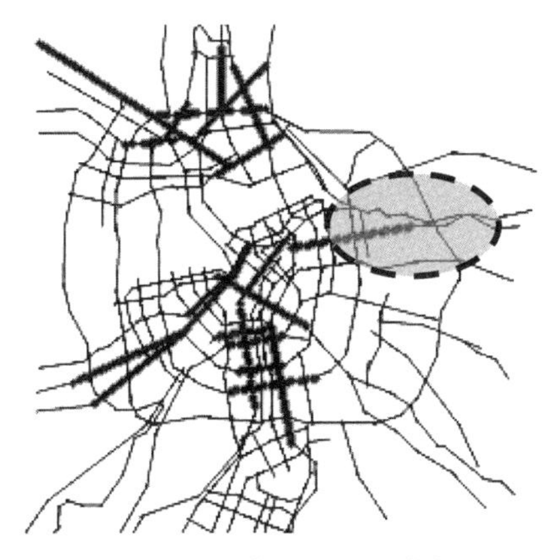

图 5-11 传统核心街区的变迁

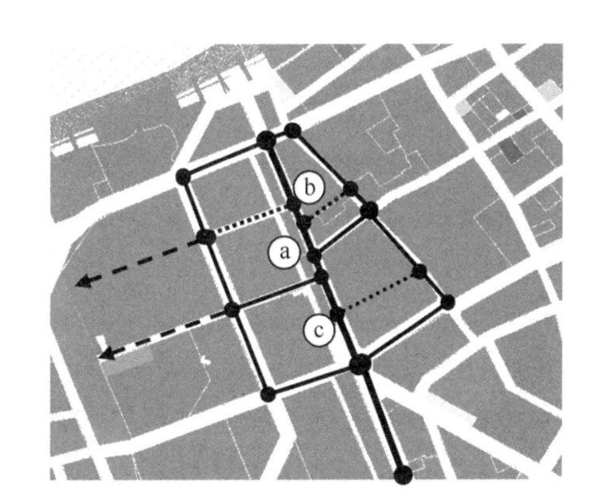

图 5-12 局部策划分析

作为空间语义网络的句法模型，图中简单说明了局部网络片段的一些局限性，其中虚线部分是该区潜在的控制值，带箭头的虚线是潜在的深度值。作为策划意见，首先虚线部分在城市设计策划中应该建议路径连通，加强该区域的易达性和便捷性。如 b 和 c 节点的出现为靖宇街与景阳街节点 a 的深度值增加了(2＋2)/(n－1)，而带箭头的虚线部分为了增强整合性和可识别性也应继续延伸。所以我们看到，通过宏观层面的城市语义网络分析可以对城市更新和改造提供有价值的策划意见，对城市设计具有较强的指导作用。

由于句法论已经超越了理论层面走向了实践层面，应用工具与实践已经比较成熟，城市语义网络可以利用句法论工具间接分析一些问题。这一点也说明了语义网络方法的可行性。

单纯依靠空间句法模型得出的可理解度与识别性等性征指标，也许会有一些局限性。真实的量值有时需要其他要素的修正，如视觉通廊、功能渗透等隐形影响，甚至意象性、形象性等非形态要素。城市语义网络模型要比空间句法模型复杂得多，但由于语义网络具有灵活性和兼容性，会在一定程度上解决这一问题，当然这有赖于城市语义网络模型构建的客观性、合理性。但无论采用何种形式和手段作为数理策划工具，都需要一个慎重的数理模型，所以建模是关键。

5.3 区段层面策划实务

5.3.1 策略型策划实务

5.3.1.1 案例分析

哈东新城位于哈尔滨市东北部，处于道外区先锋路、三环路、化工路、龙凤路的围合地块，东侧毗邻阿什河生态景观区。项目占地面积 231 公顷，其中国有建设用地为 94 公顷，集体用地为 137 公顷，存在大量回迁安置的需要。此次任务是基于控制性详细规划基础上的一次开发策略模式的策划，需要确定整个区域的用地模式，使居住区开发、商业开发与回迁安置取得多方满意的平衡，具体现状条件如图 5-13。

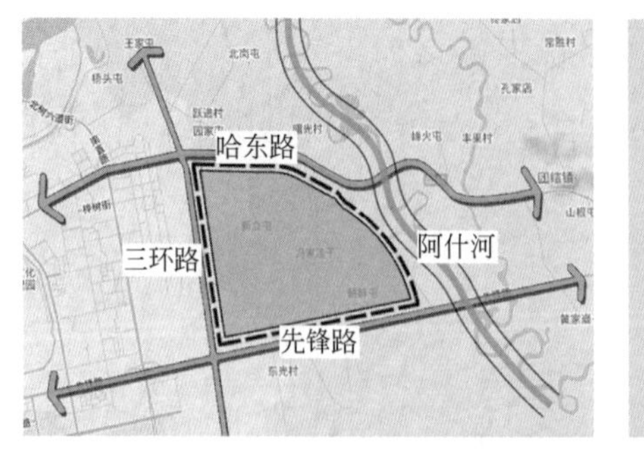

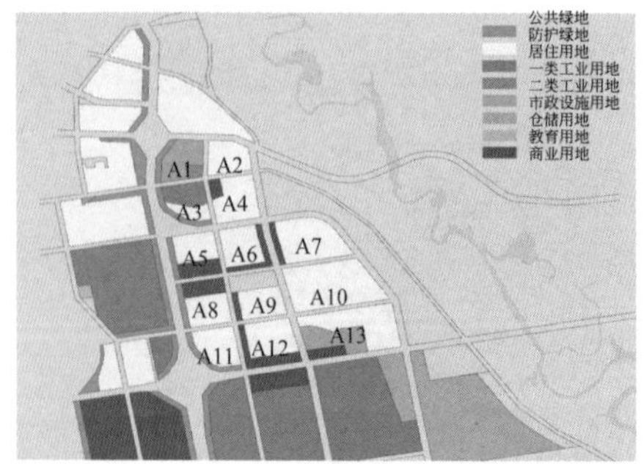

图 5-13　项目基础资料

此次策划设定了一组由五个专家组成的策划群体，在控制性详细规划的框架下，确定该地块的基本功能布局，并且确定通过何种设计方式得到最优开发模式，为下一步的城市设计制定相应的决策，同时反推控制性详细规划，做出相应的调整，从城市管理的角度提高城市规划“施工图”[150]的合理性。

首先我们对各个策划影响因素进行权重比较，得到影响因素最大的n个影响因子，将其构造成城市语义网络模型，并规定：

x_0为语义网络策划初始节点；

x_t^i为语义网络模型t问题层中的i节点，根据策划深度和涉及层面的广度，在横向和纵向两个向度延伸语义网络模型；

x_T表示实现该地块的群体满意策划模式。

为了实现多方参与动态策划的决策过程，根据此次策划的主要矛盾设定：

x_0表示总体设计策划模式；

x_1^1表示以区域商业中心为内核的居住区开发模式；

x_1^2表示周边分散商业带布局的居住区开发模式；

x_1^3表示以先锋路商业带为主的居住区开发模式；

x_1^n……

x_2^1表示周边式用地模式；

x_2^2表示围合式用地模式；

x_2^3表示行列式用地模式；

x_2^n……

x_2^n表示若干策划者针对x_1^n提出的一系列策划方案，如果x_2^n不是针对x_1^n的策划方案，评测值一般会很低。如“x_2^n表示在先锋路已经形成的以汽车销售为主的商业带为基础，向区域内渗透各种综合商业模式”，那么这里的x_2^n与x_1^1(以区域商业中心为内核)无直接对应关系，关系链评测值必然会很低，或接近于0。但也有一些情况相反，如果x_2^n表示阿什河流域生态景观带的某种策划模式，那么很可能与x_1^1不矛盾，甚至对于x_1^1是更优的方案，那么关系链评测值很有可能较高。

然后将上述节点和关系链表示为带有权向量的有向语义网络图，即赋权语义网络图。这一步也是规范化的自然语言向语义网络过渡的一步。如“该地块总体设计模式”(x_0)通过“周边分散商业带布局的居住区开发模式”(x_1^2)以“围合式用地模式”(x_2^2)或以“周边式用地模式”(x_2^1)形成“群体满意策划模式”(x_T)。这一段自然语言可以转化为一个语义网络链，在必要的情况下，特别是文字语言不能有效说明问题时，这些节点可以通过图示节点表示，如图5-14。

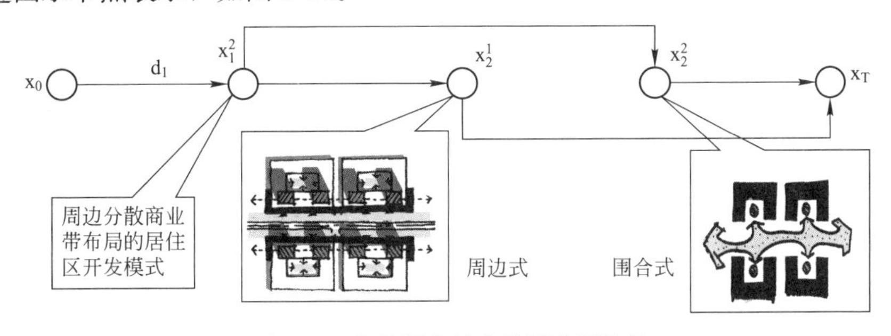

图5-14 自然语言转化的语义网络链

5.3.1.2 模型建构

这里我们可以通过策划专家的综合讨论，以及调查问卷的方式确定赋权图的考量因素。由于影响城市设计策划的因素众多且影响值大小不同，需要归纳总结出最重要的影响因素。如 d_1 阶段关系链的考量因素分别是：

a 利于土地开发；

b 城市的整体空间格局；

c 与周边地块的互补性；

d 经济效益。

然后，通过这些影响因素进行评测。接下来，通过符号节点表示每组意群形成语义链，再把若干语义链经过层级(行、列层)对应形成语义网络策划模型，进行下一步的评测和策划，如图 5-15。

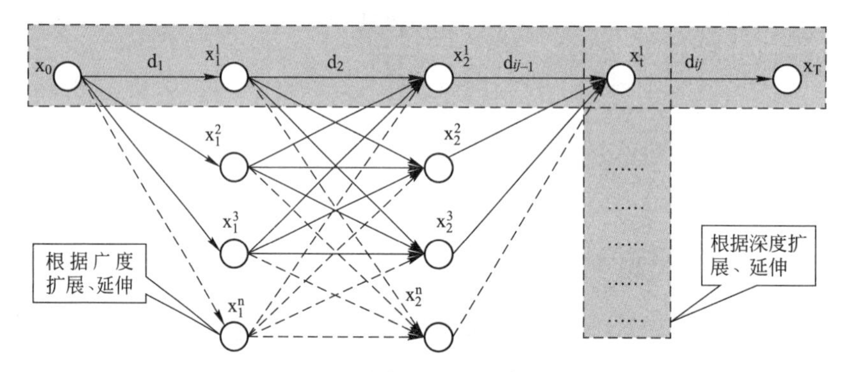

图 5-15 城市语义网络策划模型

一般情况下，x_0 到 x_1^n 阶段十分关键，也就是整体格局的判断，这一阶段的权值系数可以相对很大，即通过对该地块的区位分析制定总体开发模式是最重要的。但有时结论并不是固定的，例如，如果我们通过区位分析确定以先锋路商业带为核心的居住区开发模式，导致哈东路功能便利性降低、先锋路交通压力激增、区域内步行可达性较差，以及日照风向等技术问题，那么后续的一系列策划测评值都将会较低，因而该层的策划意见不一定是最终采纳的方案。另外，在后面所涉及的地块性质、功能匹配稳定性和优化也都会对顶层决策做出反馈。于是，要么调整 x_1^n 节点的内容，要么更换更优的策划节点，所以我们还需要参照上述考量因素进行下一步整体的策划评测。

5.3.1.3 模型赋权

假如有五位策划参与者，我们设定：

g_1代表规划师；

g_2代表建筑师；

g_3代表政府人员；

g_4代表开发商；

g_5代表该地原有居民。

他们各自的实践经验、专业能力、身份、利益诉求倾向等都有所不同，进行动态测评的权重也不会相同。另外，由于同一主体在不同影响因子下进行策划时，语义网络关系链所处的阶段不同，能力和评价的客观性也有所差异。为了使语义网络策划更加客观，每个阶段的测评必须都是动态的。

例如在整体布局阶段，策划者的专业知识和经验就比较重要，权重系数也相对较大；但到了某些环节，如空间形体环境策划阶段，景观设计师和建筑师的权重系数很可能要高于规划师；而当策划环节涉及居住的便利性、就业等社会因素时，民众参与的权重系数则有可能提高，尽管这些策划主体缺乏基本的专业水平和能力。这些因素将作用于城市语义网络的主体权重，这实际上也体现了一种基于契约模型的多方策划博弈关系。

为了减小偏好作用与偏差，使策划更加具有合理性，我们采用归一法将五位策划者各阶段测评值的总和整合为“1”。为了简化计算，策划范围限制在 d_1、d_2、d_3阶段，如表 5-4。

各阶段评测权重值 **表 5-4**

阶段	g_1	g_2	g_3	g_4	g_5
d_1阶段	0.4	0.3	0.1	0.1	0.1
d_2阶段	0.3	0.2	0.2	0.2	0.1
d_3阶段	0.2	0.1	0.2	0.2	0.3

在假定了上述评测权重值的前提下，策划者对于考量因素 a、b、c、d 进行评测。根据策划专家在不同阶段的测评值，分别计算出在每一个考量因素下各个阶段的语义网络关系链的权重，并得到与之相对应的邻接矩阵。矩阵的元素定义如下：

$$A[i,j]=\begin{cases}P_{ij} & (V_i, V_j)\in E(G),\ i\neq j\\ 0 & i=j\\ \infty & \text{否则}\end{cases}$$

其中 P_{ij} 是关系链(V_i, V_j)上的权值，∞表示顶点 i 与 j 之间没有连接。

以此类推计算出语义网络的每一条关系链的权。如果为了体现某阶段的关键度，可在此阶段采用高阶评价形式。但为了简化计算量，我们在这三个阶段采用五阶评价，于是分别得到四部语义网络赋值图及相应的邻接矩阵 M_1、M_2、M_3、M_4。

从土地开发角度所做的语义网络赋值图及邻接矩阵，如图 5-16。

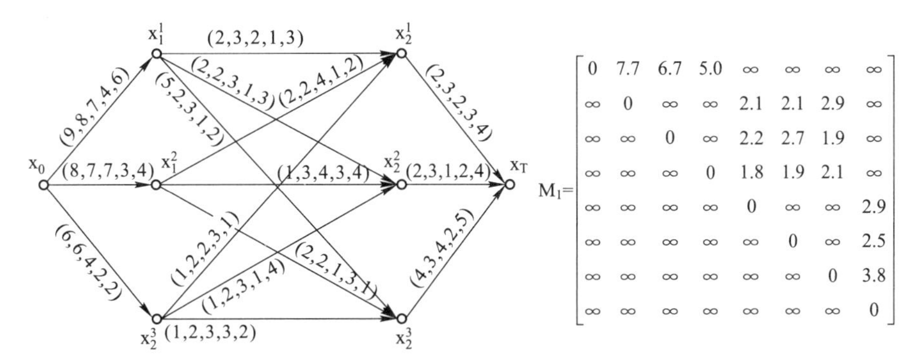

图 5-16 策划模型 M_1 及邻接矩阵(考量因素：a)

在图中我们看到，在 x_0 到 x_1^n 阶段，规划师根据对总体区域规划的专业性理解，对各种开发模式具有明显的倾向性，其中对 x_0 到 x_1^1、x_1^2、x_1^3 的赋值分别为 9、8、7。其中，周边分散商业带布局的居住区开发模式虽然具有一定的功能均好性，从专业角度分析看，该项目处于哈东城区的重要位置，通过一个商业核心带动周边商业功能的效果要好于其他模式。而且，项目开发集中阶段的资本投入是有限的，考虑到投入和产出比，以区域商业中心为内核的居住区开发模式更加现实。接下来我们进一步结合各阶段策划者评测权重值，求出城市语义网络的矩阵值，这里以〈x_0，x_1^1〉链为例说明具体的计算过程：

$d(x_0, x_1^1)=0.4\times9+0.3\times8+0.1\times7+0.1\times4+0.1\times6=7.7$。

从空间布局角度所得到的语义网络赋值图及邻接矩阵如下，如图 5-17。

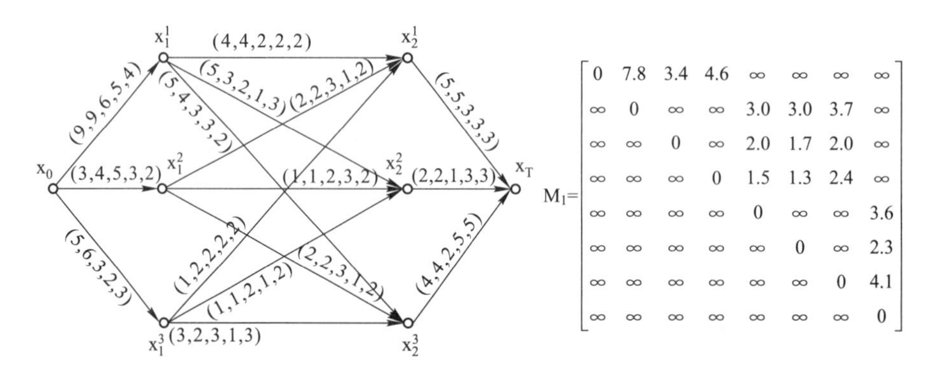

图 5-17　策划模型 M_2 及邻接矩阵(考量因素：b)

从图中我们看到，在每个阶段，五个策划主体从空间布局角度所做出的评价又出现了差异。由于在空间布局角度 d_1 阶段，建筑师、规划师所具备的评测权重占有优势，分别为 0.3 和 0.4，所以二者在这一环节的影响程度相对较大。但在余下的环节，其他策划主体的影响程度则可能加大。接下来，我们简要说明其余两个考量因素的语义网络赋值图及邻接矩阵。

从与周边地块的互补性角度所做的语义网络赋值图及邻接矩阵，如图 5-18。

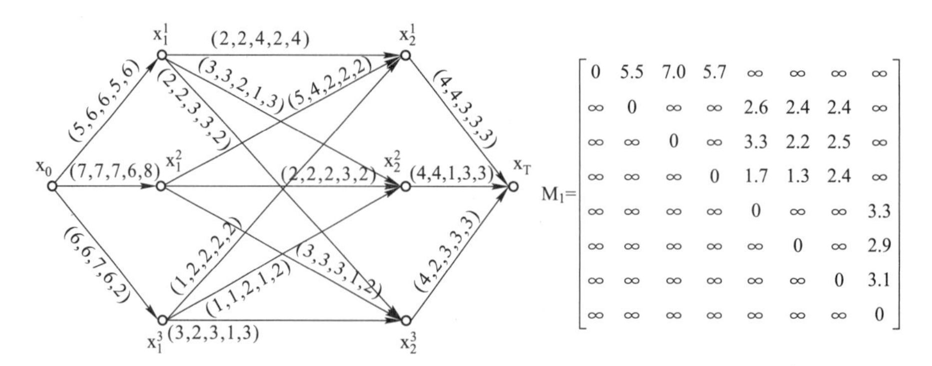

图 5-18　策划模型 M_3 及邻接矩阵(考量因素：c)

从经济效益角度所做的语义网络赋值图及邻接矩阵，如图 5-19。

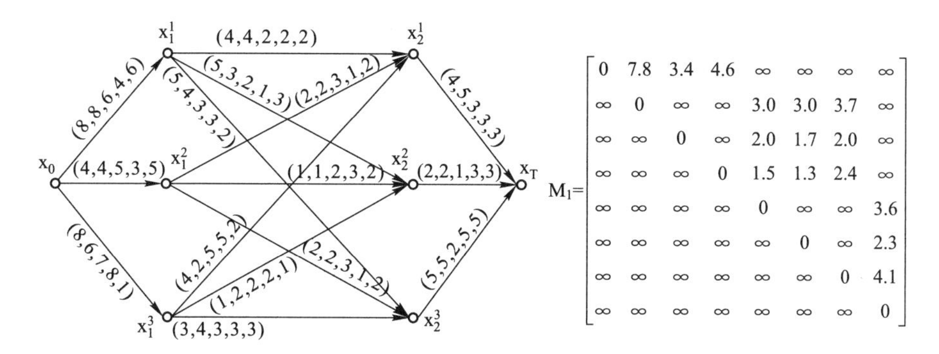

图 5-19 策划模型 M_4 及邻接矩阵(考量因素：d)

5.3.1.4 策划结论

将 M_1、M_2、M_3、M_4 累加，如果暂不考虑考量因素(即 a、b、c、d)之间的相对比重，则可以分析出各方面的影响程度，总结出语义网络模型中每个策划方案的累计权值。累计后的综合语义网络赋值图 M 及邻接矩阵，如图 5-20。

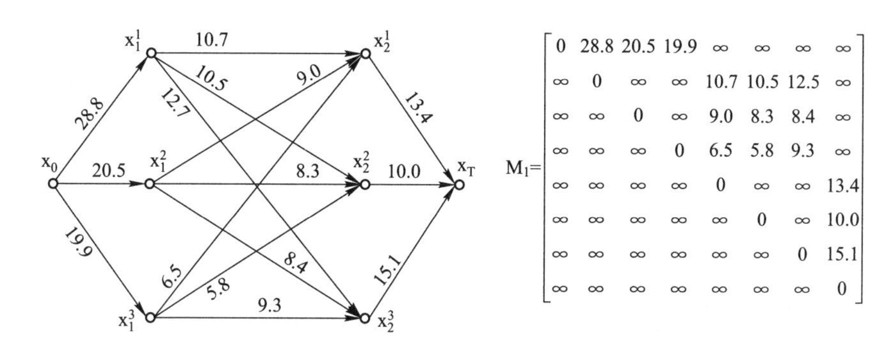

图 5-20 策划模型 M 及邻接矩阵

通过图中数据，我们得到了一系列语义链的累计策划评测值，如表 5-5。

语义链的累计策划评测值 **表 5-5**

语义链	x_0 x_1^1 x_2^1 x_T	x_0 x_1^1 x_2^2 x_T	x_0 x_1^1 x_2^3 x_T	x_0 x_1^2 x_2^1 x_T	x_0 x_1^2 x_2^2 x_T	x_0 x_1^2 x_2^3 x_T	x_0 x_1^3 x_2^1 x_T	x_0 x_1^3 x_2^2 x_T	x_0 x_1^3 x_2^3 x_T
累计值	52.9	49.3	56.6	42.9	38.8	44.0	39.8	35.7	44.3

经过策划分析，我们发现 x_0 x_1^1 x_2^3 x_T这一条语义链的值最高(56.6)，也可以说这是策划群体在若干策划阶段、从不同角度出发所做出的策划方案中最令人满意的。而 x_0 x_1^1 x_2^1 x_T语义链的值略低(52.9)，与最高值相差不多，说明比较令人满意的策划方案可以不止一个，当最高值的策划方案存在某种不可实现的问题，或其他方案在有些方面具有极大的优势时，可以依次选择其他量值较高的策划方案。

由于此次实验是一个简化过程，实际项目中 x_0 到 x_T 语义网络链的距离存在很多不等距的情况，如 x_1^n 和 x_2^m 不等的情况，为了平衡计算结果，需要在横向空节点处插入阶段加权平衡节点。考虑到篇幅限制以及缺少相应的计算机辅助手段，本书仅以简单语义网络结构的分析来说明问题。

如果我们采用 x_0 x_1^1 x_2^3 x_T 这一条语义网络链作为最终策划方案，那么转化为自然语言则可以表示为“该地块总体设计(x_0)应该以区域商业中心为内核(x_1^1)，以行列式用地模式为主要方式(x_2^3)，进行总体开发(x_T)”。在此基础之上，我们还可以用意向性方案验证该策划方案的空间效果，落实一些具体的设计措施，如空间问题、形象问题、交通问题等，如图 5-21。

5.3.2 开发型策划实务

5.3.2.1 案例分析

每一次城市设计都会面临不同的问题。以哈东新城城市设计为例，其亟待解决的现实问题有很多，这些不同层面、不同角度的问题交织在一起，形成一个复杂的问题网络。其中在局部环节层面存在一个商业开发、回迁安置、高端住区、商住公寓的空间定位问题，这里我们为每一个地块做上编号，如图 5-22。

图 5-21 决策方案

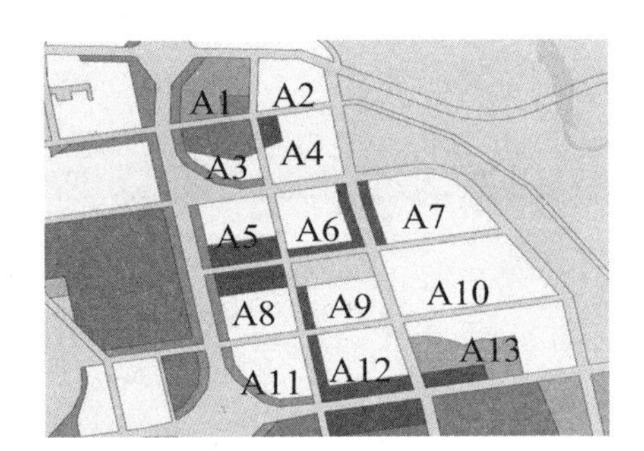

图 5-22 项目概况

作为城市设计的前期基础策划，分区配比是其中的一个关键问题，需要通过平衡、排序解决各种矛盾。

例如我们以上一节的意向性策划结论为蓝本，如果商业中心位于图中 A6 和 A9 之间，那么“商住公寓区”和“商业中心区”优选地块很可能都为 A6，次选地块可能为 A9。

如果两种功能都竞争 A6 地块，那么二者之间的矛盾便产生了。但两个地块各项基础条件存在差异，反过来地块对于自身的功能配备要求也会存在优先顺序。如地块 A9 紧邻先锋路汽车销售商业带，从就业和居住角度考虑商住公寓可能是其最佳选择。并且汽车销售商业功能与商业中心区存在一定的业态差异和矛盾，所以地块 A9 作为商业中心区很可能是第二选择，甚至是第三选择。

如果把功能节点与地块节点结合成语义网络偶图，那么就可以引入相应的算法，解决合理搭配的问题。

5.3.2.2 模型建构

这里我们将采用最稳定匹配方法来解决这一问题。通过这一方法，我们无须把两组语义网络节点关系链严格量化，仅需根据配比排序即可得到满意结果。从这一点也可以看出，针对不同类型策划问题，通过适当的语义网络模型可以提高工作效率、减小工作量。我们将图中 A1～A10(A11～A13 已有明确定位，不列入建模范围)包含的功能列举如下：

B1：中心商业区；

B2：高层公寓区；

B3：商住公寓区；

B4：商业开发小区(含配套)；

B5：商业开发小区；

B6：低层高密度住区；

B7：低层高密度住区(含配套)；

B8：回迁安置(含配套)；

B9：回迁安置；

B10：化工厂职工回迁安置。

其中 B8～B10 对应的功能是刚性的。原有地区的居民回迁安置无论对面积的要求和基础配套的要求都是必要条件，所以在策划优先秩的评定时，B 集优先是有一定合理性的。

如 A1 地块较 A6 的基础配套完善，如果从商业开发角度做商业开发小区是有一定道理的，但此次项目优先使用群体是回迁居民，那么 B8～B10 也希望能处于 A1～A4 的位置。这时矛盾就出现了，所以从开发时序角度来看 A 集优先的策划是存在较大问题的，除非在其他区位同时进行基础配套设施的建设，但有限的资金投入无法在短时期完成这个任务。

接下来，我们通过语义网络模型建立简化的偶图，如图 5-23。

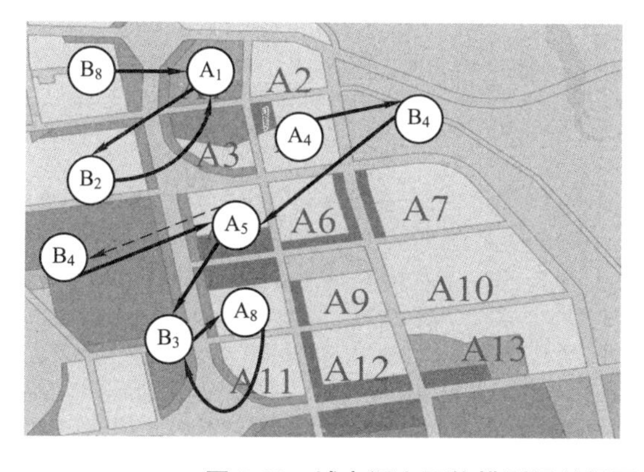

B1 A1
B2 A2
B3 A3
B4 A4
B5 A5
B6 A6
B7 A7
B8 A8
B9 A9
B10 A10

图 5-23 城市语义网络模型及其偶图

在图中，我们看到虽然 B8 最优选择是 A1，但 A1 最优选择是 B2，而且 B2 最优选择也是 A1，所以尽管存在干扰因素 B8，A1 和 B2 的匹配才是相对最稳定的。不过有时问题并不都如此简单，如图中 A5、A4、A8 地块分别与 B3、B4 发生了复杂的优选关联，此时就需要通过整体考虑求得最稳定匹配。针对二分图我们建立优先排序矩阵，如

图 5-24。

$$
A\begin{bmatrix}
8 & 1 & 2 & 6 & 7 & 9 & 10 & 3 & 4 & 5\\
8 & 5 & 4 & 6 & 7 & 9 & 10 & 1 & 2 & 3\\
6 & 5 & 1 & 7 & 8 & 10 & 9 & 2 & 3 & 4\\
6 & 8 & 7 & 1 & 2 & 9 & 10 & 3 & 4 & 5\\
4 & 5 & 1 & 2 & 3 & 9 & 10 & 6 & 7 & 8\\
1 & 2 & 3 & 4 & 5 & 7 & 6 & 8 & 9 & 10\\
7 & 6 & 5 & 3 & 4 & 1 & 2 & 8 & 9 & 10\\
2 & 5 & 1 & 3 & 4 & 9 & 10 & 6 & 7 & 8\\
2 & 3 & 1 & 4 & 5 & 9 & 10 & 6 & 7 & 8\\
7 & 3 & 4 & 5 & 6 & 2 & 1 & 8 & 9 & 10
\end{bmatrix}
\qquad
B\begin{bmatrix}
6 & 8 & 7 & 4 & 2 & 1 & 3 & 9 & 5 & 10\\
1 & 2 & 4 & 8 & 3 & 6 & 9 & 5 & 7 & 10\\
6 & 7 & 5 & 10 & 4 & 8 & 9 & 1 & 2 & 3\\
7 & 8 & 9 & 10 & 1 & 2 & 3 & 4 & 5 & 6\\
8 & 9 & 10 & 7 & 5 & 6 & 4 & 3 & 2 & 1\\
10 & 4 & 9 & 3 & 8 & 5 & 1 & 7 & 6 & 2\\
10 & 6 & 7 & 3 & 8 & 4 & 1 & 9 & 5 & 2\\
1 & 2 & 3 & 4 & 5 & 7 & 8 & 6 & 9 & 10\\
4 & 1 & 2 & 3 & 5 & 9 & 10 & 6 & 7 & 8\\
4 & 2 & 3 & 1 & 6 & 5 & 10 & 7 & 8 & 9
\end{bmatrix}
$$

图 5-24　优先排序矩阵

5.3.2.3　策划结论

在上图的基础上，我们得到了两组排序矩阵 A、B。A 和 B 之间是有矛盾的，优先考虑 A 集所得的稳定匹配结果一般与优先考虑 B 集是不同的。由于前面已经提到 A 集优先存在的问题，所以这里我们将以 B 集优先求偶图的最稳定匹配。首先我们要根据两组排序矩阵构建优先秩评定矩阵，然后通过多阶段匹配过程求得最终的策划结果。

首先我们求得 B 集的初阶段匹配：

B1→A6，B2→A1，B3→A8，B4→A5，B5→A10，B6→A7，B7→A7，B8→A1，B9→A2，B10→A4。

我们发现，B6→A7 和 B7→A7 矛盾。由于 A7→B6，所以保留 B6→A7，排除 B7→A7，并继续 B7 的次优选择 B7→A10。但是 B7→A10 又与 B5→A10 矛盾，于是继续为 B5 选择次优，即 B5→A9。与此同时初阶段匹配中 B8→A1 与 B2→A1 矛盾，所以也要继续上述计算过程，即 B8→A2，但是这又与初阶段匹配 B9→A2 矛盾，所以取消 B9→A2 而选择 B9→A3……通过多阶段匹配计算，最终我们通过既定的优先秩评定矩阵求得一组最稳定匹配，如图 5-25。

	A1	A2	A3	A4	A5	A6	A7	A8	A9	A10	
B1	6,8	8,8	7,6	4,6	2,4	1,1	3,7	9,2	5,2	10,7	B1—A6
B2	1,1	2,5	4,5	8,8	3,5	6,2	9,6	5,5	7,3	10,3	B2—A1
B3	6,2	7,4	5,1	10,7	4,1	8,3	9,5	1,1	2,1	3,4	B3—A8
B4	7,6	8,6	9,7	10,1	1,2	2,4	3,3	4,3	5,4	6,5	B4—A5
B5	8,7	9,7	10,8	7,2	5,3	6,5	4,4	3,4	2,5	1,6	B5—A9
B6	10,9	4.9	9,10	3,9	8,9	5,7	1,1	7,9	6,9	2,2	B6—A7
B7	10,10	6,10	7,9	3,10	8,10	4,6	1,2	9,10	5,10	2,1	B7—A10
B8	1,3	2,1	3,2	4,3	5,6	7,8	8,8	6,6	9,6	10,8	B8—A2
B9	4,4	1,2	2,3	3,4	5,7	9,9	10,9	6,7	7,7	8,9	B9—A3
B10	4,5	2,3	3,4	1,5	6,8	5,10	10,10	7,8	8,8	9,10	B10—A4

图 5-25　优先秩评定矩阵及最稳定匹配结果

以上结果可以作为初步的策划结论，但是城市设计策划需要考虑的因素众多，空间设计、环境生态、经济社会等因素都有可能在语义网络建模、排序评定等环节起到各种作用，并间接地影响匹配策划结果。

5.3.3　更新型策划实务

5.3.3.1　项目概况

在区段层面的更新型城市设计策划实务研究中，我们再以上一节提到的哈尔滨道外区具有中西合璧特色的中华巴洛克街区为例。我们将进行该街区的改造更新策划，分析它与东西方典型街区的差异，在比较中研究如何让该街区延续已有的街区特色，如图5-26。

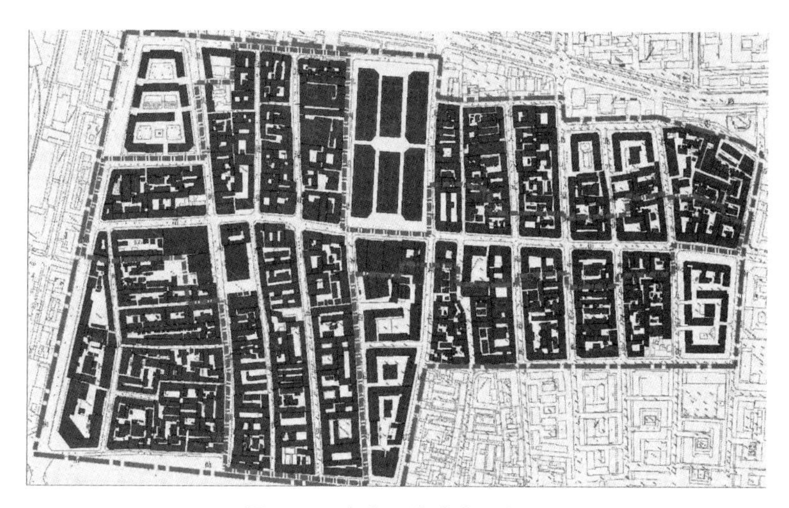

图5-26　中华巴洛克街区概况

相关学者称这一街区结构属于“一主多从”的“鱼骨结构”，主路、次路、支路层次清晰。如果仅从街区表面上观察，通过文字、图示描述，虽然也能说明形成这种街区的各种文化内因，但只有利用城市语义网络才能更好地表达各种内因的关联，才能进一步分析出不同文化的关联性对中华巴洛克街区的影响，并对城市设计策划提供直接的佐证和依据。

5.3.3.2　模型建构

为了使比较分析有一个参照物，我们构建一个典型的街区语义网络，作为城市设计策划的语义网络母版原型，如图5-27。

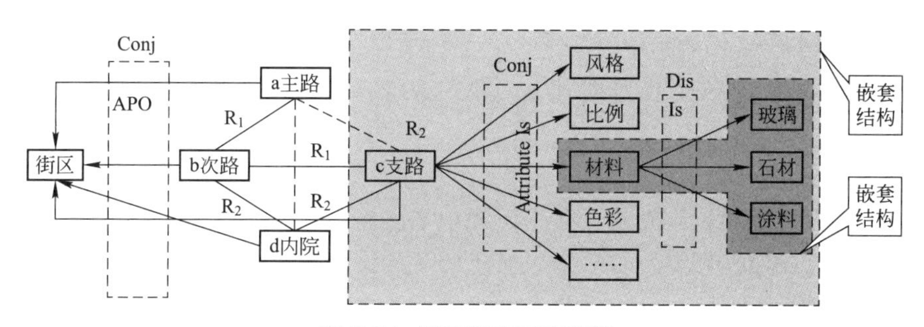

图5-27　街区语义网络母版

城市语义网络中会存在概念节点、量值、谓词逻辑等要素，由于在分析过程中我们将参照同一个母版，所以以上要素很多是相同的，在这里做缺省表示。本次策划分析将通过若干子图的矩阵 $|Matrix_1 \cup Matrix_2 \cdots\cdots \cup Matrix_n|$ 并集形成母版的 $Matrix_0$，通过与母版比较解决拓扑相异度的问题。这里我们找到两个街区与本街区进行对照——佛罗伦萨维亚圣街区和北京西四北大街街区，然后在这些相关街区的特征要素中寻找中华巴洛克街区的"遗传基因"。我们从 google earth 中截图[151]，如图 5-28。

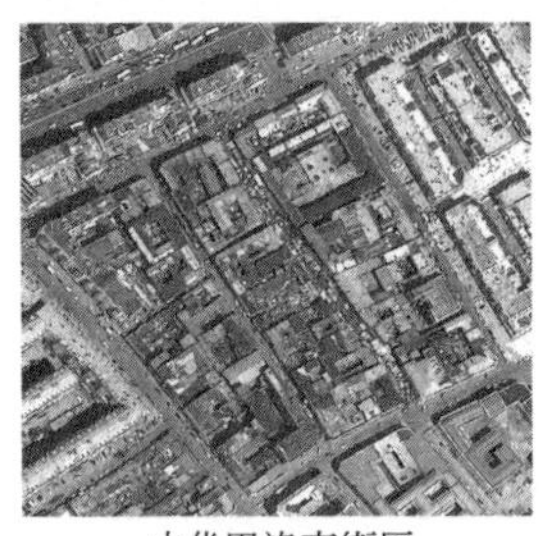
中华巴洛克街区

北京西四北大街街区

佛罗伦萨维亚圣街区

图 5-28 街区概况比较(Google Earth，2013)[151]

从图中可以看出，中华巴洛克街区在形态上与其他两个街区都存在着一定程度的相似性，所以我们可以认为存在某种因素影响并引导了中华巴洛克街区结构自然发展。为了便于观察，我们分别为三个街区典型片段做图底关系分析，如图 5-29。

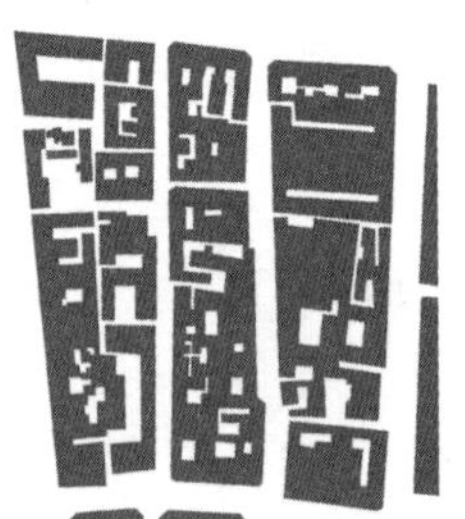
中华巴洛克街区

北京西四北大街街区

佛罗伦萨维亚圣街区

图 5-29 街区图底关系比较

在不考虑后天左右城市街区结构的偶然因素情况下，通过图底关系图比较，我们发现街区中存在一种稳定的内在机制，并诱导街区按照某种规律生长。所以，我们从三个街区路网结构的图底关系中析出"可复制"的典型片段，尝试挖掘影响街区肌理的"染色体"，也就是街区结构的稳定要素之一，并构建一一对应的语义网络模型，如图 5-30。

在语义网络模型典型片段的基础上，我们则可以引入对称相异度算法，从量化角度进行相似度比较分析。

5.3.3.3 计算分析

通过上节三组语义网络对比，我们发现中华巴洛克街区、西四北大街和萨维亚圣街区存在不同程度的结构差异。如果通过城市语义网络相异度量值的比较，则可以看出哪一方对的影响程度更高。由于上述语义网络节点是人为控制的，略去了广场、建筑等因素，所以模型差异不大。为了节约计算成本，我们采用最小拓扑差异度算法(参见 4.4.4.2)进行分析，把 G_A 的 $Matrix_A$ 作为固定矩阵，对 $Matrix_B$ 和 $Matrix_C$ 行变换或列

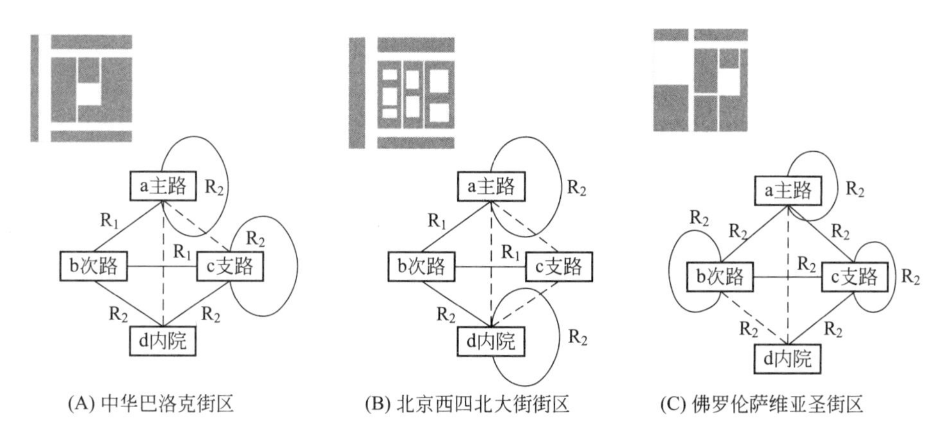

(A) 中华巴洛克街区　(B) 北京西四北大街街区　(C) 佛罗伦萨维亚圣街区

图 5-30　街区语义网络模型比较(a：主路 b：次路 c：支路 d：内院)

变换，实现矩阵对称，如图 5-31。

邻接矩阵A	*a*	*b*	*c*	*d*
a	1	1	0	0
b	0	0	1	1
c	0	0	1	1
d	0	0	0	0

邻接矩阵B	*a*	*b*	*c*	*d*
a	1	1	0	0
b	0	0	1	1
c	0	0	0	0
d	0	0	0	0

邻接矩阵B	*a*	*b*	*c*	*d*
a	1	1	1	0
b	0	1	1	0
c	0	0	1	1
d	0	0	0	0

图 5-31　邻接矩阵

通过计算，我们分别得到两组最小拓扑差异度量值，其中 $S_{AB}=0.125$，$S_{AC}=0.188$。

拓扑差异并没有反映城市语义网络要素的权重和关键度问题，所以还要考虑权重问题。如我们发现中华巴洛克街区的主路、次路的结构形式特征的权重，要高于其他的结构形式特征，所以各类权重是不能完全等值的。为了解决这一问题，这里我们以 5 级因子评测值进行赋权(中值为 3)，相应的加权值规定为“评测值/3”，于是就可以生成相应的城市语义网络赋权图。

上述赋权图仅仅解决了街区语义网络单维的拓扑差异，如果要更全面地比较这种差异，我们还需要把其他维度的关系考虑进来。由于篇幅有限，这里只说明主、次、支路的链接的差异。通过观察我们发现这些街区街道链接类型除了“目”状类型 R_1，另外一种就是网状类型 R_2(包括其他随机类型)，并设定 $K_{R1}:K_{R2}=1.5$(K 为特征关键度)，通过专家问卷统计，会得到一系列多维加权评测值，如表 5-6。

多维加权相异度评测值　　**表 5-6**

	Kab	Kac	Kbc	Kbd	Kcd	Kaa	Kbb	Kcc	Kdd
权重评测	5	3	4	2	1	3	5	2	1
加权值	1.67	1.00	1.33	0.67	0.33	1.00	1.67	0.67	0.33

然后我们把这些量值代入相应的矩阵，通过赋权矩阵计算出多维加权对称相异度，具体计算过程及结果如图 5-32。

经过加权后的多维差异度的计算分析，我们发现相对于 A 的多维加权相异度分别为：$KS_{AB}=0.063$ 和 $KS_{AC}=0.240$，相比前面的 S_{AB}、S_{AC} 有了一定的变化。

R_1	*a b c d* *a* 0 2.51 0 0 *b* 0 0 1.99 0 *c* 0 0 0 0 *d* 0 0 0 0	*a b c d* *a* 0 2.51 0 0 *b* 0 0 1.99 0 *c* 0 0 0 0 *d* 0 0 0 0	*a b b d* *a* 0 0 0 0 *b* 0 0 0 0 *c* 0 0 0 0 *d* 0 0 0 0
R_2	*a b c d* *a* 1 0 0 0 *b* 0 0 0 0.67 *c* 0 0 0.67 0.33 *d* 0 0 0 0	*a b c d* *a* 1 0 0 0 *b* 0 0 0 0.67 *c* 0 0 0 0 *d* 0 0 0 0	*a b c d* *a* 1 1.67 1 0 *b* 0 1.67 1.33 0 *c* 0 0 0.67 0.33 *d* 0 0 0 0
相对于A的多维加权对称相异度		KS_{AB}=0.063	KS_{AC}=0.240

图 5-32 赋权矩阵及多维加权相异度

这是因为街区某些特征的关键度经过赋权后的结果，有些我们认为重要的因素被扩大，某些因素则被缩减，所以计算结果必然会有所改变。但两次的计算结果并没有推翻差异度大小的次序。

5.3.3.4 方案比较

为了说明上述比较方法的应用效果，我们结合哈尔滨市建筑设计院为中华巴洛克街区做的一次城市设计为例，来观察这种方法在设计分析和策划中的应用效果。这是一次城市更新的城市设计项目，是中华巴洛克街区紧邻景阳街的核心地块，其中一个设计原则就是在满足现代城市生活前提下，延续中华巴洛克街区的结构特征与建筑风貌，其中首要问题是如何在街区结构方面与原有中华巴洛克街区形成一种协调延续的关系，寻找历史街区形成的内在机制。

首先对该街区原有结构肌理构建城市语义网络及其邻接矩阵，如图 5-33。

R_1维度图谱矩阵

	a	*b*	*c*	*d*
a	0	1	0	0
b	0	0	1	0
c	0	0	0	0
d	0	0	0	0

R_2维度图谱矩阵

	a	*b*	*c*	*d*
a	1	0	0	0
b	0	0	0	1
c	0	0	1	1
d	0	0	0	0

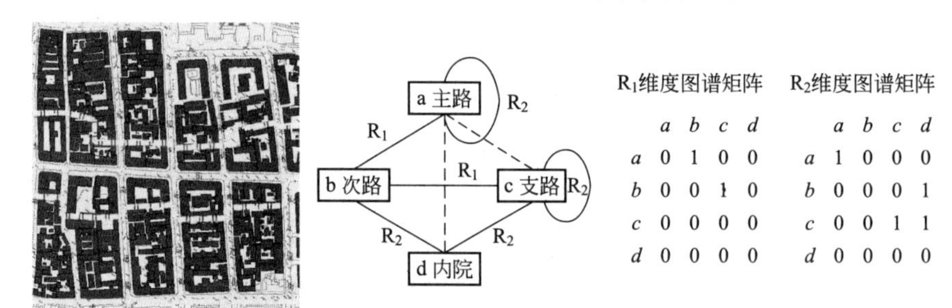

图 5-33 街区语义网络及矩阵

然后，在此次城市设计策划实务中，设计机构提出了三个街区总平面设计的意象方案，进行通过图底关系的比较，我们分别构建了城市语义网络及其邻接矩阵，如图 5-34～图 5-36。

R维度图谱矩阵

	a	*b*	*c*	*d*
a	0	1	0	0
b	0	0	0	0
c	0	0	0	0
d	0	0	0	0

R_2维度图谱矩阵

	a	*b*	*c*	*d*
a	1	0	0	0
b	0	1	0	1
c	0	0	0	0
d	0	0	0	0

S_{01}=0.25

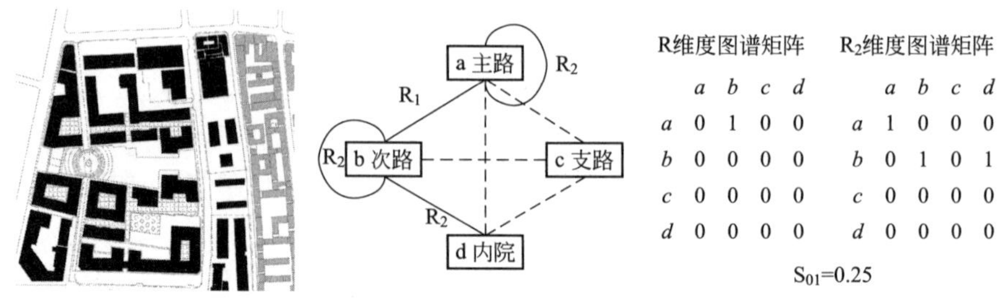

图 5-34 方案 1 语义网络及矩阵

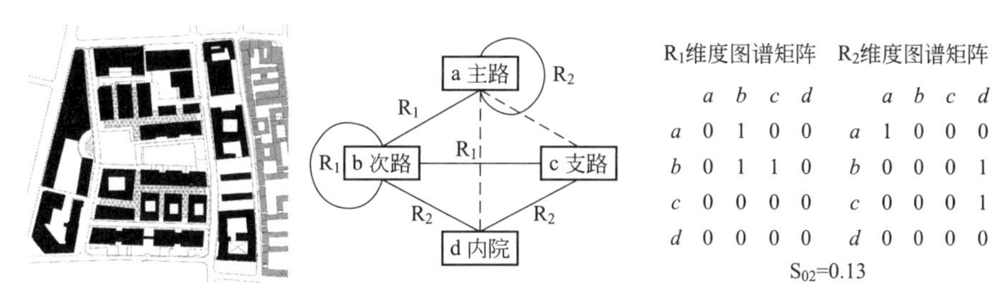

图 5-35 方案 2 语义网络及矩阵

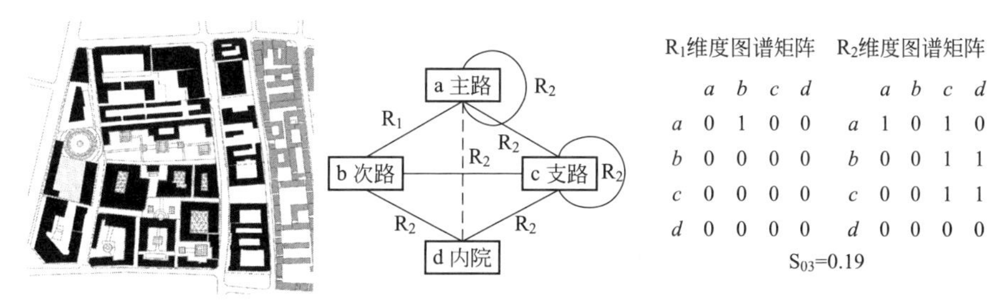

图 5-36 方案 3 语义网络及矩阵

根据语义网络模型及其矩阵的多维对称相异度的计算，我们分别得出 S_{01}＝0.25，S_{02}＝0.13，S_{01}＝0.19。从比较中可以看到方案 2 与现有中华巴洛克的肌理结构最为相似。

5.3.3.5 策划结论

当然这是一次通过设计实验进行的“事后策划”，如果从计算结果看，方案 2 应该是优选方案，其中导致方案 2 与原有街区差异的主要原因在于方案 2 的次路“闭环”，以及原有街区的支路闭环。

在实际的策划讨论中，有些专家希望广场能够与街道尽可能多样连通，增强步行选择性和空间体验的趣味性，我们也可以在有些文献里找到支持这一主张的观点。如 Albert Pope 在《Ladder》一书中描述了城市结构网络的腐蚀过程，并表示出对于某些“副产品”（即潜在可选择的行为）的青睐，也表达了对于“梯状结构”变化的担忧[152]。如果我们对他所描述的结构腐蚀过程以语义网络简图描述的话，就会更加清晰地看到这种变化的实质，如图 5-37。

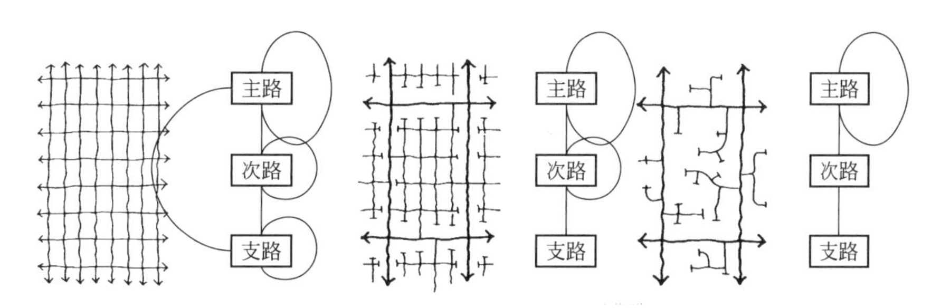

图 5-37 城市网络腐蚀过程[152]73

图中“令人担忧的”因素是语义网络节点闭环的逐渐缺失，所以尽管方案 2 中次路的闭环(次路“目”状结构)增加了差异度，但假如公众希望有这种改变，那么我们则可以允许这种变化，也就是次路的自连通。

在意向方案确定下来之后，我们就可以把优选方案对应的语义网络图作为策划依据，或通过进一步的策划修正，构建更为优化的城市语义网络作为策划依据，指导具体的城市设计。通过策划后的抽象的城市语义网络，我们在具体设计过程中，没有来自具象图示带来的形态等方面的诱导，完全是在一种理性的、逻辑性的模式下进行城市设计，在一定程度上能够为城市设计保留了足够的想象空间，最大限度地实现设计师的灵感、经验性观念，甚至某些可以被接受的喜好或真实想法。

5.3.4 改造型策划实务

5.3.4.1 实例分析

在更微观层面的区段城市设计策划实务中，我们仍以中华巴洛克街区的街道空间为例，通过对街道空间语义网络的比较，对微观区段的城市设计提供适当的策划意见。我们仍然选取上述三个街区的街道进行比较，虽然在参照物选择上可能欠妥，但此次实验主要是为了考察语义网络策划过程中加入非空间城市元素后这种策划方法的可行性，所以我们省略了参照物选择程序。从实景照片观察，我们发现三个街区典型的街道在尺度、形态等方面都有区别，如图 5-38。

(a) 中华巴洛克街道

(b) 西四北大街胡同

(c) 维亚圣街区街道[150]

图 5-38 街道空间比较

街道 a 建筑层数以 2 层为主，街道 b 以单层为主，而街道 c 则是 3～4 层不等，街道的剖面比例大致上分别为 1∶1.5、1∶1 和 2∶1。更主要的是其非空间要素也有区别，如(a)、(c)街道除了承载基本的生活必要交通活动，还包含了商业、社交活动，而(b)街道则基本上仅承载单一的必要交通活动。由于活动行为也是城市设计的基本要素，所以我们可以把这类非空间维度的要素纳入城市语义网络中去。

5.3.4.2 模型构建

接下来我们同样需要以上述三类街道为基础，构建城市语义网络母版，并且加入了部分非空间要素。为了简化策划过程，我们缺省了关系链特征差异，仅以节点要素为主，如图 5-39。

5.3.4.3 计算分析

在母版的基础上，我们经计算得出 S_{ab} 为 0.025、S_{ac} 为 0.014。如果通过语义网络模

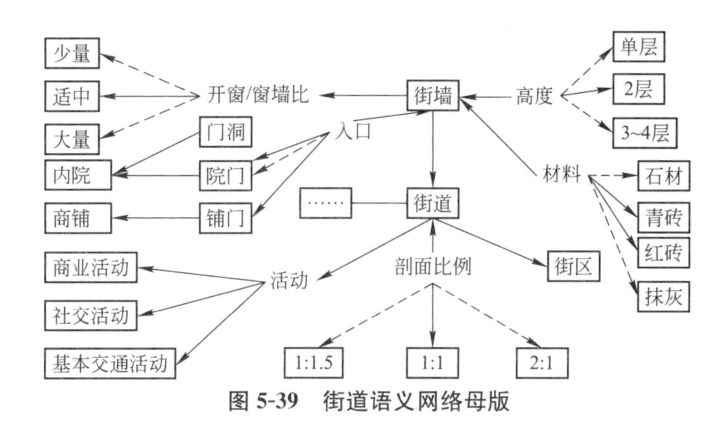

图 5-39 街道语义网络母版

式进行策划，那么策划模型 r 的差异度也应该与之接近。结合城市更新中开发效益的需求，我们允许一定范围内的差异，但最好是在母版范围内的节点要素，如模型 r 的街墙可以为 3～4 层，材质包含石材、青砖、红砖等。于是语义网络策划的结果则是城市语义网络图谱 r，如图 5-40。

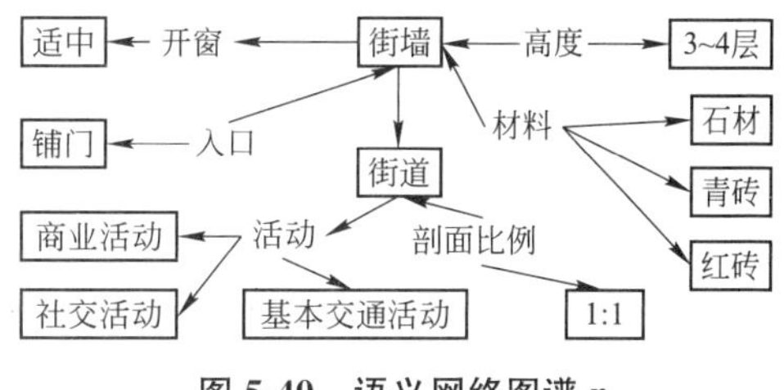

图 5-40 语义网络图谱 r

我们把策划结果 r 进行对称差异度分析，来验证其是否满足策划要求，如表 5-7。

r 的对称差异度 **表 5-7**

项目	S_{ar}	S_{br}	S_{cr}
对称差异度	0.009	0.021	0.011

图 5-41 意象方案 e

通过表中量值 S_{br}(0.021)和 S_{cr}(0.011)可以看出，其差异度与 S_{ab}、S_{ac} 基本一致，如果 S_{ar}(0.009)是在允许的差异范围之内，那么可以认为模型 r 基本满足要求。如果通过 r 演绎城市设计意向，我们就会得到一个可控的设计方案 e，如图 5-41。

这样，一次顺序而非逆序的策划工作则告一段落。当然在具体方案落实过程中，设计主体还有可能与抽象模型 r 产生一定的偏差。所以再把意向方案 e 语义网络建模，并同街道 a、b、c 进行比较，验证方案 e，有时是有必要的。经过计算，得到一系列差异度的量值，如表 5-8。

差异度量值 **表 5-8**

项目	S_{ab}	S_{ac}	S_{ae}	S_{be}	S_{ce}
对称差异度	0.025	0.014	0.016	0.027	0.007

作为既有中华巴洛克街道与东西方街道的差异度量值，其中 S_{ab} 和 S_{be} 比较接近，S_{ac} 和 S_{ce} 的值差异略大。如果城市设计意象方案与二者差异度同样保持近似的差异比例，也就是“差异度的差异比例”，则说明策划方案在继承“度”上保持了中华巴洛克街区的特性，所以我们并不能把表中量值作为唯一衡量指标。于是我们继续进行差异度区间的比对，也就是把 e 的差异度区间比例与 r 和 a 进行比较，如图 5-42。

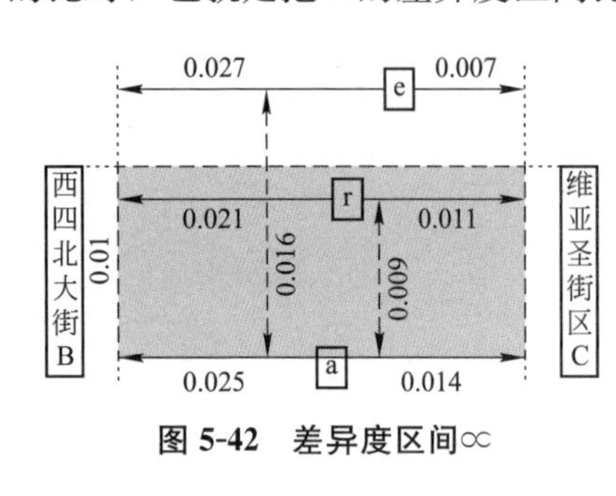

图 5-42　差异度区间∝

在图中我们发现，如果以 a 的差异度区间比例为标准，也就是中华巴洛克街区分别继承东西方文化的程度比例，那么 r 的区间比例也比较理想。这一点并不意外，因为 r 是从前面的城市语义网络模板中提炼出的策划模型，所以无论是差异度还是区间比例都会控制在一定范围内。我们也发现意向方案 e 的区间比例有一定偏离，这是由于在方案具体落实过程中外因和内因综合作用的结果。如果这种偏离的量值也是我们可以接受的，那么此次策划到设计的过程就完成了。

5.4　专项策划实务

5.4.1　空间专项设计策划实务

5.4.1.1　实例分析

由于中华巴洛克街区的街道源于 20 世纪初，基本上是由手工业者、商人、居民根据自身聚居需求营造的街道，并形成了“杂交”式风格的街墙。在街墙形态上，我们会发现街墙的比例、风格等属性处于一种随机分布状况。这里我们用区域内四段街墙为例，进行空间专项策划实务研究，如图 5-43。

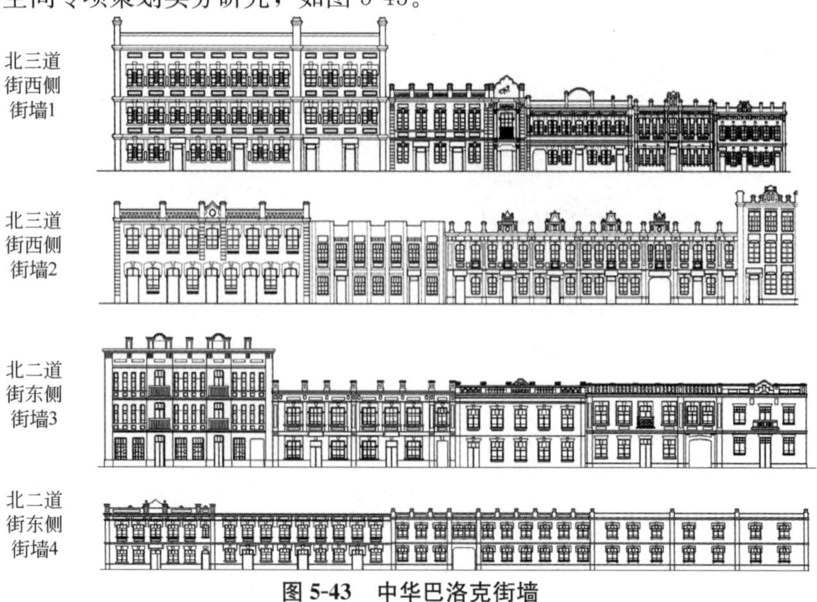

图 5-43　中华巴洛克街墙

5.4.1.2 模型建构

通过观察我们发现，这几个比较典型的街墙都是由若干建筑单体构成。门窗、山花以及壁柱等形态元素比较接近，并以随机方式重复出现；街墙立面肌理疏密程度在一定的区间内有所变化；主要层数以 2 层为主，个别存在 3 层或 4 层；单体建筑立面墙长度分布十分随意，处于一种无组织状态。对于这类细节复杂、量值分散的实例，语义网络模型构造起来数据量非常大。这里我们采用模糊统计的方式，为街墙构建语义网络母版，作为中华巴洛克街墙的原型，如图 5-44。

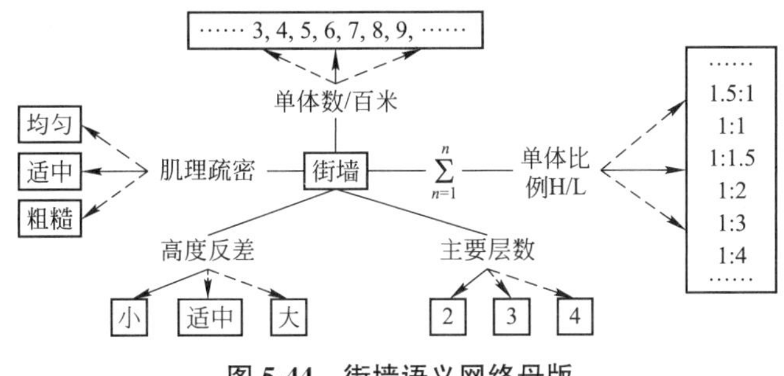

图 5-44 街墙语义网络母版

5.4.1.3 计算分析

接下来，我们通过语义网络母版，分别对四条街墙做排列组合式的对比。经过粗略计算(过程略)，我们会发现以上四组街墙之间的对称差异度稳定在 0.025～0.002 之间，如表 5-9。

街墙对称差异度　　表 5-9

项目	S_{12}	S_{13}	S_{14}	S_{23}	S_{24}	S_{34}
对称差异度	0.024	0.021	0.025	0.002	0.012	0.013

如果我们仍然通过母版析出一个差异度在 0.025～0.002 的语义网络图谱，并以此推演策划方案时，既要对方案的对称差异度进行控制，也要在适当区间内允许差异度的突变，这样才能体现中华巴洛克街道立面那种自由随性的特性。

如通过母版析出一个差异度小于 0.025 的语义网络子图 G，如图 5-45。

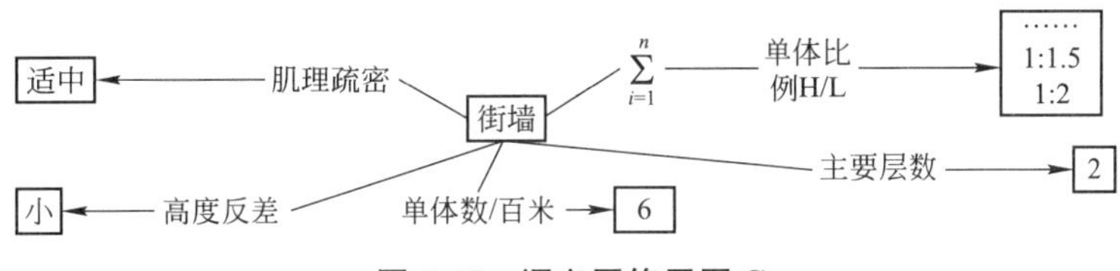

图 5-45 语义网络子图 G

然后把子图 G 与四条街墙进行差异度计算，并得到四组数据，如表 5-10。

G 的对称差异度　　表 5-10

项目	S_{1g}	S_{2g}	S_{3g}	S_{4g}
对称差异度	0.024	0.003	0.019	0.004

5.4.1.4 策划结论

由于是在街墙语义网络母版推演的结果，语义网络 G 及其推演出的意象方案 g 的对称差异度当然一定能控制在 0.025 之内，这样就能在语义网络模型控制下保证策划方案与既有中华巴洛克街墙保持协调。下面，我们通过一个策划实验，演绎一下街墙的意象方案 g，如图 5-46。

图 5-46 街墙意象方案 g

当然如果此时认为方案 g 满足策划要求还为时尚早。我们发现街墙 1～4 之间的差异度在一定值域内处于一种随机“跳跃”的状态。这种跳跃式的反差不仅表现在街墙之间的差异，还表现在同一街墙建筑单体立面之间的对比。将方案 g 的一系列语义网络对称差异度与上述四条中华巴洛克街墙进行比对，就会发现差异度的“跳跃”情况，并通过坐标图形象地反映这种特性，同时以此作为一个评判方案 g 是否继承了中华巴洛克街墙的那种“活泼”的气质和性格，如图 5-47。

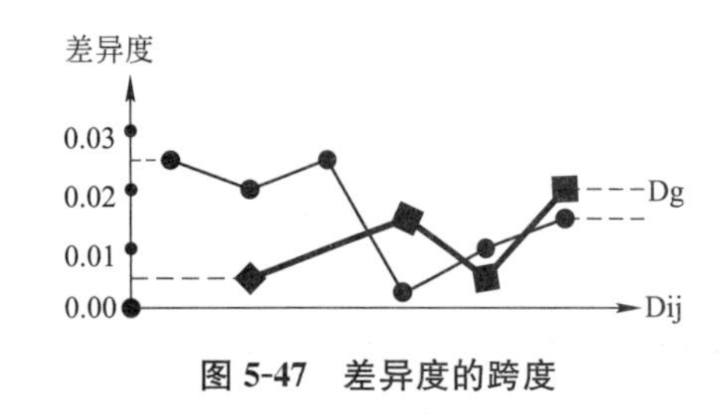

图 5-47 差异度的跨度

有了这个指标，在整个街区改造时，就可以合理地布局街墙的类型，也就是街墙变化起伏的“跨度”方面也与中华巴洛克取得更高维度的基因继承。通过多方位的策划分析，我们可以对历史空间进行由表及里的新陈代谢式的改造，而不是消极的“休动莫扰”[153]。类似夸张大胆的实例有很多，例如北京前门大街市井文化式的街墙，不仅在比例、材质上有所变化，甚至迥然不同的中西风格建筑街墙也能并肩“协调”而立。如果进行适当的分析，也许会发现北京前门大街街墙元素的跳跃跨度也不亚于中华巴洛克街墙。

5.4.2 可达性专项策划实务

5.4.2.1 策划内容

在城市设计实践过程中，步行环境质量在设计中成为重要因素，对于步行可达性的重要性已经得到业内广泛认可。

在现代城市中，大量的社区街道网格已经弱化了连接性和步行性，对于机动车交通的被动依赖不仅增加了生态环境成本，也增加了居民在时间方面的成本。且不谈步行交通的趣味性、意向性等方面，单就居住社区的步行服务半径来讲，现实的城市建设中就存在很多不足。有些社区并不满足相关规范中的规定，如：

“居住区商业中心步行半径不大于500米”；

“小区、商业点半径不大于300米”；

“幼托的服务半径不宜大于300米”等等。

在进行城市设计之前，设计师在方案策划阶段一般要考虑大量的城市尺度问题，假如存在一种结合计算机辅助策划的工具或方法，那么将会大大提高工作的效率、准确性和质量。针对这一点，下面我们通过城市语义网络对社区步行的可达性或便利性做一次简要策划分析。

5.4.2.2 应用算法

对于步行可达性，除了能用赋予属性的GIS网络模型进行分析[154]，用城市交通数据和POI兴趣点等数据降低踏勘成本[155]，我们还可以通过步行语义网络的距离来进行量化。由于城市空间语义网络节点之间有时不考虑其物理距离，所以在语义网络转化为图时，要根据策划对象赋予不同的单位量值。

首先我们要将城市空间二维语义网络矢量化，这里可以通过语义网络乘方的方法来统计街区某一点到达另外一点所经过的各种路线及其长度，也可统计出某点在一定步行距离内所能达到的范围。然后，将 v_i 和 v_j 的关系链 e_{ij} 线段化，设空间距离为 D_{ij}，根据所要精度 d(d=10米，50米，100米或300米等)，把 e_{ij} 划分成m等分线段，线段端点定义成语义网络节点，其中 $m=INT(D_{ij}/d)$。这样语义网络图就可以与空间尺度相对应，至于精度大小随d的调整而变化。

对于方向性单一且折返现象较少的街区，我们可以通过有向二维空间语义网络来进行计算。对于任意始发点 v_i，分别对所有关系链赋予离心方向，调整矛盾点，然后得到有向语义网络，之后再构造邻接矩阵A。通过邻接矩阵的乘方我们便可得到任意始发点 v_i 在限定范围内可达到的位置。

对于复杂街区结构，我们可以采用更加精准但计算量较大的无向二维空间语义网络来计算。对于任意两个语义网络节点 v_i 和 v_j，如果整体语义网络对应的邻接矩阵 A^n 中，对应的值为大于零的数k(k为整数)，那么就表示 v_i 和 v_j 存在k条空间距离为n的路径，其实际二维距离也就是 $n\times d$。在这些路径中提取有用“路”或“迹”，也就是非重复路径。当然，我们在计算邻接矩阵 A^n 过程中，当n从1依次按整数增长时，当 v_i 和 v_j 对应的矩阵值首次为非零整数k时，k则是 v_i 到 v_j 的最短路径，据此我们可以研究诸如步行可达方面的问题。当 v_i 到 v_j 的路径在某一特定范围内存在若干路径，其中的“路”或“迹”便是两点之间的可选择路径。

通过上述量值，我们就可以分析判断始发点和目标点的控制范围。如 $n\times d$ 为某项功能所允许的步行极限，那么对于任意始发节点 v_i 来讲，距离小于 $n\times d$ 的节点范围都是可达区域。

5.4.2.3 计算分析

首先我们在某城市取一个社区片段作为案例，并构建语义网络，如图5-48。

为了简便计算和说明问题，我们采用了正交方格网的街区，其中实际空间距离为250米左右见方的街坊尺度，如ab、bc和ae等都约等于250米，或者说任意两点函数 ϕ(USN)为“连通”，且平面距离250米。其中的b节点可以理解为上面所提到的等分插入点。

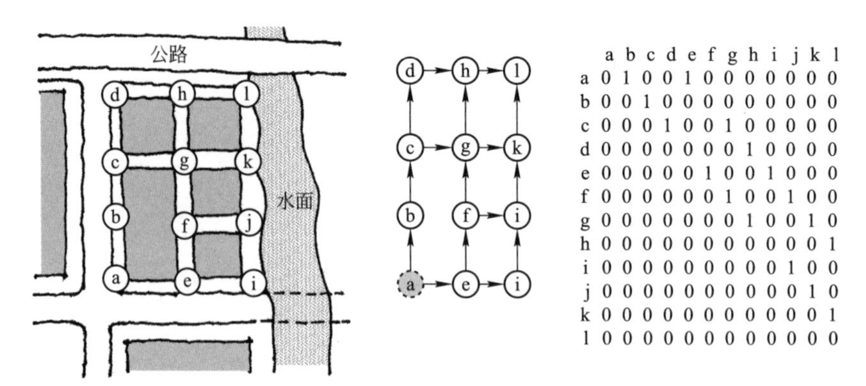

	a	b	c	d	e	f	g	h	i	j	k	l
a	0	1	0	0	1	0	0	0	0	0	0	0
b	0	0	1	0	0	0	0	0	0	0	0	0
c	0	0	0	1	0	0	1	0	0	0	0	0
d	0	0	0	0	0	0	0	1	0	0	0	0
e	0	0	0	0	0	1	0	0	1	0	0	0
f	0	0	0	0	0	0	1	0	0	1	0	0
g	0	0	0	0	0	0	0	1	0	0	1	0
h	0	0	0	0	0	0	0	0	0	0	0	1
i	0	0	0	0	0	0	0	0	0	1	0	0
j	0	0	0	0	0	0	0	0	0	0	1	0
k	0	0	0	0	0	0	0	0	0	0	0	1
l	0	0	0	0	0	0	0	0	0	0	0	0

图 5-48　社区语义网络及其邻接矩阵

通过街区的结构我们构建出社区二维空间的语义网络，通过离心搜索使之有向，于是我们就得到了对应的 A^1 矩阵。有了 A^1 矩阵我们便可以通过矩阵相乘得到 A^2 和 A^3 矩阵，如图 5-49。

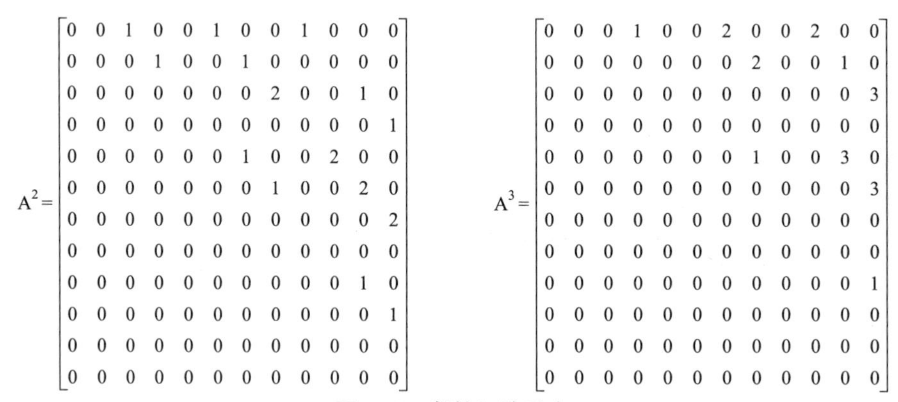

$$A^2=\begin{bmatrix}0&0&1&0&0&1&0&0&1&0&0&0\\0&0&0&1&0&0&1&0&0&0&0&0\\0&0&0&0&0&0&0&2&0&0&1&0\\0&0&0&0&0&0&0&0&0&0&0&1\\0&0&0&0&0&0&1&0&0&2&0&0\\0&0&0&0&0&0&0&1&0&0&2&0\\0&0&0&0&0&0&0&0&0&0&0&2\\0&0&0&0&0&0&0&0&0&0&0&0\\0&0&0&0&0&0&0&0&0&0&1&0\\0&0&0&0&0&0&0&0&0&0&0&1\\0&0&0&0&0&0&0&0&0&0&0&0\\0&0&0&0&0&0&0&0&0&0&0&0\end{bmatrix}\quad A^3=\begin{bmatrix}0&0&0&1&0&0&2&0&0&2&0&0\\0&0&0&0&0&0&0&2&0&0&1&0\\0&0&0&0&0&0&0&0&0&0&0&3\\0&0&0&0&0&0&0&0&0&0&0&0\\0&0&0&0&0&0&0&1&0&0&3&0\\0&0&0&0&0&0&0&0&0&0&0&3\\0&0&0&0&0&0&0&0&0&0&0&0\\0&0&0&0&0&0&0&0&0&0&0&0\\0&0&0&0&0&0&0&0&0&0&0&1\\0&0&0&0&0&0&0&0&0&0&0&0\\0&0&0&0&0&0&0&0&0&0&0&0\\0&0&0&0&0&0&0&0&0&0&0&0\end{bmatrix}$$

图 5-49　邻接矩阵乘方

假如我们所关心的步行可达范围为 500 米或 750 米，即 2D 或 3D，那么我们则可以通过 $A+A^2$ 以及 $A+A^2+A^3$ 矩阵和得到可选择路线数量和可达矩阵。通过邻接矩阵的和，我们可以清楚地看到在设定范围内 a 点到任意点是否可达，以及有几种可能的线路，如图 5-50。

$$A+A^2=\begin{bmatrix}0&1&1&0&1&1&0&0&1&0&0&0\\0&0&1&1&0&0&1&0&0&0&0&0\\0&0&0&1&0&0&1&2&0&0&1&0\\0&0&0&0&0&0&0&1&0&0&0&1\\0&0&0&0&0&1&1&0&1&2&0&0\\0&0&0&0&0&0&1&1&0&1&2&0\\0&0&0&0&0&0&0&1&0&0&1&2\\0&0&0&0&0&0&0&0&0&0&0&1\\0&0&0&0&0&0&0&0&0&1&1&0\\0&0&0&0&0&0&0&0&0&0&1&1\\0&0&0&0&0&0&0&0&0&0&0&1\\0&0&0&0&0&0&0&0&0&0&0&0\end{bmatrix}\quad A+A^2+A^3=\begin{bmatrix}0&1&1&1&1&1&2&0&1&2&0&0\\0&0&1&1&0&0&1&2&0&0&1&0\\0&0&0&1&0&0&1&2&0&0&1&3\\0&0&0&0&0&0&0&1&0&0&0&1\\0&0&0&0&0&1&1&1&1&2&3&0\\0&0&0&0&0&0&1&1&0&1&2&3\\0&0&0&0&0&0&0&1&0&0&1&2\\0&0&0&0&0&0&0&0&0&0&0&1\\0&0&0&0&0&0&0&0&0&1&1&1\\0&0&0&0&0&0&0&0&0&0&1&1\\0&0&0&0&0&0&0&0&0&0&0&1\\0&0&0&0&0&0&0&0&0&0&0&0\end{bmatrix}$$

图 5-50　邻接矩阵乘方的和

接着我们把以a为出发点的各部分矩阵参考数据提取出来。

2D矩阵：

	a	b	c	d	e	f	g	h	i	j	k	l
a	0	1	1	0	1	1	0	0	1	0	0	0

3D矩阵：

	a	b	c	d	e	f	g	h	i	j	k	l
a	0	1	1	1	1	1	2	0	1	2	0	0

4D矩阵：

	a	b	c	d	e	f	g	h	i	j	k	l
a	0	0	0	0	0	0	0	3	0	0	4	0

5D矩阵：

	a	b	c	d	e	f	g	h	i	j	k	l
a	0	0	0	0	0	0	0	0	0	0	0	7

从数据我们可以得出：a点与b、c、e、f、i分别存在一条可达范围500米的路径；a点与g、j分别存在两条可达范围750米的路径，但与b、c、d、e、f、i点仅有一条；a点与h点有三条可达范围1000米的路径，与k点有4条可达范围1000米的路径。

5.4.2.4 策划分析

通过上述分析我们可以统计出a点在任意步行范围内可抵达的范围，同时通过这种方法也能得出可选择路线的数量，然后我们可以对社区内任何一点到达其他点的路径数据进行计算统计。由于计算量较大，在缺少计算机辅助的情况下这里不再一一计算。

通过数据分析，我们可以通过语义网络模型对社区内部各项功能进行布置和策划，为城市设计提供依据。如对于幼儿园“服务半径不宜大于300米”的规定，通过直观观察我们可以断定相对于g节点，a点肯定不是最优点，通过对社区内各点的可达性计算，c、h、e、k点设置托幼功能可以算作策划方案之一。假设该社区街坊尺度为250米见方的话，即D=250，如果考虑社区内服务半径1000米的中学来讲，处于最边缘的a点仅与l点超出规定范围，那么我们需要考虑中学需要服务更大住区范围的话，b点和e点则是临界点。对于其他功能，如居住区商业中心，相关规定要求“步行半径不大于500米”，那么通过计算g点、e点可以作为策划备选方案，如图5-51。

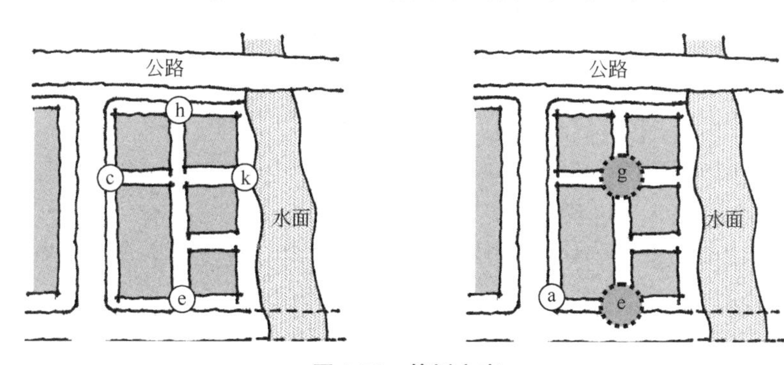

图5-51 策划方案

通过上述方法我们可以认识到，灵活运用城市语义网络的特性，可以分析和解决不同的城市设计策划问题，如步行选择的多样性、步行休息节点设置、机动车交通、停车场分布等等。

当然，上述运算方法并不是本书的目的，我们要说明的是构建合适的城市语义网络能够把众多工具和算法应用到城市设计策划当中来，是为了说明语义网络作为一种分析平台在城市设计策划过程中的潜力和作用。如果我们结合物理可达模型、偏好模型、重力模型或多指标分析模型构建语义网络可达模型[156]，那么该策划方法将更加客观，甚至还可以拓展至机动车机动可达性分析[157]。

为了说明某种城市语义网络的多用性，我们接下来仍然采用此类算法来研究城市社区的安全疏散问题。

5.4.3 安全设计策划实务

5.4.3.1 策划内容

我们接下来以社区安全策划为主题，进一步挖掘语义网络方法的功能。由于各国专业特点和研究角度不同，“社区安全”的概念也存在差异。有的侧重于防卫，有的侧重于防灾。但无论怎样，在信息网络的参与下，需要大数据下的智慧安全城市的安全管理[158]。

下面是一个社区局部案例，为了简化计算我们选择一个接近等距的正交社区结构，并构造对应的二维空间语义网络模型，如图 5-52。

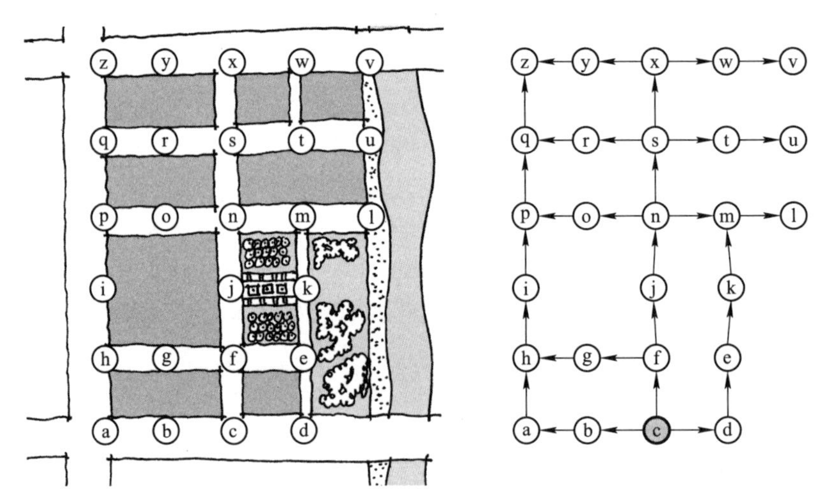

图 5-52 社区结构及其语义网络

从相关研究中可以了解到，社区安全包含的内容十分广泛，如火灾爆炸、毒气泄漏、工程质量事故等。对于不同的安全问题所采取的适用措施是不一样的，但一般都存在救援与疏散问题，如可达性和疏散半径就可以是避难疏散安全能力的“准则层”和“指标层”（AHP）[159]。

下面我们就从城市语义网络入手，针对救援与疏散的可达性问题，从技术层面的局部环节出发，尝试一种辅助城市设计安全策划的方法。

5.4.3.2 应用算法

首先我们先考虑应对社区安全的援救因素问题。假设 c 点为策划救援点，如警力点、消防点等，针对治安、工程事故、火灾等安全威胁，我们为 c 点构造有向的空间语义网络，然后得到对应的一阶邻接矩阵 A，如图 5-53。

有了一阶邻接矩阵 A，我们便可以很容易地得到有向 USN 的 n 阶矩阵。这里我们设 $A=(a_{ij})_{n*n}$为该有向 USN 的邻接矩阵，那么 k 阶矩阵 A^k中的第 i 行、第 j 列的元素 $a_{ij}^{(k)}$便是有向语义网络 USN 中从 i 点到 j 点拓扑长度为 k 的路线的数量。这一原理也适用于无向网络，前提是要区分关系链“路”或“迹”的区别，也就是往返重复的路线。

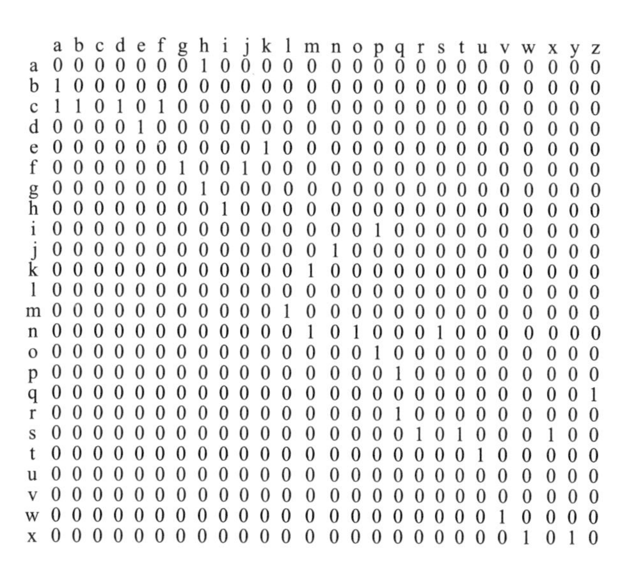

	a	b	c	d	e	f	g	h	i	j	k	l	m	n	o	p	q	r	s	t	u	v	w	x	y	z
a	0	0	0	0	0	0	0	1	0	0	0	0	0	0	0	0	0	0	0	0	0	0	0	0	0	0
b	1	0	0	0	0	0	0	0	0	0	0	0	0	0	0	0	0	0	0	0	0	0	0	0	0	0
c	1	1	0	1	0	1	0	0	0	0	0	0	0	0	0	0	0	0	0	0	0	0	0	0	0	0
d	0	0	0	0	1	0	0	0	0	0	0	0	0	0	0	0	0	0	0	0	0	0	0	0	0	0
e	0	0	0	0	0	0	0	0	0	0	1	0	0	0	0	0	0	0	0	0	0	0	0	0	0	0
f	0	0	0	0	0	0	1	0	0	1	0	0	0	0	0	0	0	0	0	0	0	0	0	0	0	0
g	0	0	0	0	0	0	0	1	0	0	0	0	0	0	0	0	0	0	0	0	0	0	0	0	0	0
h	0	0	0	0	0	0	0	0	1	0	0	0	0	0	0	0	0	0	0	0	0	0	0	0	0	0
i	0	0	0	0	0	0	0	0	0	0	0	0	0	0	0	1	0	0	0	0	0	0	0	0	0	0
j	0	0	0	0	0	0	0	0	0	0	0	0	0	1	0	0	0	0	0	0	0	0	0	0	0	0
k	0	0	0	0	0	0	0	0	0	0	0	0	1	0	0	0	0	0	0	0	0	0	0	0	0	0
l	0	0	0	0	0	0	0	0	0	0	0	0	0	0	0	0	0	0	0	0	0	0	0	0	0	0
m	0	0	0	0	0	0	0	0	0	0	0	1	0	0	0	0	0	0	0	0	0	0	0	0	0	0
n	0	0	0	0	0	0	0	0	0	0	0	0	1	0	1	0	0	0	1	0	0	0	0	0	0	0
o	0	0	0	0	0	0	0	0	0	0	0	0	0	0	0	1	0	0	0	0	0	0	0	0	0	0
p	0	0	0	0	0	0	0	0	0	0	0	0	0	0	0	0	1	0	0	0	0	0	0	0	0	0
q	0	0	0	0	0	0	0	0	0	0	0	0	0	0	0	0	0	0	0	0	0	0	0	0	0	1
r	0	0	0	0	0	0	0	0	0	0	0	0	0	0	0	0	1	0	0	0	0	0	0	0	0	0
s	0	0	0	0	0	0	0	0	0	0	0	0	0	0	0	0	0	1	0	1	0	0	0	1	0	0
t	0	0	0	0	0	0	0	0	0	0	0	0	0	0	0	0	0	0	0	0	1	0	0	0	0	0
u	0	0	0	0	0	0	0	0	0	0	0	0	0	0	0	0	0	0	0	0	0	0	0	0	0	0
v	0	0	0	0	0	0	0	0	0	0	0	0	0	0	0	0	0	0	0	0	0	0	0	0	0	0
w	0	0	0	0	0	0	0	0	0	0	0	0	0	0	0	0	0	0	0	0	0	1	0	0	0	0
x	0	0	0	0	0	0	0	0	0	0	0	0	0	0	0	0	0	0	0	0	0	0	1	0	1	0

图 5-53 救援点 c 向语义网络的一阶邻接矩阵

相对于其他算法和软件，这种方法的好处是在计算有限折线距离内的可达性时，还可以同时得到两点间路线的多样性。这对于有些安全救援或安全疏散问题来讲是有好处的。

设 c 点为救援点且基本网格单元为 300 米，对于 q 点来讲，从 c 点出发的 1800 米可达合理离心路线有 4 条。这一点我们可以从 c 点 n 阶可达矩阵值表看到，如表 5-11。

c 点 n 阶可达矩阵值 **表 5-11**

c	a	b	d	e	f	g	h	i	j	k	l	m	n	o	p	q	r	s	t	u	v	w	x	y	z
A	0	1	1	0	1	0	0	0	0	0	0	0	0	0	0	0	0	0	0	0	0	0	0	0	0
A^2	1	0	0	1	0	1	0	0	1	0	0	0	0	0	0	0	0	0	0	0	0	0	0	0	0
A^3	0	0	0	0	0	0	2	0	0	1	0	0	2	0	0	0	0	0	0	0	0	0	0	0	0
A^4	0	0	0	0	0	0	0	2	0	0	0	2	0	1	0	0	0	1	0	0	0	0	0	0	0
A^5	0	0	0	0	0	0	0	0	0	0	2	0	0	0	3	0	1	0	1	0	0	0	1	0	0
A^6	0	0	0	0	0	0	0	0	0	0	0	0	0	0	0	4	0	0	0	1	0	1	0	1	0
A^7	0	0	0	0	0	0	0	0	0	0	0	0	0	0	0	0	0	0	0	0	1	0	0	0	5

我们能够在表中看出，u、w、y 点虽然也各有一条有向链，但如果 s—t 链或 x—w 链一旦由偶发事件断路，那么其安全性也就是救援可能性就会出现问题。至于救援的具体形式或措施，如机动车计算时速、红绿灯通性等条件和限制等，需要在进一步的深入研究中继续完善。

有了这些数据，我们便可以分析出救援点在多大距离内或多长时间内达到救援地点，以及可选择路线的数量。如假定社区出警时间为 3 分钟，平均时速 30 公里，也就是 1500 米的救援距离，那么 c 点作为出警始发点有效控制范围就可以从相应的布尔矩阵表中统计出来，如表 5-12。

c 点 5 阶可达矩阵布尔值　　　　表 5-12

c	a	b	d	e	f	g	h	i	j	k	l	m	n	o	p	q	r	s	t	u	v	w	x	y	z
布尔值	1	1	1	1	1	1	1	1	1	1	1	1	1	1	1	0	1	1	1	0	0	0	1	0	0

通过布尔矩阵计算出的可达性，结合可选择路线的数量，我们就可以初步判断 c 点设为救援始发点的合理性，或者统计出 c 点的安全控制范围，如有盲区再适度补充救援点。

5.4.3.3　模型分析

通过上述算法，我们进一步对其他安全因素进行计算分析。这里我们进一步就医疗救护点和安全疏散点进行策划分析。

对于安全事故、城市灾害以及偶发安全事件来讲，医疗救护是安全措施的重要环节。对于医疗救护点来讲，一般存在两种救援情况，一是抵达安全事故事发点，二是从事发点抵达救护点。与上述事例一样，此类安全救援措施也存在路径可达和路径选择问题。另外，对于许多灾难来讲，安全疏散也是十分重要的，合理分布安全疏散点应该成为城市设计策划所考虑的因素。多数情况下，安全疏散点一般要承担多种功能，如对于重大活动人流疏散问题，通过分析、模拟大规模人员聚散规律，可为安全疏导和应急预案提供帮助[160]，并经常把城市公园、城市绿地、广场等场所看作某些重要的临时疏散点。

假设在策划开始的功能布局过程中，u 点由于环境优越且比较安静，是医疗救护理想场所的备选方案，同时滨水开放式公园是理想疏散场所的备选方案。那么为了进行可达性分析，我们构建相应的二维空间语义网络，如图 5-54。

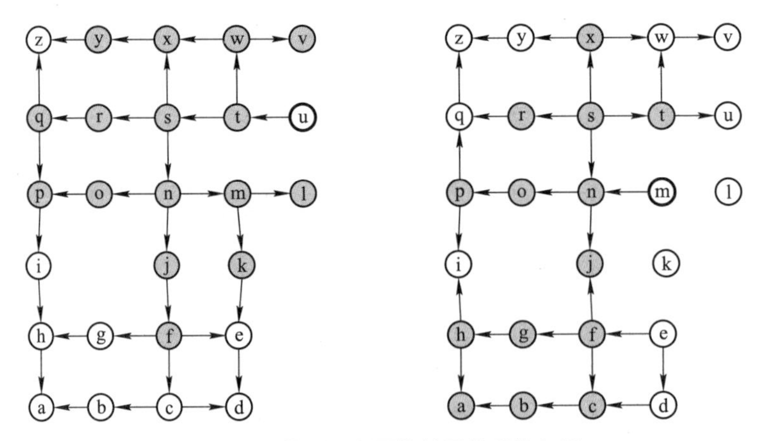

图 5-54　社区语义网络的及其邻接矩阵

这里我们仍采用 300 米的单元网格，并假设救援时间和距离仍为 3 分钟和 1500 米，然后统计由 u 点出发救护在有限范围内机动车可达区域，或社区内任意点在有限折线距离内到达救护点的途径数量。首先我们通过 u 点形成的离心式有向语义网络对应的邻接矩阵 A 相乘，之后得到一系列 n 接矩阵及其可选择数量，如表 5-13。

u点n阶可达矩阵值表　　表5-13

u	a	b	c	d	e	f	g	h	i	j	k	l	m	n	o	p	q	r	s	t	v	w	x	y	z
A	0	0	0	0	0	0	0	0	0	0	0	0	0	0	0	0	0	0	0	1	0	0	0	0	0
A^2	0	0	0	0	0	0	0	0	0	0	0	0	0	0	0	0	0	0	1	0	0	1	0	0	0
A^3	0	0	0	0	0	0	0	0	0	0	0	0	0	1	0	0	0	1	0	0	1	0	2	0	0
A^4	0	0	0	0	0	0	0	0	0	1	0	0	1	0	1	0	1	0	0	0	0	0	0	1	0
A^5	0	0	0	0	0	1	0	0	0	0	1	1	0	0	0	2	0	0	0	0	0	0	0	0	0

5.4.3.4 策划分析

通过上表我们可以分别得到在某一空间距离内，由医护点到达安全事故发生点的可选择路线数量，当然也可以分析每个潜在事故地点到达医护点的可能性和可达性。然后进一步根据可达矩阵表得到布尔矩阵表，如表5-14。

u点5阶可达矩阵布尔值表　　表5-14

u	a	b	c	d	e	f	g	h	i	j	k	l	m	n	o	p	q	r	s	t	v	w	x	y	z
布尔值	0	0	0	0	0	1	0	0	0	1	1	1	1	1	1	1	1	1	1	1	1	1	1	1	0

通过布尔矩阵表，我们可以在语义网络图中把符合救援条件的点进行标记，于是从设计师工作角度出发，我们便得到一张安全因素的分析图。通过直观的二维图示，我们既可以找到安全措施点顾及的范围，同时也能找出安全等级比较低的薄弱点。

对于一般性的安全疏散问题，实例中的开放性公园可以作为人员物资的疏散场所。一般情况下人的步行可达范围为500～600米，但考虑到灾害或事故发生时的情急因素，我们可以将安全疏散的距离适当增大，并设定为900米。另外，由于该公园涉及范围较大，所以在构建语义网络时，可以将其视为一点来计算，当然也可以把边界涵盖的若干点分别计算，然后进行叠加。例如，在图中我们把m、e、d作为疏散点分别进行计算，其中k、l点不存在疏散问题，固排除在计算之外，然后把三点的矩阵值叠加成一个表，实际上也就是把整个公园当作一点来看待，如表5-15。

m、e、d点n阶可达矩阵值表　　表5-15

m、e、d	a	b	c	f	g	h	i	j	n	o	p	q	r	s	t	u	v	w	x	y	z
A	0	0	1	1	0	0	0	0	1	0	0	0	0	0	0	0	0	0	0	0	0
A^2	0	1	1	0	1	0	0	2	0	1	1	0	0	1	0	0	0	0	0	0	0
A^3	1	1	0	0	0	1	0	0	0	0	0	0	1	0	1	0	0	0	1	0	0

同样，我们也可以得到相应的布尔矩阵，并通过列表进行表示，如表5-16。

m、e、d点3可达矩阵布尔值表　　表5-16

m、e、d	a	b	c	f	g	h	i	j	n	o	p	q	r	s	t	u	v	w	x	y	z
布尔值	1	1	1	1	1	1	0	1	1	1	1	0	1	1	1	0	0	0	1	0	0

然后，通过该表的值把语义网络图的安全疏散目标点进行标记，这样我们可以用同样方法得到一张关于有限范围内安全疏散场所的分析图。在上述语义网络计算之后，我

们就可以通过对应的分析图对该社区进行安全分析与策划。

通过上述计算结果和图示，我们对该社区的安全策划建议有以下几个方面：

(1) 分析各点的安全性或安全等级。这需要对各种形式的安全问题进行权重分析。

(2) 分析策划安全辅助点(救援点、疏散场所等)的分布情况及其合理性及效率。

(3) 搜索安全承载量较大的路径，区分一般路径，在进行城市设计及其导则制定时给予相应的安全性关注；

(4) 对于仅有一个救援或疏散途径的点给予补偿，对于有多条途径的点则可以在空间距离限制上适度放宽。

5.4.4 触媒设计策划实务

5.4.4.1 策划内容

在此次案例研究中，我们尝试对城市设计中一个比较流行的概念进行试验，也就是Wayne Atton和Donn Logan所说的“Urban Catalysts”(城市触媒)。所谓城市触媒，简单地说，就是城市要素之间的相互作用[161]。

城市触媒可能是商业街、大学城等由数栋建筑组成的建筑群，也可能是河流、生态公园等某些自然景观元素”[162]。除此之外，还有很多空间形体之外的作用于城市的触媒，如经济要素、文化要素、历史要素、政策要素等。这些要素有时需要通过城市空间实体要素发挥作用，而有些要素可以独立发挥触媒作用。在本节案例中，我们尝试通过语义网络方法，对空间层面和非空间层面的触媒因素进行影响分析，例如，在某市的城市设计前期策划中，需要对一个滨水地块进行一次定位策划，如图5-55。

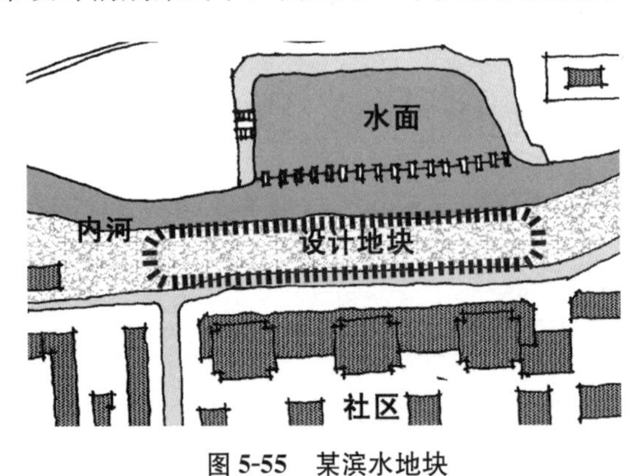

图5-55 某滨水地块

在这次城市设计的前期策划中，有若干决策问题需要解决，其中包括社区相邻的滨水带状地段如何定位的问题。在这次策划中，存在几种建议和可能：第一种想法就是建造一个尺度较大的主题广场，与河对面的开放式公园遥相呼应，可以承接一定规模的节日活动或集体活动项目；第二个想法就是建造带状休闲广场，解决相邻社区缺乏公共休闲活动场地的问题，主要承载小型公共活动，诸如健身、散步等；第三个想法就是整饬沿街商服，打造一条适度规模的商业步行街。

但是三个想法中主题广场和休闲广场的定位存在一定的矛盾性。这个矛盾主要在于此次设计究竟是要营造一个专门为社区服务的休闲活动场所，还是打造一个承载更大范围公共活动的主题广场。由于用地面积有限，且用地形状是一个狭长地段，所以两种需求很难兼顾。为此我们为两种策划方案分别绘制了意象草图，如图5-56。

至于步行商业街与两类广场之间基本不存在矛盾，也就是说步行商业街是与二者兼容的。如果我们把三者看作城市触媒，那么它们就会产生触媒作用，引发一系列要素的产生。我们把这些诱因和结果联系起来，就能分别构造出各自的语义网络模型。

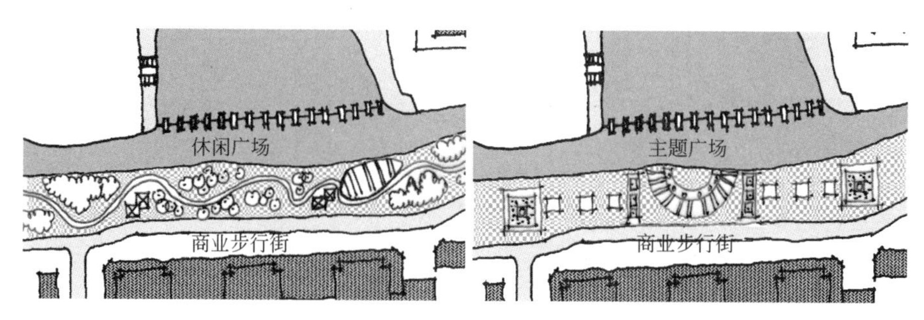

图 5-56　意象草图

5.4.4.2　策划模型

接下来我们为三个策划想法构建触媒作用的语义网络模型。

首先，为休闲广场及其触媒作用构建城市语义网络模型。休闲广场能够吸引休闲活动，会产生触媒作用，尤其是对本地块紧邻居住区。另外，活动景观、社交活动也是这类触媒的副产品。除此之外，这些副产品连同休闲活动又衍生出社区防卫、社区活力等衍生效应。整个这一系列“化学反应”催生了触媒作用的关系链。如果通过语义网络表示，则形成了一组语义网络模型，如图 5-57。

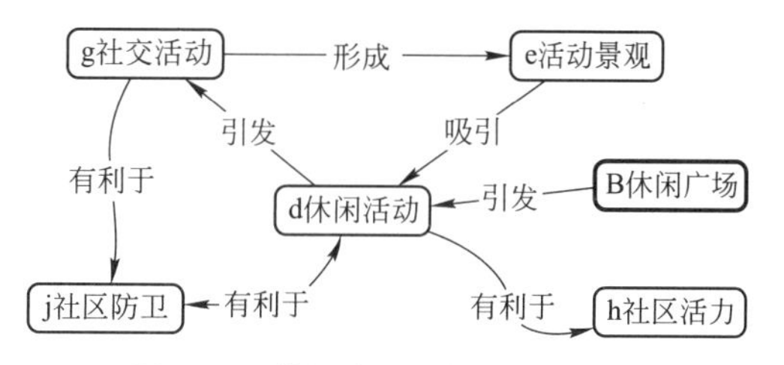

图 5-57　休闲广场触媒的语义网络

同样，如果该地块做成一个主题广场，也会发生类似的触媒作用。由于这里的主题广场的定位和初衷是为了承载较大型的公共活动，如歌舞表演、广场舞等等，在缺少公共活动场所的情况下这里极有可能形成群体性活动。集体活动能够形成活动景观，还会吸引更多的参与者。其中一些参与者会把间接的活动参与当作一种休闲活动，于是又引发了社交活动等等……按照同样的做法我们会得到关于主题广场触媒作用的语义网络图，如图 5-58。

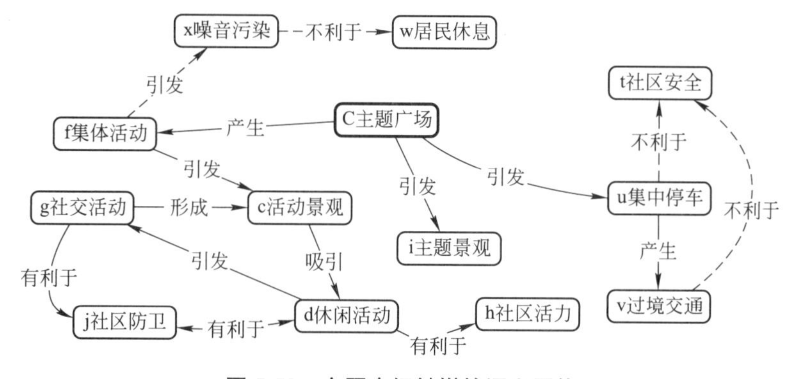

图 5-58　主题广场触媒的语义网络

当然，触媒引发的效应不都是正面的，有时候触媒会产生一些负面作用，如在图中 x→w、v→t 等都是一些潜在的消极因素。这就提示了我们在考量城市触媒的作用时，要区分触媒的积极作用和消极作用(用 N 表示)。

接下来我们继续为“商业步行街”触媒构建语义网络。该项目所处区域缺少集中的商业综合体，对于便捷的商业模式有一定的潜在需求。在无法实现大型商业综合体的前提下，营造一条面向滨水带的步行商业街是合理的。有了商业就会促进就业、方便购物，就业机会的增加会一定程度地增加居住需求，提升社区活力。另外，沿街商服的形成会促进标牌标志的更新与街墙立面的改造，进而提升街墙景观等等。我们为商业步行街的触媒作用构建相应的语义网络，如图 5-59。

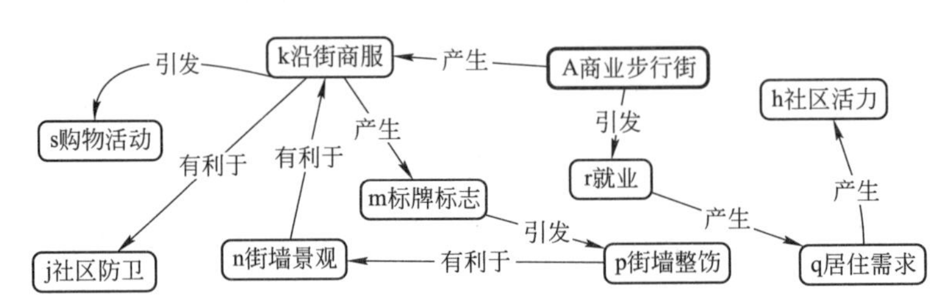

图 5-59 商业步行街触媒的语义网络

5.4.4.3 量值分析

有了语义网络，就可以形成图，也就产生了邻接矩阵，通过邻接矩阵我们会分别得到一些特征量值。在量值的比较分析后，我们就可以看出哪些城市触媒作用影响深远，或者哪些作用影响面广，也可以找出触媒作用的关键节点要素。接下来我们尝试运用句法论的一些关键特征量值与公式，并派生出一些新的分析指标，作为触媒作用的考量。经过思考，我们认为城市触媒存在以下几个有意义的量值：

(1) 触媒作用深度值

这一量值可以考察某一复杂触媒作用的深远程度，判断能否触发我们所关心的城市要素，并使其发挥作用。随着深度值距离的增加，其触媒效果的风险也越大。如果某一个环节因主观判断失效，那么其触媒作用也会随之失效。

(2) 触媒作用广度值

这一量值比较容易理解，它考察触媒要素的影响范围，我们可以参考图论“出度”的概念来衡量其广度值。广度值和深度值应该结合使用，如主题广场语义网络图中 d→g 或 g→j 失效时，d→j 还能保持一定的作用。事实上，我们在做城市设计时经常会遇到这种“智力游戏”，经常会绕过一些矛盾环节或困难环节来解决某一关键问题。

(3) 触媒作用的平均深度值

平均深度值考虑了触媒初始点及其衍生触媒的综合深度，综合考量某城市触媒的深远作用。公式如下：

$$\text{Mean Depth(SN)}=\frac{\text{Total Depth(SN)}}{\text{V(SN)}-1}$$

(4) 触媒作用的平均广度值

平均广度值考虑了触媒初始点及其衍生触媒的综合广度，综合考量某城市触媒的影响范围。公式如下：

$$\text{Mean Width(SN)}=\frac{\text{Total Width(SN)}}{\text{V(SN)}-1}$$

(5) 触媒作用的共振闭环(Resonance Loop)。

所谓共振闭环就是所谓的“良性循环”或“劣性循环”。在城市触媒作用分析中，经常会遇到一些循环作用的现象。例如某良好的街道环境会增加被吸引的人数，大量的人会促进商业经济，良好的经济环境会促进街道环境品质的提升……所以这种形似“永动机”的共振闭环，如果发挥的是良性作用，那么触媒产生的这种闭环越多越好，如休闲广场语义网络中的 jd、gde 等。

接下来我们进行矩阵分析。每个触媒作用的语义网络都会形成各自的邻接矩阵，通过邻接矩阵的辅助可以分别得出各自的触媒量值，如图 5-60、图 5-61。

	A	*h*	*j*	*k*	*m*	*n*	*r*	*s*	*p*	*q*
A	0	0	0	1	0	0	1	0	0	0
h	0	0	0	0	0	0	0	0	0	0
j	0	0	0	0	0	0	0	0	0	0
k	0	0	1	0	1	0	0	1	0	0
m	0	0	0	0	0	0	0	0	1	0
n	0	0	0	1	0	0	0	0	0	0
r	0	0	0	0	0	0	0	0	0	1
s	0	0	0	0	0	0	0	0	0	0
p	0	0	0	0	0	1	0	0	0	0

	B	*d*	*g*	*e*	*j*	*h*
B	0	1	0	0	0	0
d	0	0	1	0	1	1
g	0	0	0	1	1	0
e	0	1	0	0	0	0
j	0	1	0	0	0	0
h	0	0	0	0	0	0

图 5-60 邻接矩阵 A、B

	C	*d*	*e*	*f*	*g*	*h*	*i*	*j*	*t*	*u*	*v*	*w*	*x*
C	0	0	0	1	0	0	1	0	0	1	0	0	0
d	0	0	0	0	1	1	0	1	0	0	0	0	0
e	0	1	0	0	0	0	0	0	0	0	0	0	0
f	0	0	0	0	0	0	0	0	0	0	0	0	1*N*
g	0	0	1	0	0	0	0	1	0	0	0	0	0
h	0	0	0	0	0	0	0	0	0	0	0	0	0
i	0	0	0	0	0	0	0	0	0	0	0	0	0
j	0	0	0	0	0	0	0	0	0	0	0	0	0
t	0	0	0	0	0	0	0	0	0	0	0	0	0
u	0	0	0	0	0	0	0	0	1*N*	0	1	0	0
v	0	0	0	0	0	0	0	0	1*N*	0	0	0	0
w	0	0	0	0	0	0	0	0	0	0	0	0	0
x	0	0	0	0	0	0	0	0	0	0	0	1*N*	0

图 5-61 邻接矩阵 C(消极链用 N 表示)

通过矩阵我们得到一些特征量值，如表 5-17 所示。我们发现三个触媒的影响广度中，最广链广度是等同的，但根节点出度只有 C 节点最大，数值为 3，这说明 A、B、C 中主题类广场的直接影响范围最大。而代表某一要素影响深远程度的最长链长度中，A 和 C 都大于 B，共振闭环数量 C>B>A。除了上述量值，如果我们对触媒作用对应的语义网络进行深度优先搜索和广度优先搜索，会进一步得到各自的平均深度值和平均广度值。经过计算，我们发现 C 的两项指标均高于 B，与 A 不分伯仲。

城市触媒比较分析 表 5-17

	A	B	C
Mean Depth	2.00	1.60	2.17
Mean Width	1.11	1.00	1.08
Resonance loop	1	2	3
最长链长度	4	3	5
最广链广度	3	3	3
消极链数量	0	0	4

于是我们再结合全部六项指标比较 C 和 B，则可以得出以下结论：从城市触媒 C 各项作用的综合程度看优于 B，但 C 存在一些消极链。这些消极因素对看似明确的结论带来了疑问，这对于决策的确是一个两难抉择。如果我们能够容忍触媒 C 的负面作用，并通过其他设计手段予以弥补的话，似乎 C 是一个不错的选择。但实际情况还要结合 A 来考虑，也就是步行商业街。

5.4.4.4 复合量值分析

前面的项目介绍与分析已经提到这个社区需要更多的商业设施，那么无论是建造休闲广场还是主题广场都可能要结合步行商业街来考虑。在这种情况下的城市触媒就不是单独的 B 或 C，而是 A 和 B 或 A 和 C。接下来我们继续对这种复合触媒的影响程度做进一步研究，即 A∪B 与 A∪C，如图 5-62。

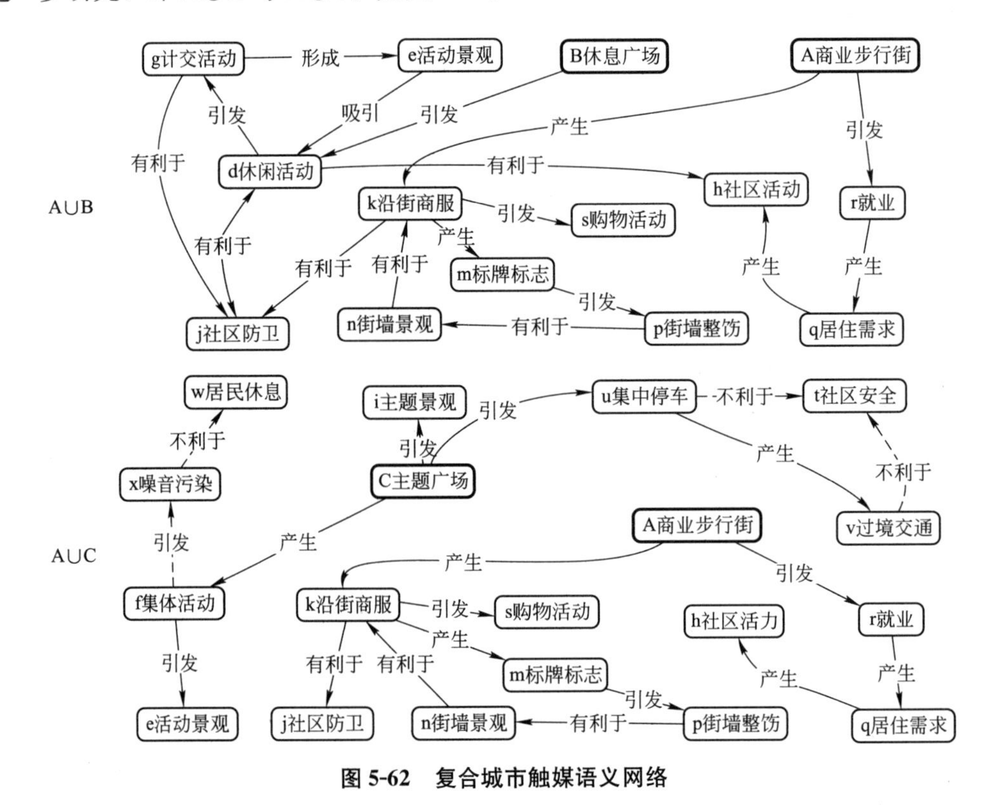

图 5-62 复合城市触媒语义网络

于是我们发现，A∪B 的组合形成了不同的触媒语义网络模型，出现了新的关系链，如 kj 和 dh。可以看出，二者的复合并不是简单地相加，而是具有化学作用的一些特点，如有些节点的消失、叠加和产生，所以我们把这种现象比喻为触媒反应是恰当的。

再看 A 与 C 组合，这种组合可能会出现主题广场的主题景观与街墙景观之间风格协调的要求，或者相邻开放式公园的性质对于商业步行街的业态、主题公园的形式或主题都可能存在一定的影响，同时主题活动、购物活动相对于休闲活动更具强势，活动景观所引发的休闲活动可能会被忽略，并影响了语义网络模型等等。以上因素严格来讲对于量值计算都会有些影响，但相应的公式已经把触媒节点总量考虑在内，对于量值影响有限，且考虑到计算量过大、篇幅的控制，这里暂时不把上述因素列入模型当中。

在具体计算过程中，我们首先把 A 与 B 或 A 与 C 作为一个初始点来考虑。从这个初始点进行深度和广度搜索，就会得到相应的平均深度值和平均广度值，计算结果如下：

$$\text{Mean Depth}(A \cup B) = 2.08 \quad \text{Mean Width}(A \cup B) = 1.08$$

$$\text{Mean Depth}(A \cup C) = 1.88 \quad \text{Mean Width}(A \cup C) = 1.00$$

除此之外，我们也可以得到其他相应的触媒量值，综合作为决策的参考。

5.4.4.5 策划与决策

在上述计算结果的基础上，对 A∪B 与 A∪C 的计算值进行对比，如表 5-18。

复合城市触媒比较分析　　表 5-18

	A∪B	A∪C
Mean Depth	2.08	1.88
Mean Width	1.08	1.00
Resonance loop	4	1
最长链长度	4	4
最广链广度	3	5
消极链数量	0	4

通过表中数值的比较我们看到这种复合后的“化学反应”出现了复杂的变化，其中 A∪B 的综合指标除最广链广度稍弱(3∶5)之外占了明显的优势。如果仅从触媒作用的量值来看，应该选择休闲广场结合步行商业街的策划方案。当然，如果对 C 模型进行调整，如通过设计手段消除其消极因素，或把休闲活动功能融入主题广场(在可能的情况下)，那么也许计算结果会发生变化。另外，如果存在某种辅助软件能让触媒作用的语义网络模型更加深入全面，涵盖的数据更多，那么情况可能也会产生一定的变化。

虽然通过数值比较得出结论，但我们还不能说这个判断是绝对客观准确的，这种方法只不过是为循证式策划找到了一些判别的依据。也就是说，不能因为某个城市触媒的作用值大就选定那个方案，这就像一个西瓜和一个烧饼对于一个饥饿的人来说其体积不一定重要的道理一样。这里仅仅为从触媒作用角度所进行的城市设计策划提供了一系列具有逻辑性的参考，具体如何策划、如何选择还需要考虑策划目标，以及我们真正认为有价值的东西。这又涉及另外一个问题，即决策技术，如城市语义网络的层次分析、多阶段群体满意策划方法等[163]。

最后，还有必要谈一下模型的对称性问题。为了使不同触媒作用的程度具有可比性和参照性，我们可以把所有涉及的语义网络模型合并成一个对称母版，如图 5-63。

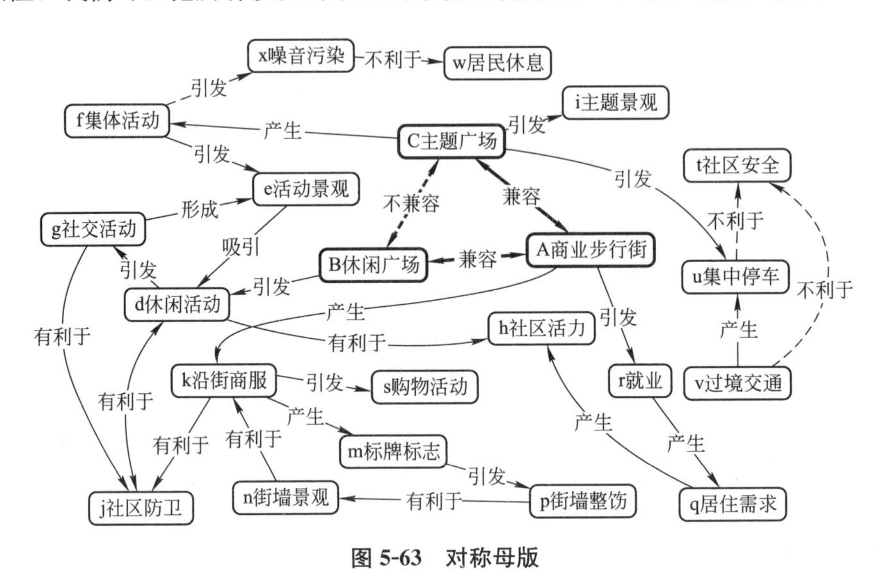

图 5-63 对称母版

如果所有量值都以这个母版作为参照，然后通过分割点和分割边肢解成若干块模型，这样块模型之间的比较就会更加客观。当然构建这样一个复杂多维模型的工作量和难度会很大，必须要依靠人脑和计算机协同操作，因为即便设计师具有高超的图解表达和操控能力，也难以驾驭过于复杂的城市设计问题。

5.5 策划方略

5.5.1 最优化策划方略

5.5.1.1 量化最优

利用语义网络方法进行城市设计策划，在量化条件确切或条件可全部接受前提下，我们可以求得量化最优的策划方案。量化最优虽然有时运算繁杂，但程序直观、结果确凿，很容易被理解和接受。在可达性、城市触媒等策划实务中，就存在明确的量化最优，这类策划结果一般对于代数级策划问题十分有效，是最能够体现数理策划方法优势的案例。

有一类的城市语义网络存在代数级量化前提，如量化的经济数值、社区服务半径等等，如果不掺杂其他非量化条件，或者非量化属性恰好不影响策划方案比对，我们则可以通过语义网络模型对各种策划方案进行量值比较，得出最优方案。与此同时，对于这类策划，还能够进一步求得策划方案间优劣差异度，也就是比率标度差异，判断最优策划方案是否具备绝对优势还是微弱优势。

另外，本书所提出的城市语义网络，是一个多方参与的动态模型，可以提供必要的信息对称。在目前具有宏观调控条件的背景下，公共城市语义网络信息平台能够有效地避免非合作博弈下的纳什均衡，从整体上实现城市设计策划的量化最优。

5.5.1.2 级别最优

对于某些城市设计策划来讲，有些因素并不能准确量化，如舒适、比较舒适或不舒适等标度，即使运用层次分析九分法，也不能明确比率标度的实际距离。不仅如此，对于复杂的语义网络模型，标度叠加也成为求取最优策划方案的障碍。例如一个城市设计要素具备提供两种“比较舒适”的能力，另外一个要素具备一种“非常舒适”的能力，由于缺乏标度距离的概念，有些时候需要隐含标度距离，从级别差异中寻找最优策划方案。

对于这类情况，可以在语义网络策划中，利用诸如ELECTRE系列方法或PROMETHEE法，引入偏好的不可比性和弱偏好关系来确定策划方案的完全序或不完全序，通过排除最差方案求得级别最优策划。这种策划方略有时会大大减少城市设计策划分析的工作量，但也存在一些不适用的情况。

在总体层面、区段层面的开发型策划实务中，完成的就是一次级别最优。这种级别最优不仅体现在多个策划方案之间的比较(如总体层面开发型策划实务中的三个最大匹配)，有时还存在下层要素之间的级别差异(如在最稳定匹配中各个节点对)，此时下层若干节点对的级别差异变量对于总体级别排序的影响如何，还需要依赖相关学科的完善来进行判断。

5.5.1.3 前提最优

严格地讲，任何最优策划方案都是有前提条件的，所以城市设计策划也是在某种前提下才能取得最优策划方案。路易斯·霍普金斯对于都市发展计划运作的机制提出了一种重复决策的“IF—THEN”规则，也就是一种有条件最优的策划规则[33]。

对于很多城市设计的策划方案，其前提包含了许多方面的内容，包括霍普金斯提到的政策。而“IF—THEN”规则恰恰也是城市设计语义网络方法中最为普遍的网元关系之一，并且通过语义网络“IF—THEN”规则，我们可以在城市设计策划中统一策划前提，提高工作效率，减少决策成本。通过这种规则取得最优策划的方式也可以称之为有条件最优。这种有条件的最优可以实现契约型的决策公平，而且能够在一定程度上增加逻辑预测效果。

几乎所有上述的策划实务都是存在一定前提的，除非是可达性策划实务这类具有充分事实条件(即实际空间尺度)的案例。这些前提有的是人为判定的。如城市触媒策划实务中，某一因素导致或引发另一因素的发生就是一种经验判断。或者，区段层面的更新型策划实务中“可复制”的典型基因片段是通过策划主体的专业认识转译的特定前提，这种前提是具有特殊性的。另外，有的前提也存在自身的前提条件，如城市触媒策划实务中步行商业街前提的设定等则是以更大城市范围的客观条件作为前提才能存在的，否则步行商业街及其触媒作用作为一种策划前提就缺少了客观事实的支撑。

5.5.2 满意化策划方略

5.5.2.1 群体满意

城市设计策划从根本上是要满足人的需求最大化，但策划服务对象的多元化使得这一任务根本无法完成，也就是所谓的“众口难调”。如部门之间的博弈与制衡，可能会由于“不放权”而导致合作无法进行，群体满意的目的也无法实现[164]。

为了实现群体满意这一目的，必须要有一个多数人认可并服从的规则，或者是绝大多数人认可的一个价值衡器，以实现尽可能高的满意程度。我们可以通过城市语义网络方法制定相应的规则和衡器，把各种诉求通过毫无感情色彩的、各方认可的规则模型进行评判，即输入诉求、输出结果。为了实现这样一种群体满意策划，要求语义网络模型设计必须科学，各方权重、关键度要全面，策划前提要明确、完整。如在区段层面策略型、开发型策划实务中，不同程度地体现了各个方面的利益诉求，需要综合考虑居民、企业、政府等方面的要求，达到一种全方位的群体满意。但从现实角度出发，有时会存在一种有限的群体满意，如在区段层面开发型策划实务中，主要考虑的是某一范围内的前提设定。

当然，通过语义网络方式得出的策划结论不一定合乎所有方面的感情因素，如由于对于少数弱势群体的关怀可能要求策划方案不一定要完全取得大多数人的满意，所以机械的语义网络策划方式在特殊情况下要做出让步。

5.5.2.2 阶段满意

城市设计、城市建设是一个持续的过程，存在时间轴方向的波峰波谷。在总体城市设计目标下，有时需要暂时牺牲一些局部利益，以求得长远的综合效益，于是我们这里提出了阶段满意的城市设计策划策略。有时过于迁就暂时的局部满意度，可能就会丧失长期的发展机会。例如，过于追求局部环境的“标新立异”，有可能对后续整个区域的景观序列控制造成极大的麻烦；或者在棚户区改造中，策划者屈服于来自各方的压力，而使整体环境战略做出妥协和让步，那么很可能会造成该区域长时期处于落后状态，最终令短期的满意变成长期的不满与抱怨。

在上述各类更新型、改造型策划实务中，策划对象在某一历史时期一般都具有阶段性的合理性。之所以需要更新和改造，就是对消失的过去时的满意进行现在时的修正，满足当前阶段的满意度。而当前的满意在未来的城市发展过程中，也有可能淡化或消失，成为过去时。所以在城市设计策划中，我们要克服各种短视和急功近利的行为，要为过去、现在与将来的城市人居环境负责。这就要求城市语义网络的构建与策划操作必须是一个持续和延伸的过程，结合语义网络模型的数据化特点与可量化能力，通过整体满意程度来控制、协调阶段性的满意程度。

5.5.2.3 有限理性满意

通过城市语义网络进行城市设计策划，由于其根本是由人来设计的模型、由人制定规则，并经由若干人在若干阶段来操作，所以很难达到高度自觉的优化和完美整合。并且，城市设计策划的任务不仅在于解决各种对立冲突问题，而且还要对这些冲突达成某种妥协，所以有些时候我们进行的策划是有限理性的，即俗称的“见好就收”。如赫伯特·A·西蒙在《管理行为》中提到的“足够好即可”，虽然有时我们追求有限程度的“满意”而不是“最优”，但这却是最现实的策划方略[165]。这是因为，通过城市语义网络进行的城市设计策划，严格地讲也是有限的方法，尽管有互联网、云数据、云计算等资源的支持，城市语义网络模型及语义网络方法本身目前也是有限的。

严格地讲，书中在总体层面、区段层面的更新改造策划实务中，各种概念的语义网络模型的完整度都是有限的，同时在开发型、策略型策划实务中各方面的要求也都是部分满足的。所以，有限理性的满意策划，不仅直接体现在需求满足程度上，也体现在城市语义网络模型的适度程度上。

城市语义网络是有意识、有动机的人为结构，不是单一的树状层级结构，而是一种错综复杂的网络式结构。并且无论对组织行为还是对个人行为来说，问题—手段—目的层级结构，都很可能不是真实的关联整合链。因此，即便存在绝对最优的策划方案，也会由于问题不明朗、数据不系统、前提不完整而达不到最优策划，所以城市设计语义网络策划方法实际上是一种有限的满意策划方略。

5.5.3　平衡化策划方略

5.5.3.1　多元主体平衡

城市设计策划从实际运行角度看是一个博弈过程，利益诉求主体是多元化的[166]，需要一种平衡的策划机制。

这里最典型的是区段层面策略型策划实务中，政府、开发商、民众等各个方面的主体。我们把政府、开发、居民等利益主体的关键度和权重因素纳入语义网络模型之中，实际上就是在策划过程中引入了平衡概念。这里的多元主体主要是指有意识的、具有主观能动的多元主体，除了政府、开发商、民众，还包括其他可能涉及的部门。另外还有不同区域间的多元主体，如一个城市设计项目内所涉及的不同地区之间主体之间的平衡问题。同时还包括城市建设不同阶段的主体间的平衡问题，如城市设计策划所引发的短期利益和长期利益。

由于我们所提出的城市语义网络是一种形式化的策划方法，以上各种形式的平衡能够通过适当的形式进行表达，可以通过适当的语义网络模型将各方利益全面表述，再通过公平、认可的规则实现多方位的利益平衡。当然，平衡的方式有很多，如通过 POE 后评价的回溯反馈机制也是一个平衡办法，但语义网络方法更具有事前性的优势。

5.5.3.2　缺位平衡

在实际的城市设计过程中，我们必须要均衡各方面的利益诉求。在公众参与机制不断完善的情况下，城市居民在城市设计过程中的缺位现象有所改善，逐渐弱化了长官意识、狭隘的经济效益意识在城市设计中的主控地位。但有时这些利益主体并不能代表所有方面，如生态、人类的后代，这些无声的缺位主体利益是我们不得不需要考虑的。

在总体层面的开发型策划实务中，关于“旅游服务型公共生活领域区”就需要与生态、自然因素进行匹配，在可达性专项策划与更新型策划实务中不同程度地考虑未来城市生活所需要的城市空间和尺度，把这些因素纳入城市语义网络模型中，也就是对缺位主体的一种平衡方式。“可持续发展”、“以自然为本”、“文化传承”等主张要求我们在进行城市设计策划时需要考虑文化、生态和后代等因素，必须要承担相应的环境责任、社会责任和历史责任，否则任何城市设计策划将会丧失人类的基本伦理，成为极端的自私行为。

为了顾及这些缺位主体，取得更大范围的策划平衡，当代人有责任摒弃狭隘自私以及短视行为，在策划方法中通过技术形式给予这些主体足够的地位。具体措施是在城市语义网络策划模型中，持续引入相关缺位因素，并赋以适当的关键度和权值，或者将这些因素作为网元系数或基本属性融入城市语义网络中，以一种恒定模式参与城市设计策划与决策。

以上一系列策划方略经常是交叉综合的，这一点从策划实务的过程中可以证实，即同一个策划案例经常会采取不止一种策划方略。特定的方法需要特定的方略，在特定的方略前提下才能避免方法的某些短板造成的策划误判。

5.6 小结

本章是对城市设计的语义网络策划方法的一次实务验证。论述了策划组织模式、程序与策划方略。为了尽可能验证语义网络策划方法的效用，本章从总体、区段、专项三个城市设计层次，在不同规模尺度和不同角度，进行了实验性的实务策划。根据不同的策划目标，从空间模型、概念模型、属性模型三个方面进行策划实务实验，在这些层面和类型中分别使用了不同的策划技术和原理，广泛涉及了前几章的基本内容。

城市设计策划主要处于城市设计的前期阶段，由于这个阶段与立项、定位、组织和决策密切相关，其组织模式会涉及更为广泛的部门、学科和人员，必然需要城市语义网络这样的平台进行工作。同时，由于策划工作的特殊性，城市设计语义网络策划程序也与传统模式不同。

目前该方法的研究尚处于初始阶段，策划技术与方法尚未成熟，策划的准确性和客观性一方面依赖其方法自身的不断完善，一方面有赖于相关学科的不断补充。但是通过大量实例研究表明，该方法并不是停留在理论性假想阶段，而是能够在操作阶段解决城市设计策划实际问题的。

该方法并不是苛求在城市设计策划阶段取得理想化的最优结果，而是针对客观实际采取不同的策划方略，包括最优化策划方略、满意化策划方略和平衡化策划方略。

第6章 总结与展望

6.1 总结

基于语义网络的城市设计策划方法研究，是在城市设计策划理论提出之后进行的一次新方法的研究，是城市设计领域中策划部分与语义网络方法的一次跨领域结合。新技术的应用为城市设计策划提供了新的思路与方法，是发展和完善城市设计理论的一次尝试。

城市设计的语义网络策划基本原理与应用方法是以城市语义网络作为基础平台，通过逻辑学、语言学、可拓学、计算机科学、图论、策划学等理论方法的融入，建立了通过城市语义网络进行城市设计策划的方法体系，形成了初步的策划流程和研究框架。本书通过对城市语义网络、语义网络策划原理、语义网络策划技术的研究，并通过策划实务的实验性操作得出以下结论：

(1) 城市设计要素可以形式化表达为一种抽象概念模型，即城市语义网络。通过语义网络描述城市设计要素系统符合策划主体的思维模式，并能够实现多元主体的协同策划，同时也能覆盖多元客体的范围。通过此次研究，能够进一步丰富城市设计策划理论，同时也能促进城市设计语言、城市本体等相关方面的研究。

(2) 基于语义网络的城市设计策划方法是一种更加具备逻辑性、准确性、科学性的形式化策划方法，符合城市设计的基本程序，并能够适应城市设计策划实践中的各种方略。基于语义网络的城市设计策划方法会积极影响城市设计策划的工作模式和城市设计导则的输出形式，保证城市设计及其策划工作的连续性，实现数据共享和协同操作。

(3) 由于城市语义网络自身天然的特点与优势，城市设计的语义网络策划方法能够有效结合其他学科领域的技术手段和策划方法，提高城市设计的科学性。

(4) 基于语义网络的城市设计策划方法能够与人工智能和计算机科学对接，推进计算机辅助城市设计策划的发展。能够借助相关工具提高工作效率，提高策划的逻辑性、准确性和客观性。

综上所述，本书的创新性研究成果主要有：

(1) 将语义网络应用到城市设计策划领域，构建了基于语义网络的城市设计策划方法论框架。本书通过研究建立了城市的形式化模型系统，提出了城市语义网络网元的概念，建立了城市抽象系统的要素细胞和逻辑细胞，为城市设计策划提供了一个具有延展性和科学性的工作平台。

(2) 提出了基于语义网络的城市设计策划方法的原理和技术体系。本书结合城市语义网络的特点，通过寻找和归纳语义网络策划方法应用于城市设计策划的基本规律与原则，构建了城市设计的语义网络策划方法的原理和技术体系。这些原理和技术体系是开放式的，可以根据进一步研究融入其他内容。

(3) 提出了基于语义网络的城市设计策划的组织模式、策划程序和策划方略。针对一种特定的策划方法，必然要根据其长处或局限性，制定一系列特定的策划模式、程序和方略，才能客观地、更好地发挥这种方法的功能。

由于时间和论文篇幅的限制，本研究在很多方面还需要不断地完善和补充，尚需进一步的思考和研究：

(1) 在城市语义网络理论的基础上，需要进一步深化城市语义网络信息数据的挖掘、处理研究，最理想的是出现“城市本体库”这样一类可靠的数据源，解决技术数据混乱、技术标准缺失与法规接轨等现实问题。

(2) 在语义网络策划框架下，需要进一步研究城市设计的语义网络策划的原理，扩大与相关学科的结合程度，完善策划技术体系与方法设计，提高语义网络策划的能力与效用，提高这种方法的先进性和创新性。

(3) 在城市设计策划实践中，还需要通过方法的完善来处理好主观性、经验性与客观性、科学性之间的关系。

(4) 在经费和人力资源允许的基础上，需要进一步开展语义网络策划方法与计算机辅助技术的对接工作，针对城市设计策划的需要和特点，开发工具界面友好、操作性强、易于推广、符合策划主体工作特点的辅助策划软件。

6.2 展望

城市研究经历了农业时期、工业时期、信息革命时期，现在又开始迎接大数据和人工智能时代。面对城市这样一个巨复杂的巨系统，时代会迫使我们的研究方法和工具从线性级进化升级到指数级和量子级的进化，同时会产生城市科学的跳跃性革命和范式升级。我们需要在城市科学的发展中得到更多的自由和解放，只有这样才能更好地保存城市特有的的情感、意象和文化等等。

我们的城市目前一脚踩在现实的物理世界，另一脚踩在虚拟的数字空间，这让人不免会担心这两种世界的距离会割裂我们生活的本质。但当代量子物理学的惊人发现又给了我们一丝安慰，这两种平行的世界之间也许会存在一种相互牵引的关联介质，存在一种令我们既兴奋又恐惧的“量子纠缠”。人类的进化就是在这种越恐惧、越好奇、越去探知的情形中进行的。

在愚公式的艰难前行中，我也在思考，我们会不会作茧自缚，给自己的城市砌筑一个数字穹顶？智慧城市（包括人工智能）在具备了我们所理解的生物特征后，会不会比人类还了解城市？会不会发生决策权旁落，如它会挑战我们多少有点“溺爱”成分的城市人文？诸如公众参与、上层决策等是不是会显得十分幼稚，而我们变成了城市中只会旁观的阿斗？这些问题可以留给哲学家去解释。我认为我们应该先试一试，至少也是一次量的积累，哪怕仅仅是一次试错过程。

关于语义网络法，即SN法，本人已相继发表了近十篇期刊论文，辅导或正在指导硕士研究生近十人次进行相关或相近的硕士论文撰写。虽然SN法与以往的研究方法之间在范式上存在极少公约数，但在横向科学之间是可以通约的。研究过程中我们不断发现SN法具有大量的功用尚待开发，与其他形式化方法一样，可以为学科之间的鸿沟架起桥梁，成为学术之间的共同语言，承担知识爆炸的电容器。

但限于智力和资源，它不可能依靠一少部分人来完成这一任务，所以希望有更多的人、更聪明的大脑参与到相关的基础理论和基本方法研究中来，或者另辟蹊径，完成新旧方法的自洽与过度，唯有如此才能突破知识直线积累所面临的科学瓶颈。

参考文献

[1] 应婉云，肖菲，罗小龙. “十三五”时期城市发展态势与规划新方向 [J]. 规划师，2016(3)：19-23.

[2] 杨保军，陈鹏. 社会冲突理论视角下的规划变革 [J]. 城市规划学刊，2015(1)：24-31.

[3] 王祝根，陈荻，张青萍. 国外城市设计领域的研究设计协同实践——以新奥尔良 Dutch Dialogue Workshop 与布宜诺斯艾利斯巴拉那河规划为例 [J]. 现代城市研究，2016(2)：44-50，55.

[4] 金广君，单樑. 预则立，巧预则通——论以开发项目为导向的城市设计策划 [J]. 华中建筑，2008(7)：55-66.

[5] 单樑. 以开发项目为导向的城市设计策划研究 [D]. 哈尔滨：哈尔滨工业大学，2008：12，23，81.

[6] 王续琨. 策划・策划学・策划科学 [J]. 软科学，2001(6)：91-95.

[7] 陈可石，周菁，姜文锦. 从四川汶川水磨镇重建实践中解读城市设计 [J]. 建筑学报，2011(4)：14.

[8] 黄亮，田星星，盛垒. 世界城市研究的理论发展与转型 [J]. 国际城市规划，2015(1)：37-41.

[9] 徐勤政，石晓冬，胡波，曹娜，高雅. 利益冲突与政策困境——北京城乡结合部规划实施中的问题与政策建议 [J]. 国际城市规划，2014(4)：54-56.

[10] 杨震. 范式・困境・方向：迈向新常态的城市设计 [J]. 建筑学报，2016(2)：101-106.

[11] 刘宛. 总体策划——城市设计实践过程的全面保障 [J]. 城市规划，2004(7)：28，59-63.

[12] 匡纬. “人机交互技术”支持下的“动态”景观设计未来 [J]. 风景园林，2016(2)：14-19.

[13] 于雷. 参数化设计与建造主题沙龙 [R]. 城市建筑，2011(9)：15.

[14] Marco te Brommelstroet. Performance of Planning Support Systems：What Is It，and How do We Report on It [J]. Computers，Environment and Urban Systems，2013，41(9)：299-308.

[15] 规划管理“一张图”综合信息平台 [规管 2015] ——基于一张图、云发布和大数据的规划管理信息系统 [J]. 城市规划，2015(1)：115.

[16] 金广君. 图解城市设计 [M]. 北京：中国建筑工业出版社，2010：30.

[17] Harrison C，Eckman B，Hamilton R，Hartswick P，Kalagnanam J，Paraszczak J，Williams P. Foundations for Smart Cities [J]. IBM J，Res. Develop，2010，54(4)：1-16.

[18] 王一平，张巍. 建筑数字化论题之二：循证 [J]. 四川建筑科学研究，2009(3)：205-208.

[19] 李星月，陈濛. 大数据背景下同城化量化分析方法及温岭市实践 [J]. 规划师，2016(2)：83-88.

[20] 金广君. 预先设计——市场经济下城市设计的一个概念 [J]. 新建筑，1998(1)：4.

[21] 金广君. 城市环境设计概论 [J]. 国外城市规划，1995(3)：48-54.

[22] 金广君. 试论影响城市设计的经济因素和社会因素 [J]. 哈尔滨建筑大学学报，1997(5)：90-94.

[23] A. Chapman. The Urban Design Framework –the demise of a good idea. Urban Design Forum Quarterly [R]. 2005：72.

[24] Erich Gamma. Design Patterns：Elements of Reusable Object-oriented Software [M]. Addison-Wesley，2004：26.

[25] 金广君，刘堃. 我们需要怎样的城市设计 [J]. 新建筑，2006(3)：8-13.

[26] [美] George. R. V. 当代城市设计诠释 [J]. 金广君，译. 规划师，2000(6)：98-103.

[27] Bellman R. Dynamic Programming [M]. Princeton：Princeton University Press，1957.

[28] Léon Krier，David Watkin. Architecture and Urban Design [M]. Academy Editions，1992.

[29] [美] C・亚历山大等. 建筑模式语言 [M]. 王听度等，译. 北京：知识产权出版社，2002：17.

[30] 曾引.《形式综合论》及克里斯托弗・亚历山大理论评述 [J]. 室内设计，2009(2)：44-48.

[31] Christorpher Alexander. Note on the Synthesis of Form [M]. 王蔚，曾引，译. 武汉：华中科技大学出版社，2010：6，43.

[32] K · Lynch. The Image of City [M]. The Massachusetts Institute of Technology: MIT Press，1960.

[33] [美] 路易斯·霍普金斯. 都市发展：制定计划的逻辑 [M]. 赖世刚，译. 上海：商务印书馆，2009：40，261-262，40-44.

[34] William M Pena，Steven A Parshall. Problem Seeking：An Architectural Programming Primer [M]. New York，Weinheim，Brisbane，Singapore，Toronto：John Wiley&Sons Inc，2001：36-38，185-190.

[35] 韩静. 对当代建筑策划方法论的研析与思考 [D]. 北京：清华大学，2005：9-10.

[36] Wolfgang F. E. Preiser. Programming the Built Enviroment [M]. New York Van Nostrand Remhold Company，1985：2-3.

[37] [美] RobertG · Hershberger. 建筑策划与前期管理 [M]. 北京：中国建筑工业出版社，2005：1.

[38] 庄惟敏. 建筑策划导论 [M]. 北京：中国水利水电出版社，2000：11-12，44-47.

[39] [日] 清木正夫. 建筑计划学的理念与方法 [J]. 周若祁，刘燕辉等，译. 建筑师(47)：92-95.

[40] 杨滔. 空间句法：从图论的角度看中微观城市形态 [J]. 国外城市规划，2006(3)：48-52.

[41] Hiller B，Hanson J，Penn A. Natural Movement：Configuration and Attraction in Urban Pedestrian Movement [J]. Environment Planning B，1993，20(6)：29-66.

[42] Hillier，B. 场所艺术与空间科学 [J]. 杨滔，译. 世界建筑，2005(11)：28.

[43] Osgood，C. E.，Suci G.，Tannenbaum，P. The Measurement of Meaning [M]. Urbana，IL：University of Illinois Press，1957.

[44] Himmelfarb，S. The measurement of attitudes [M] //A. H. Eagly & S. Chaiken(Eds.). Psychology of Attitudes. Harcourt Brace Jovanovich College Publishers，1993：23-88.

[45] Lee G.，Sacks R.，Eastman C.. Specifying parametric building object behavior for a building information modeling system [C]. Automation in Construction，2005，15(6)：758.

[46] Liu Xuesong，Akinci，Burcu. Requirements and Evaluation of Standards for Integration of Sensor Data with Building Information Models [C]. Computing in Civil Engineering，2009：10.

[47] Thomas Q Zeng，Qiming Zhou. Optimal Spatial Decision Making Using GIS：a Prototype of a Real State Geographical Information System [J]. Geographical Information Science，2001，15 (4)：307-321.

[48] 郑肇经. 城市计划学 [M]. 上海：商务印书馆，1930：1.

[49] 顾朝林. 概念规划——理论、方法、实例 [M]. 北京：中国建筑工业出版社，2003：9.

[50] 余柏椿. 非常城市设计 [M]. 北京：中国建筑工业出版社，2008：11.

[51] 黄富厢. 我国当前城市设计与实施的若干理性思维 [J]. 世界建筑，2000(10)：31-34.

[52] 刘宛. 城市设计实践论 [M]. 北京：中国建筑工业出版社，2006：139.

[53] 王一. 从城市要素到城市设计要素 [J]. 新建筑，2005(3)：53-56.

[54] 刘先觉. 现代建筑理论 [M]. 北京：中国建筑工业出版社，1999：584-610.

[55] 连菲. 可拓建筑策划的基本理论与应用方法研究 [D]. 哈尔滨：哈尔滨工业大学，2009：56-77.

[56] 邹广天. 建筑计划学 [M]. 北京：中国建筑工业出版社，2010：32-33，103-115.

[57] 连菲，邹广天. 可拓建筑策划的策略创新 [J]. 城市建筑，2009(11)：82，125.

[58] 吴良镛. 人居环境科学导论 [M]. 北京：中国建筑工业出版社，2001：109.

[59] Russell，Stuart J. Norvig，Peter. Artificial Intelligence：a Modern Approach(3rd ed.) [J]. Upper Saddle River，N. J.：Prentice Hall. 2010：454.

[60] M. R. Quillian. Semantic memory [D]. M. Minsky(Ed.). Semantic Information Processing. MIT Press，Cambridge，MA，1968：216-270.
[61] 蔡文，杨春燕，何斌. 可拓逻辑初步 [M]. 北京：科学出版社，2004：163-168.
[62] 殷剑宏，吴开亚. 图论及其算法 [M]. 合肥：中国科学技术大学出版社，2006：1.
[63] 李子荣. 逻辑元语言问题 [J]. 南通纺织职业技术学院学报，2005(6)：32.
[64] 程悦. 建筑语言的困惑与元语言 [D]. 上海：同济大学，2006：17，183.
[65] 王凯，魏春雨. 复合界面建筑"元语言"推导及应用过程解析 [J]. 中外建筑，2009(9)：71-73.
[66] [英] 东尼・巴赞，巴利・巴赞. 思维导图 [M]. 叶刚，译. 北京：中信出版社，2009：34.
[67] 钱学森，于景元，戴汝为. 一个科学的新领域：开放的复杂巨系统及其方法论 [J]. 自然杂志，1990(1)：3-10.
[68] 戴汝为，李耀东. 基于综合集成的研讨厅体系与系统复杂性 [J]. 复杂系统与复杂性科学，2004(4)：7-23.
[69] 孙莉，张玉坤. 前沿城市规划理念及 21 世纪对规划师的新要求 [J]. 国际城市规划，2016(1)：63.
[70] 吴粲. 策划学 [M]. 北京：中国人民大学出版社，2012：1.
[71] 哈佛企业管理丛书编纂委员会. 企业管理百科全书 [M]. 台北：哈佛企业管理顾问公司出版部，1979：151-152.
[72] 张爱连. 中文一体化医学语言系统建立模式的探讨和研究 [D]. 北京：中国协和医科大学，2005：9.
[73] Lam，S. Pathways of the Brain：The Neurocognifive Basis of Language [M]. Amsterdam and Philadelphia：JohnBenjamins Publishing Company，1999.
[74] 代印唐. 基于语义网络的知识协作关键技术研究 [D]. 上海：复旦大学，2009：9.
[75] 张尔薇，李力. 从范式到趋势——欧美空间模型理论演变综述 [J]. 规划师，2014(7)：109-115.
[76] 王涛，邹广天. 空间元与建筑室内空间设计中的矛盾问题 [J]. 哈尔滨工业大学学报，2006(7)：1139-1142，1145.
[77] [美] E・D・培根. 城市设计 [M]. 黄富厢等，编译. 北京：中国建筑工业出版社，2003：138-139.
[78] 庄惟敏. 建筑策划与设计 [M]. 北京：中国建筑工业出版社，2016：69.
[79] 董君，陈昭明. 以海伦市为例谈农业城市城镇体系规划 [J]. 山西建筑，2014(4)：3-5.
[80] [德] 卡普拉. 物理学之道 [M]. 朱润生，译. 北京：北京出版社，1999：251，273-275.
[81] 陈常松，张传霞. GIS 语义共享的实质及其实现途径 [J]. 测绘科学，2000，25(1)：29-33.
[82] Gruber T. R. A Translation Approach to Portable Ontology Specifications [J]. Knowledge Acquisition，1993，5(2)：199-220.
[83] Gruber Tom. Towards Principles for the Design of Ontologies Used for Know ledge Sharing [J]. International Journal of Human-Computer Studies，1995，43(5/6)：907—928.
[84] Keita，A.，Laurini，R.，Roussey，C.，Zimmerman，M.. Towards an Ontology for Urban Planning：The Towntology Project [C]. CD-ROM Proceedings of the 24th UDMS Symposium，Chioggia，2004.
[85] L. M. Vilches Blázquez et al. Towntology & hydrOntology：Relationship between Urban and Hydrographic Features in the Geographic Information Domain [J]. Studies in Computational Intelligence，2007，61：73-84.
[86] Roussey，C.，R. Laurini，C. Beaulieu，Y. Tardy and M. Zimmerman. Le projet Towntology：Un retour d' expérience pour la construction d' une ontologie urbaine [J]. Revue Internationale de

Géomatique，2004，14(2)：217-237.

[87] C. Berdier，C. Roussey. Urban Ontologies：the Towntology Prototype towards Case Studies [J]. Studies in Computational Intelligence，2007，61：143-155.

[88] Gilles Falquet，Claudine Métral，Jacques Teller，Christopher Tweed. Ontologies in Urban Development Projects [M]. Springer-Verlag London Limited，2011.

[89] 张卓. 城市本体基础框架的构建研究 [D]. 哈尔滨：东北林业大学，2015：6-7.

[90] 崔巍. 用本体实现地理信息系统语义集成和互操作 [D]. 武汉：武汉大学遥感信息工程学院，2004.

[91] 黄茂军，杜清运，杜晓初. 地理本体空间特征的形式化表达机制研究 [J]. 武汉大学学报(信息科学版)，2005(4)：337-340.

[92] 景东升. 基于本体和agent的地理空间信息语义共享初探 [C]. 中国地理信息系统协会第八届年会论文集，2004.

[93] 李阳，翟军，陈燕. 用本体实现智能交通系统的语义集成 [J]. 信息技术，2005，4(6)：10-14.

[94] 杨小佳. 基于本体的公共交通领域智能信息检索研究 [D]. 大连：大连海事大学交通运输管理学院，2007.

[95] 翟军，陈燕，沈立新. 基于模糊本体的智能交通系统知识建模 [J]. 大连海事大学学报，2008，34(2)：91-94.

[96] 曹妍. 本体理论在城市智能交通系统语义集成中的应用研究 [D]. 大连：大连海事大学交通运输管理学院，2010.

[97] 黄坷萍，蒋昌俊. 基于本体的城市交通的知识分析和推理 [J]. 计算机科学，2007，34(3)：192-196.

[98] 时卫静. 城市交通信息服务的本体建模与应用研究 [D]. 北京：北京交通大学：2009.

[99] 郭军杰，闫茂德. 面向高速公路网知识管理的SUMO扩展本体 [J]. 计算机工程与应用，2009，46(35)：14-17.

[100] 王新闯，张子平. 基于GML的GIS语义共享实现途径的探讨 [J]. 测绘与空间地理信息，2004，27(6)：16-18.

[101] Jacques Teller，Abdel Kader Keita，Catherine Roussey et Robert Laurini. Urban Ontologies for an Improved Communication in Urban Civil Engineering Projects [J]. Cybergeo：European Journal of Geography，2007(11).

[102] 叶秀山. 思·史·诗——现象学和存在哲学研究 [M]. 北京：人民出版社，1989：15.

[103] 王路. 走进分析哲学 [M]. 北京：生活·读书·新知三联书店，1999：148.

[104] Christopher Alexander. 城市并非树形 [J]. 严小婴译. 建筑师(24)：124.

[105] Borgo，S.. How Formal Ontology Can Help Civil Engineers [M] //Teller，J.，Lee，J.，Roussey，C.（eds.）. Ontologies for Urban Development：Interfacing Urban Information Systems. Studies in Computational Intelligence，vol. 61：143-156.

[106] 黄曾阳. HNC(概念层次网络)理论 [M]. 北京：清华大学出版社，1998：1-15.

[107] 陈晓恬，任磊. 中国大学校园形态发展简史 [M]. 南京：东南大学出版社，2011：253.

[108] 肖彦，孙晖. 如果城市并非树形——亚历山大与萨林加罗斯的城市设计复杂性理论研究 [J]. 建筑师，2013(6)：76.

[109] 李建伟，刘科伟，刘林. 城市新区与城市功能的关联耦合机制 [J]. 地域研究与开发，2016(1)：15-19.

[110] 迈克尔·巴蒂，赵怡婷，龙瀛. 未来的智慧城市 [J]. 国际城市规划，2014(6)：17.

[111] 稹文彦，张在元，蒋敬诚. 城市哲学 [J]. 世界建筑，1988(4)：59-61.

[112] Roger Trancik. Finding Lost Space [M]. Van Nostrand Reinhold Company，1987：97-112.
[113] 宋代军，杨贵庆. “关联耦合法”在城市设计中的运用与思考 [J]. 城市规划学刊，2007(5)：65-71.
[114] 段进，季松，王海宁. 城镇空间解析 [M]. 北京：中国建筑工业出版社，2002：55-63.
[115] 魏春雨，刘海力，齐靖. 原型与分形——张家界博物馆设计 [J]. 建筑学报，2016(1)：92-93，86-91.
[116] 朱文一. 空间·符号·城市 [M]. 北京：中国建筑工业出版社，2010：97.
[117] 吴一洲，陈前虎. 大数据时代城乡规划决策理念及应用途径 [J]. 规划师，2014(8)：12-18.
[118] 李刚，高相铎. 大数据时代下的城市规划编制工作流程 [J]. 规划师，2014(8)：19-24.
[119] 王鹏，袁晓辉，李苗裔. 面向城市规划编制的大数据类型及应用方式研究 [J]. 规划师，2014(8)：25-31.
[120] 李雯，王吉勇. 大数据在智慧街道设计中的全流程应用 [J]. 规划师，2014(8)：32-37.
[121] 张翔. 大数据时代城市规划的机遇、挑战与思辨 [J]. 规划师，2014(8)：38-42.
[122] 张海龙. 基于语义网络的图像检索系统设计与实现 [D]. 武汉：华中科技大学，2007：16-18.
[123] 白卫静，张松懋，刘椿年. 中国古建的语义网络知识库及其高效实现 [J]. 智能系统学报，2010(6)：510-521.
[124] 陈晨，宋小冬，钮心毅. 土地适宜性评价数据处理方法探讨 [J]. 国际城市规划，2015(1)：70-77.
[125] 熊伟婷，杨俊宴. 1949年后无锡城市空间形态演化特征的定量研究 [J]. 现代城市研究，2016(2)：56-61.
[126] 关丽. 基于空间语义模型的Quick Bird影像城市房屋信息自动提取研究 [D]. 长春：东北师范大学，2006：28-39.
[127] Beaulieu C，Tardy C. Projet Towntology：construction d’une ontologie. PIRD GCU EDU. 2003：48.
[128] C. Berdier，C. Roussey. Urban Ontologies：the Towntology Prototype towards Case Studies [M]. Springer-Verlag Berlin Heidelberg，2007：143-155.
[129] 陈婷. 城市地理本体系统的分析与实现 [D]. 武汉：武汉理工大学，2009：9-15.
[130] 陈雯，闫东升，孙伟. 市县“多规合一”与改革创新：问题、挑战与路径关键 [J]. 规划师，2015(2)：17-21.
[131] 戚冬瑾，周剑云. 多维用地分类体系构建思考 [J]. 规划师，2014(5)：78-82.
[132] 汪子茗. 由“三规合一”走向“三规叠合”的路径与策略 [J]. 规划师，2015(2)：22-26.
[133] 黄勇，周世锋，王琳，罗成书，倪毅. “多规合一”的基本理念与技术方法探索 [J]. 规划师，2016(3)：82-88.
[134] 蔡之华，薛思清，吴杰. 离散数学 [M]. 武汉：中国地质大学出版社，2008：10-24.
[135] 蔡文，杨春燕，何斌. 可拓学基础理论研究的新进展 [J]. 中国工程科学，2003(2)：81-87.
[136] 杨春燕，蔡文. 可拓学 [M]. 北京：科学出版社，2014：23-29，126-139，139-160.
[137] 邹伟勇，黄炀，马向明，戴明. 国家级开发区产城融合的动态规划路径 [J]. 规划师，2014(6)：32-39.
[138] 莫文竞. 西方城市规划公众参与方式的分类研究——基于理论的视角 [J]. 国际城市规划，2014(5)：77.
[139] 王朝瑞. 图论 [M]. 北京：北京理工大学出版社，2001：130.
[140] 齐琳. 基于图论的控制性详细规划调节机制研究 [D]. 哈尔滨：东北林业大学，2014：31-39.
[141] Romanowski C. J. Nagi R.. On Comparing Bills of Materials：a Similarity/Distance Measure for Unordered Trees [J]. IEEE Transactions on Systems，Man and Cybernetics，Part A：Systems

and Humans，2005，35(2)：249-260.
[142] 朱海平，王忠浩，张国军，邵新宇. 基于数据挖掘的通用物料清单重构方法研究 [J]. 计算机集成制造系统，2008，14(2)：315-320.
[143] Lang J.. Urban Design：The American Experience [M]. New York：Van Nostrand Reinhold，1994：383，386.
[144] 赵勇伟，叶伟华. 当前我国总体城市设计实施存在的问题及实施路径探讨 [J]. 规划师，2010(6)：15-19.
[145] 张园园."多元匹配"规划理念下莱芜市北部新城中心区城市设计探讨 [J]. 规划师，2014(8)：54-58.
[146] 连旭. 基于空间句法的哈尔滨中心城区发展研究 [D]. 哈尔滨：东北林业大学，2014.
[147] 郭湘闽，王金灿. 基于空间句法的深圳东门老街公共空间更新策略研究 [J]. 规划师，2014(5)：89-95.
[148] 陈雪明. 洛杉矶城市空间结构的历史沿革及其政策影响 [J]. 国外城市规划，2004(1)：35-41.
[149] 肖蓉，阳建强，李哲. 生产—消费均衡视角下城市商业中心演化研究——以南京新街口为例 [J]. 城市规划，2016(1)：43-49.
[150] 俞滨洋. 必须提高控规的科学性和严肃性 [J]. 城市规划，2015(1)：103-104.
[151] Google Earth 7. 1. 2. 2041，2013/12/15.
[152] Carmona，Heath，Oc，Tiesdell. Public Place-Urban Space：The Dimentions of Urban Design [M]. Architectural Press，2003：73.
[153] 常青. 思考与探索——旧城改造中的历史空间存续方式 [J]. 建筑师，2014(4)：28.
[154] 郭旭，徐晓燕，叶鹏，孙卓. 基于时空约束方法的住区商业服务设施研究 [J]. 建筑学报(学术论文专刊)，2014(2)：17-18.
[155] Yuan J，Zheng Y，Xie X. Discovering Regions of Different Functions in a City Using Human Mobility and POIs [C]. Proceedings of the 18th ACM SIGKDD international Conference on Knowledge Discovery and Data Mining. ACM，2012：186-194.
[156] 江海燕，朱雪梅，吴玲玲，张家睿. 城市公共设施公平评价：物理可达性与时空可达性测度方法的比较 [J]. 国际城市规划，2014(5)：72-74.
[157] Hsueh-Sheng Chang，Chin-Hsien Liao. Exploring an Integrated Method for Measuring the Relative Spatial Equity in Public Facilities in the Context of Urban Parks [J]. Cities，2011，28(5)：361-371.
[158] 金磊. 浅谈城市安全管理急需面对的几个问题 [J]. 中国应急救援，2016(1)：30-33.
[159] 王江波，戴慎志，苟爱萍. 城市避难场所应急服务能力评价方法与规划应对 [J]. 规划师，2014(10)：104-109.
[160] Van Londersele B.，Delafontaine M.，Van de Weghe N.. Bluetooth Tracking：A Spy in Your Pockety [J]. GIM International，2009(11)：23-25.
[161] Wayne Atton，Donn Logan. 美国都市建筑——城市设计的触媒 [M]. 王劭方，译. 台北：创兴出版社有限公司，1984：79-95.
[162] 金广君，刘代云，邱志勇. 论城市触媒的内涵与作用——深圳市宝安新中心区城市设计方案解析. 城市建筑 [J]. 2004(6)：79-83.
[163] LinQi，Jun Dong. Adjustment Method of Multistage Group Satisfaction in the Regulatory Plan [J]. Urban Planning and Design Research，2013，1(3)：38.
[164] 林坚，陈诗弘，许超诣等. 空间规划的博弈分析 [J]. 城市规划学刊，2015(1)：10-14.
[165] [美] 赫伯特·A·西蒙. 管理行为 [M]. 詹正茂，译. 北京：机械工业出版社，2004：102-103.

跋

幸也！天助！虽求学之路遥遥而多舛……

幸也！年已不惑，执幼携老，两鬓微霜。吾自知愚钝才浅，筋力不济，陟彼崔嵬，心远足滞，故堂门廊下踟蹰多日。偶得鲁兄之荐，幸入邹公塾堂，重拾卷牍。承恩师邹公之不弃，殷殷为孺子牛，吾自当兢兢奋笔，力透汗青。

先生治学，一丝不苟，宽严得宜，博古通今，德才闻于一方。吾虽忝为人师，常效先生风骨，奈何惠浅，虽得寸丘尺壑，偶览峥嵘，然高山仰止，庸庸难望先生之项背。惺惺之惜，拳拳之意，了然于心，知遇之恩，没齿难忘。恐负师冀，时感惴惴，唯有书简咄咄，悬梁刺股。

居堂久矣，了无寸功，惭无以为报之愧。然得助有众，曰塾友，曰同窗，曰吾徒吾友，曰学院诸公。尤念吾硕导金公，身染重疾，执辐南国，笔耕不辍，不吝斧正。

幸也！父母安康，鲜有探望，虽为无奈，仍为不孝，望二老体谅。吾妻识得大体，兰心蕙质，常予算筹之助。吾子乖巧，尽享天伦之乐，如清修之佐餐。

偏局北国，深居简出，须臾六载，壑隙双眦。襁褓垂髫，吾子已及腰，常叹人之寸阴尺璧，时光之荏苒。

幸也！邹公吐哺，慷慨犹烛泪，非言辞可尽意。缘之将尽，即辞塾堂，绕门三日，恋恋如螟蛉。腹中千言，万卷难书，且留词半阕，唯冀情谊长存，化甘醇一樽，以酹师恩。

幸也！此间三幸，足以！

董君

丙申年丁酉月